上海市流域生态保护补偿实践与研究

SHANGHAI SHI LIUYU SHENGTAI BAOHU BUCHANG SHIJIAN YU YANJIU

黄宇驰　鄢忠纯　孟智奇　吴建强 /著

中国环境出版集团 · 北京

图书在版编目（CIP）数据

上海市流域生态保护补偿实践与研究 / 黄宇驰等著
. -- 北京 : 中国环境出版集团, 2025.7
ISBN 978-7-5111-4724-0

Ⅰ. ①上… Ⅱ. ①黄… Ⅲ. ①流域－生态环境－补偿机制－研究－上海 Ⅳ. ① X321.251

中国版本图书馆 CIP 数据核字（2021）第 257658 号

责任编辑 孙 莉
封面设计 庄 琦

出版发行 中国环境出版集团
（100062 北京市东城区广渠门内大街 16 号）
网 址：http://www.cesp.com.cn
电子邮箱：bjgl@cesp.com.cn
联系电话：010-67112765（编辑管理部）
发行热线：010-67125803，010-67113405（传真）
印 刷 北京中科印刷有限公司
经 销 各地新华书店
版 次 2025 年 7 月第 1 版
印 次 2025 年 7 月第 1 次印刷
开 本 787 × 1092 1/16
印 张 15.75
字 数 272 千字
定 价 80.00 元

编写委员会

前言

人类对自然资源，特别是水资源的不合理利用，加剧了流域脆弱生态环境的演变过程，影响了流域的生态安全。由于流域水体流动性、资源性的自然属性以及非排他性、非竞争性的公共产品属性，若缺乏必要的规制约束，流域上下游间不同主体之间的社会经济发展利益和生态环境保护责任容易失衡，产生流域不同主体间的水资源无序争夺、环境容量过度侵占、流域污染物跨界转移等现象，形成流域上游污染、下游遭殃，或上游保护、下游污染的境况，从而打击流域各方生态环境保护的积极性，造成流域生态环境质量的恶化和流域社会经济发展的不平衡。只有协调好流域各方主体的经济利益和生态环境利益关系，才能促进流域生态环境质量提升，保障流域水资源供应安全，实现流域可持续发展。

流域生态补偿是生态保护补偿机制在流域水环境领域的应用，是调动流域各方生态环境保护积极性、保障水资源供给安全、平衡区域保护与发展利益的一项环境经济政策。生态保护补偿机制是我国生态文明建设战略的重要内容，是我国生态文明制度建设的“四梁八柱”之一。党的十八大以来，以习近平同志为核心的党中央将建立健全生态保护补偿机制作为生态文明建设的重要举措，统筹谋划、全面推进生态保护补偿制度及相关领域改革，生态保护补偿工作加速推进。国家层面先后出台《中共中央　国务院关于加快推进生态文明建设的意见》《生态文明体制改革总体方案》《国务院办公厅关于健全生态保护补偿机制的意见》《关于深化生态保护补偿制度改革的意见》等生态保护补偿制度的顶层设计的相关政策文件。2024 年 4 月，国家颁布《生态保护补偿条例》，正式将生态保护补偿纳入国家法律体系，这也是全球首部针对生态保护补偿的立法，彰显了我国推进生态保护的坚定决心。而流域生态保护补偿作为生态保护补偿重要的领域，是我国目前实践生态保护补偿制度最深入、最广泛的领域。上海市作为我国的经济中心和国际化大都市，承担着生态文明建设的重要责任。因此，开展流域生态补偿工作，对落实国家政策要求，推动上海市生态文明建设具有重要意义。

长期以来，上海市将生态保护补偿机制作为实施区域水环境管理和流域管理的一项重要制度安排。上海市地处长江河口地区，属于平原河网地区，区域内河流纵横，湖泊密布，既有像长江、太浦河、苏州河、淀山湖等跨省界的河流、湖泊，也有市内纵横交错的中小河道水系。此外，上海市的饮用水水源主要来自长江、太浦河等重要跨省河流，加强流域管理，强化流域生态环境保护对上海市具有重要意义。作为一项高效的流域管理机制，流域生态保护补偿一直是上海市加强流域生态环境保护、保障流域供水安全、促进区域可持续发展的重要手段。自 2009 年起，上海市针对水源地相关流域保护实施了水源地生态保护补偿机制，2019 年又针对市内河道保护推出了流域横向补偿机制。同时，上海市还长期致力于研究和推动长江流域、太湖流域、太浦河等长三角地区的跨省界流域生态保护补偿机制。此外，上海市在流域生态保护补偿机制实践过程中，对水源地生态保护补偿机制、市内流域横向生态保护补偿机制等政策组织开展了跟踪评估和后评估，以此不断总结经验、优化方案。实践和评估表明，流域生态保护补偿机制为上海市的水环境管理发挥了重要作用并取得了很好的成效。

本书以上海市环境科学研究院笔者研究团队及华东师范大学、复旦大学、上海市环境监测中心等研究合作伙伴所承担的流域生态保护补偿相关研究课题与具体工作，以及长期以来对流域生态保护补偿理论的认知和理解为基础，从上海市流域水环境管理的视角出发，以上海市及长三角地区为主要研究范围，围绕上海市相关部门出台实施的流域生态保护补偿制度政策及组织开展的流域生态保护补偿相关研究，梳理总结了流域生态保护补偿相关理论研究与国内外实践进展，调研分析了上海市及长三角流域生态环境现状特征，系统介绍了上海市水源地生态保护补偿制度、市内流域横向生态保护补偿制度的制定和实施情况，以及上海市在深入长三角、长江经济带流域生态保护补偿机制方面的研究成果。本书内容主要基于以下相关研究课题，包括长三角城市经济合作办公室与原上海市环境保护局支持的“长三角地区流域生态补偿机制实施方案研究”（2008）、世界自然基金会（WWF）支持的“上海市饮用水水源地生态补偿机制实施效果评估体系研究”（2013）、生态环境部支持的“长江经济带流域生态补偿调研与政策建议”（2018）、上海市生态环境局支持的“上海市饮用水水源地生态补偿实施效益评估及对策研究”（2013）和“长三角区域重点流域生态补偿政策机制初步研究”（2020）等。

在本书编写过程中，得到了上海市生态环境局水生态环境处、综合规划处、生态环境监测处等相关处室及上海市环境监测中心等单位的大力支持和协助，他们为本书提供了丰富的文字素材和数据资料。要感谢不同层面、不同领域的领导、专家和同仁，他们为本书提供了具体而珍贵的建议。要特别感谢上海市生态环境局屈计宁二级巡视员、刘代玲处长、王强处长、孙华督查专员，宝山区生态环境局郑恺党组书记/局长，上海市环境监测中心吴劲松党委书记，上海市减污降碳管理运行技术中心黄沈发主任，他们都曾在自己相关岗位上为推动和实践上海流域生态保护补偿提供助力，并对本书的撰写给予了悉心关怀和指导。还要特别感谢中国环境出版集团的孙莉编辑，为本书的出版提供了细致指导和巨大帮助。

流域生态保护补偿研究是一个比较前沿的研究领域，关于流域生态保护补偿的理论基础、概念内涵、制度体系、多元化市场化的补偿实践模式等方面还处于研究探索阶段。因此，本书所述内容和方法仍可能存在一定的局限性、滞后性，加上笔者能力和水平有限，难免存在疏漏与不足之处，恳请广大读者和同仁批评指正。

作者

目录

1 绪 论

1.1 流域生态保护补偿研究综述

1.1.1 流域概述

流域一般是指以河流为中心由分水线包围的区域，是一个从源头到河口的完整、独立、自成系统的水文单元，是河流的集水区域。流域是一个整体性极强的自然区域，流域内各自然要素的相互关联极为密切，地区间影响明显，特别是上、下游间的相互关系密不可分。每条河流都有自己的流域，一个大流域可以按照水系等级分成数个小流域，小流域又可以分成更小的流域等。另外，也可以截取河道的一段，单独划分为一个流域。流域之间的分水地带称为分水岭，分水岭上最高点的连线为分水线，即集水区的边界线。处于分水岭最高处的大气降水，以分水线为界分别流向相邻的河系或水系。分水岭有的是山岭，有的是高原，还有的是平原或湖泊。山区或丘陵地区的分水岭明显，在地形图上容易勾绘出分水线。平原地区分水岭不显著，仅利用地形图勾绘分水线有困难，有时需要进行实地调查确定。

从流域基本属性来看，流域主要特征要素包括流域面积、河网密度、流域形状、流域高度、流域方向或干流方向等。其中，流域面积是流域地面分水线和出口断面所包围的面积，在水文上又称集水面积，是流域的最基本特征要素。流域的分类也往往基于不同的属性特征来分，如从流域方向上是否入海，可以将流域分为内流域和外流域。

流域的功能具有多样性和复杂性。这是因为流域是一个复杂的生态系统，具有多样的社会经济和生态系统服务功能，如提供淡水、航运、养鱼、发电、净化环境及提供良好旅游景观。流域的功能相互联系，构成综合系统的流域整体功能，主要包括以下 3 个方面：①生态服务功能。流域的生态服务功能是指生态系统与生态过程所形成及所维持的人类赖以生存的自然环境条件与效用，包括生物多样性的产生与维持、水量供给、气候调节、环境净化与有害物质的降解和减轻自然灾害等方面的内容。流域自然系统是一个具有一定结构、功能和自我调节的开放系统，与外界有能量、物质和信息的交换，流域的能量流动和物质循环是沿着食物链进行的，同时伴随着信息的传递。在流域生态系统中，水是能流与物流的介质，对调节气候和净化环境起着重要的作用。流域生态系统通过能量流动、物质循环和信息传递把各个组成部分紧密结合成为一个有机的整体，并成为自身运动、变化和发展的动力。流域自然生态系统的能量流动、物质循环和信息传递功能主要通过流域生态系统的服务功能表现出来。②经济发展功能。流域经济过程是指人们通过有目的的生产活动，使自然界的物质转变成满足人们需要的产品。社会生产作为连续不断的循环运动过程，是生产、分配、交换和消费 4 个环节的辩证统一。在流域生态系统中，我们把不易改变或改变后不易恢复的地貌水文结构视为“硬结构”，把易改变、易恢复的经济结构视为“软结构”，则流域硬结构中已蕴含着潜在的生产力，即流域所提供的航运能力、灌溉能力、供水能力、提供水资源能力等。③整合运转功能。流域自然 - 社会经济系统具有物质循环、能量流动、信息传递和资金增值四大功能。流域系统的物质循环是生态系统物质循环和经济系统物质循环的有机结合和统一。流域生产和再生产过程中，人们通过自己有目的的劳动，把自然物质、能量物质转化为经济物质、能量，价值沿着生产链不断形成、增值和转移，并通过交换关系实现价值。认识流域系统的价值增值功能，是因地制宜建立合理的流域系统结构，选择能发挥资源优势的多层次利用模式，建立功能优良的流域自然 - 社会经济系统的关键环节。

1.1.2 流域生态保护补偿的概念与内涵

1.1.2.1 流域生态保护补偿的提出

流域生态保护补偿（又称“流域生态补偿”）是在全球可持续发展背景下、基于生态保护补偿（又称“生态补偿”）理论的发展而提出，旨在保护流域的水质和水环境，提高流域环境保护者的积极性，实现区域经济、社会平衡协调发展。在流域生态保护补偿提出的过程中，对“流域”的理解，既有流域自身水文地理涵盖的范围概念，也有水生态环境所包含的环境要素概念，即流域生态保护补偿既包含针对流域范围的生态保护补偿制度，又包含针对水生态环境的生态保护补偿制度。在制度设计上，流域生态保护补偿涉及水文与水资源学、生态学、资源与环境经济学、环境水力学、管理学、法学等多个学科，是生态保护补偿理论的一个分支，是生态保护补偿理论在流域管理方面的具体应用。

从概念来看，由于侧重点不同及生态保护补偿本身的复杂性，截至目前国内外对生态保护补偿还没有一个统一的定义。在 1992 年联合国《里约环境与发展宣言》及《21 世纪议程》中，将生态保护补偿定义为“在环境政策制定上，价格、市场和政府财政及经济政策应发挥补充性作用；环境费用应该体现在生产者和消费者的决策上；价格应反映出资源的稀缺性和全部价值，并有助于防止环境恶化”。Cuperus 等（1996）将生态保护补偿定义为“对在发展中造成生态功能和质量损害的一种补助，这些补助是为了提高受损地区的环境质量或者用于创建新的具有相似生态功能和环境质量的区域”。总体而言，国际上对生态保护补偿的概念使用较少，但比较通用的概念是“生态或环境服务付费”（Payment for Ecological/Environmental Services，PES）或“生态效益付费”（Payment for Ecological Benefit，PEB）。这种称谓上的区别既有文化习惯的原因，又有市场经济体制作用下思维方式的缘故，其内涵与中国目前对生态保护补偿概念的理解没有本质区别。Wunder（2015）对 PES 概念进行了全面梳理，认为 PES 是“一种介于环境服务使用者和提供者之间的自愿交易，且这种交易以通过协定的自然资源管理方式获得外部环境服务为条件”，包括 5 项准则：①一种自愿性的交易；②环境服务被明确界定；③至少一个环境服务购买者；④至少一个环境服务提供者；⑤当且仅当环境服务提供者提供了界定的环境服务时才付费。但有学者认为此定义过于严苛，政府的税收、补贴等政策手段也应被纳入 PES 范畴。

我国学者一般认为，生态保护补偿是指特定的社会经济系统对其所消费（消耗）的生态服务功能的成本予以弥补或偿还的行为。李文华（2007）认为，生态保护补偿是以保护和可持续利用生态系统服务为目的，以经济手段为主调节利益相关者关系的制度安排；广义的生态保护补偿应该包括环境污染和生态服务功能两个方面的内容，也就是说，不仅包括由生态系统服务受益者向生态系统服务提供者提供因保护生态环境所造成损失的补偿，还包括由生态环境破坏者向生态环境破坏受害者的赔偿。任勇等（2006）认为，生态保护补偿机制是为改善、维护和恢复生态系统服务功能，调整相关利益者因保护或破坏生态环境活动产生的环境利益及其经济利益分配关系，以内化相关活动产生的外部成本为原则的一种具有经济激励特征的制度。宗建树（2003）认为，广义的生态保护补偿包括污染环境的补偿和生态功能的补偿，即包括对损害资源环境的行为进行收费或对保护资源环境的行为进行补偿；狭义的生态保护补偿仅指对生态功能的补偿，通过制度手段解决好生态投资者的合理回报，激励人们从事生态保护从而为社会提供生态效益。毛显强等（2002）认为，生态保护补偿是指通过对损害（或保护）资源环境的行为进行收费（或补偿），提高该行为的成本（或收益），从而激励损害（或保护）行为的主体减少（或增加）因其行为带来的外部不经济性（或外部经济性），达到保护资源的目的。王金南等（2006）从政策学角度定义生态保护补偿是一种以保护生态系统功能和促进人与自然和谐为目的，依据生态系统服务价值或生态保护、生态破坏以及发展机会成本，运用财政、税费、市场等手段，调节生态保护者、受益者和破坏者经济利益关系的制度安排。

1.1.2.2 流域生态保护补偿的理论基础

流域生态保护补偿是基于生态保护补偿理论的发展而提出的，其理论基础主要包括生态经济学理论和环境法学理论等方面。

（1）生态经济学理论

1）公共物品理论

根据微观经济学理论，社会产品可以分为公共产品和私人产品两大类。纯粹的公共产品是指每个人消费这种产品不会导致他人对该产品消费的减少的这样一种产品。与私人产品相比，纯粹的公共产品具有非竞争性和非排他性两个基本特征。根据西方经济理论，由于存在“市场失灵”，从而使市场机制难以在一切领域达到“帕累托最优”[①]（Pareto Optimality），特别是在公共产品方面。公共产品的非竞争性和非排他性特性，使它在使用过程中容易产生两个问题——“公地的悲剧”和“搭便车”。“公地的悲剧”是1968年美国教

① 帕累托最优是以提出这个概念的意大利经济学家维弗雷多·帕累托（Vilfredo Pareto）的名字命名的，它是指资源分配的一种状态，在不使任何人境况变坏的情况下，不可能再使某些人的处境变好。

授加勒特·哈丁（Garrett Hardin）提出的一种理论模型，表明公地作为一项资源或财产有许多拥有者，每一个拥有者都有使用权，但没有权利阻止其他人使用，从而造成资源过度使用和枯竭。比如，由于缺乏制度和法律约束，过度砍伐森林、过度捕捞渔业资源及河流和空气污染严重，都是“公地的悲剧”的典型例子。“搭便车”理论最早是由英国哲学家休谟于1740年提出，他认为在一个经济社会，如果有公共产品的存在，由于公共产品的非排他性，加上政府无法了解每个人对某种公共产品的偏好及效用函数，人们完全有可能在不付出任何代价的情况下享受通过他人的捐献而提供的公共产品的效益，即出现了“搭便车”现象。如果所有社会成员都成为免费搭车者，结果是谁也享受不到公共产品。在流域环境中，“上游保护、下游污染”正是这一典型现象。

流域水资源作为一种典型的生态资源在很大程度上属于公共产品。作为公共产品的生态产品，消费中的非竞争性往往导致其被过度使用，消费中的非排他性往往导致其出现供给不足。政府管制和政府埋单是有效解决公共产品问题的调控机制，但不是唯一的机制。如果通过制度创新让受益者付费，则生态保护者同样能够像生产私人物品一样得到有效激励，而生态保护补偿机制恰恰是这样一种调节机制。

2）外部性理论

外部性理论由英国经济学家阿瑟·塞西尔·庇古（Arthur Cecil Pigou）于1920年提出。经济学中的外部性是指在没有市场交换的情况下，一个生产单位的生产行为（或消费者的消费行为）影响了其他生产单位（或消费者）的生产过程（或生活标准）。简单讲就是，利益主体的成本或效益无偿地向外部进行转移。按效果分，外部性有正负之分。正外部性也称外部经济，是一方主体的生产和消费行为给他人带来收益而受益者不必为此付费的现象。如流域保护方加大投入改善水质和生态环境，而流域内水资源使用者、生态环境获益者等受益方不必支付流域保护成本的情况。负外部性也称外部不经济，是指一方主体影响了其他主体，并使其他主体支付了额外的成本费用，但后者又无法获得相应补偿的现象。如流域污染方大量排污造成流域污染，流域被污染方不得不投入资金消除污染，而流域污染方却无须为此付费的情形。解决经济体系中的外部性问题，需要将“外部性”实现内部化。

要使总经济价值最大，我们就必须综合考虑经济发展的“内部效应”和“外部效应”。新古典经济学认为，在完全竞争的市场条件下，社会边际成本与私人边际成本相等，社会边际收益与私人边际收益相等，从而可以实现资源配置的帕累托最优。但是在现实中，由于外部性等因素的存在往往使上述情况很难出现。英国经济学家庇古认为，社会边际成本收益与私人边际成本收益背离时，不能靠在合约中规定补偿办法予以解决。这时，市场机制无法发挥作用，即出现“市场失灵”。这时就必须依靠外部力量，即政府的干预加以解决。当它们不相等时，政府可以通过税收与补贴等经济干预手段使边际税率（边际补贴）等于外部边际成本（边际外部收益），使外部性“内部化”。例如，一方面，由政府对造成负外部性的生产者征税，限制其生产；另一方面，给产生正外部性的生产者补贴，鼓励其扩大生产。这样，在利润最大化原则的作用下，生产者从各自利益出发，会将其产量调整到价格等于社会边际成本之点。通过征税和补贴，使外部效应内部化，实现私人最优与社会最优的一致，这就是庇古提出的“修正税”办法。而在生态环境领域，这些通过政府外力推进的经济调节手段，促使环境外部性内部化的应用，正是生态保护补偿提出的初衷与制度特征。

生态保护补偿是将社会经济体系中的环境外部性实现“内部化”的一种有效路径。从经济学的角度来看，环境污染是一种典型的“市场失灵”表现，在缺乏有效政府监管与干预情况下是一种典型的“负外部性”。长期以来，对环境负外部性认识得不足，是产生生态环境持续恶化的重要原因。生态保护补偿的本质就是将外部性内部化，生态保护补偿标准的确定就是对外部性的边际价值定价。在流域生态保护补偿中，上游为保护下游水质安全，须投入大量的环境治理成本，同时在经济发展上作出让步与牺牲，因而上游因保护而得到的生态保护补偿应至少等于治污的成本＋牺牲发展权的机会成本－上游因水质保护而获得的生态效益。但是，如果上游坚持发展而对水质保护不力使交给下游的水质不能稳定达标，则上游政府应给下游政府以一定的资金补偿，上游政府给下游政府的资金补偿应至少等于下游因水污染产生的经济损害成本。

3）生态系统服务价值理论

20 世纪中叶，随着生态环境问题的日益突出，人们逐渐认识到生态资源及其产生生态系统服务的价值。20 世纪 90 年代以来，以 Costanza、Daily 等为代表的一些学者对生态系统服务（Ecosystem Services）的概念内涵进行了深入分析，并展开其功能与价值评估研究。一般认为，生态系统服务是指人类从生态系统获得的所有惠益，包括供给服务（如提供食物和水）、调节服务（如控制洪水和疾病）、文化服务（如精神、娱乐和文化收益）以及支持服务（如维持地球生命生存环境的养分循环）。生态系统服务价值及其评估研究成为生态学研究热点，生态产品、生态资本理论也随之产生。当自然界提供的生态资源实现产品化、价值化和资本化后，也为建立生态保护补偿机制提供了市场化路径。正如前文所述，国外生态保护补偿实践更多基于生态 / 环境服务付费实现。

在我国，随着对生态系统服务研究的深入，结合我国实际，一些学者对生态系统服务理论进行了深化拓展，提出了“生态产品”概念。生态产品理论认为，森林、湿地、草原等生态系统具有的产品供给、气候调节、文化服务等不同生态系统服务，提供了人类生存的基本条件和各种生态福祉。这些惠及人类的生态系统服务和产品被认为是生态产品，具有使用价值，并可以通过科学手段实现定量化评估。因此，生态产品本质上是人类从自然生态系统中直接或间接获取的产品和服务的总称，包括物质类产品、调节服务类产品和文化服务类产品。生态产品被认为具有“生态”和“经济”双重属性，生态产品价值则来源于生态系统服务价值。从而这类生态系统服务的载体是生态系统提供的生态资源，其价值最终表现形式便是“生态资本”。因此，生态资本是价值化、市场化的生态系统服务，通过生态系统服务价值评估可以反映区域生态系统的市场价值。而生态资本和生态价值评价，常作为核定生态保护补偿标准的科学依据，也是建立和实施生态保护补偿机制的重要理论基础。

生态资本是随着自然资源稀缺性凸显和生态环境负荷加重而逐渐出现的，它既需要符合自然更替和生态阈值规律，又需要接受市场竞争机制的考验，既具有一般资本形式的保值增值价值属性，又彰显自然生态环境的使用价值属性（如产品供给、文化服务、调节服务等）。生态资本主要包括以下 4 个方面：能直接进入当前社会生产与再生产过程的自然资源，即自然资源总量（可更新的和不可更新的）和环境消纳并转化废物的能力（环境的自净能力）；自然资源（及环境）的质量变化和再生量变化，即生态潜力；生态环境质量，这里是指生态系统的水环境质量和大气等各种生态因子为人类生命和社会生产消费所必需的环境资源。而整个生态系统就是通过各环境要素对人类社会生存及发展的效用总和体现它的整体价值。随着社会的进步，人类对生存环境质量的要求就越高，生态系统的整体性就越重要，而生态资本存量的增加在经济发展中的作用也日益显著。

随着生态产品的稀缺性日益显现，人们意识到，不能只向自然索取，而要投资于自然。但是，如果随着生态资本的增值，而生态投资者不能得到相应的回报，可能就会出现谁也不愿意从事这种“公益事业”的情况。宗臻铃等（2001）指出，生态环境资源价值的实际承担者包含有形的物质产品和无形的生态效用，其中，物质产品可直接通过市场以货币的形式进行补偿，而生态效用需建立基于有偿使用原则的经济补偿制度，以达到资源可持续利用的目的。由此来看，流域生态保护补偿机制就是这样一种创新的调节机制。通常在流域生态保护补偿制度设计中，流域生态保护的受益者应基于对流域生态服务价值增值的投入成本、机会损失成本对流域生态保护者、利益受损者予以补偿；而流域生态破坏者、污染者，则应基于流域生态系统服务价值的受损程度对流域生态保护的投入者、权益所有者予以补偿。

总之，从生态资本理论来说，自然资源是稀缺而有限的，并为人类提供了丰富的生态系统服务，而生态系统服务是有价值的，具有价格属性，是一种可计量的生态资本。生态系统服务的资本化，可以为建立流域生态保护补偿机制提供补偿依据和价值尺度；反过来，通过构建流域生态保护补偿机制，又可以促进流域生态系统服务价值的实现。

（2）环境法学理论

一些专家学者总结了流域生态保护补偿在环境法学上的理论依据，具体有以下 3 个方面。

一是秩序的价值观。秩序是法的内在价值的集中体现。在流域生态保护补偿过程中，制度的秩序价值主要体现在相关主体的管理上。一方面是国家政府部门对流域生态涉及的主体进行管理和监督，另一方面表现为流域居民对稳定、有序的社会发展所要求的生态保护补偿。流域生态保护补偿法律制度应以保护流域生态环境为目标和价值追求，通过制度的设计达到保护环境和合理补偿的效果，从而维护流域生态保护补偿的秩序。

二是效率与公平。效率与公平是法学的内在价值之一，公平追求平等享受和使用权利，而效率偏重资源的利用效率以及产生的社会效益。效率与公平理论为实施生态建设并由政府建立生态保护补偿机制提供了依据。例如，根据帕累托最优理论，退耕还林等流域上游地区生态建设项目的实施，其实质上是在进行土地利用结构的调整，从宏观上讲所得大于所失。同时，为了达到相对的公平，在市场失灵的领域则需要政府适当地发挥作用。

三是环境公平正义。公平与正义是法的价值追求，在环境法律体系内具体表现为环境公平正义，它强调人类平等的生存和发展权利。环境公平包括环境机会公平与环境结果公平，前者强调开发、利用、管理和保护生态资源的机会都是公平的，后者强调生态资源开发利用和解决污染问题的公平。以环境正义为视角构建流域生态保护补偿法律机制，综合利用流域资源，协调流域之间的利益差距，根本目的是实现社会公平。

1.1.2.3 流域生态保护补偿的概念内涵

流域生态保护补偿是生态保护补偿的一个重要领域，流域生态保护补偿概念是生态保护补偿概念的延伸。钱水苗等（2005）认为，流域生态补偿是指以实现公平正义为目的，在流域内上、下游各地区之间展开的以直接支付生态补偿金为内容的行为。黄锡生等（2013）从法学角度进行了解读，提出流域生态补偿存在狭义和广义之分：其狭义概念是“基于流域生态服务功能而产生的，由生态服务受益者或国家向生态服务的提供者支付的，因其提供生态服务而付出的代价给予一定补偿的法律制度”；其广义概念包括“对水污染负有责任的主体向因水污染而受损的主体进行补偿的相关法律制度”。基于此，在实际研究和管理中，针对水环境保护或者基于水环境范围的生态保护补偿制度往往也被纳入流域生态保护补偿范畴。

笔者认为，流域生态保护补偿的概念可以表述为，围绕流域范围或水资源，以保护流域生态环境、保障水资源安全利用、促进区域公平发展为目的，依据生态系统服务价值、生态保护投入、发展机会成本等因素，综合运用行政和市场手段，调节流域内各方生态环境保护与社会经济发展之间利益关系的一项环境经济政策。

从流域生态保护补偿机制的内涵来看，其实质是通过制定一种环境经济政策调节机制（通常是让流域生态保护成果的“受益者”和流域生态环境的

“破坏者”支付相应的费用，并补偿给流域生态环境的“投入者”“受害者”）解决好流域生态环境这一特殊公共物品消费中的“搭便车”现象，激励流域生态环境这种“公共物品”的足额提供，并实现对流域生态投资者的合理回报，激励流域上下游的人们从事生态保护投资并使生态资本增值，最终实现流域生态保护外部性的内部化。

1.1.3 流域生态保护补偿的类型与模式

1.1.3.1 主要类型

流域生态保护补偿可以从不同的角度划分为不同类型。从目前研究和管理实践出发，常见的分类如下：

从补偿性质角度，流域生态保护补偿可分为正外部性补偿和负外部性补偿。正外部性补偿一般是指对流域内保护生态环境一方的成本投入、发展机会损失进行补偿，或因其对流域其他利益方额外提供的优质生态产品和服务进行补偿，如对流域水资源保护区进行补偿；负外部性补偿一般是指对流域内因遭受污染而产生额外治理成本或生态环境资源被破坏、发展机会损失的利益受损方进行补偿，如流域上游污染超标排放者要向流域下游污染受害者进行补偿。

从流域形态角度，流域生态保护补偿可分为河流型生态保护补偿、湖库型生态保护补偿、湿地型生态保护补偿等。河流型生态保护补偿是指以河流型流域为补偿范围开展的补偿，如黄河流域生态保护补偿；湖库型生态保护补偿是指以湖泊、水库型流域为补偿范围的生态保护补偿，如太湖流域生态保护补偿；湿地型生态保护补偿则是针对滩涂湿地开展的生态保护补偿，如一些省份开展的重要湿地生态保护补偿。

从流域特征角度，流域生态保护补偿可分为跨界流域生态保护补偿、重要功能流域生态保护补偿、河网流域生态保护补偿等。跨界流域生态保护补偿是指针对跨国界、省界、市界的河流、湖泊等水体开展的流域生态保护补偿，其补偿参与者一般为跨界流域的上下游政府，补偿模式大多是基于跨界断面水质考核的上下游横向补偿机制，如我国近年来积极推进开展的跨省、市界流域横向生态保护补偿；重要功能流域生态保护补偿主要是针对具有重要生态功能或其他特殊功能的流域实施的生态保护补偿，如一些地方针对水源保护区所在流域构建的水源地生态保护补偿或生态转移支付制度，典型的案例如国家和青海省针对三江源流域的重要生态功能区补偿；河网流域生态保护补偿是指针对具有水系交叉互流特征的河网型流域开展的生态保护补偿，河网型流域由于上下游关系不明确、污染跨界责任难以分清、上下游主体复杂等特点，难以通过简单的跨界断面水质考核的方式实施，而需要结合流域地理环境特征，因地制宜地设计生态保护补偿机制。例如，上海市针对其平原河网水系基于多因子考核法建立起“各区参与、多点互补”的市内河网型流域横向生态保护补偿机制。

从补偿标的角度，流域生态保护补偿可分为水量（水资源）补偿、水质补偿和综合补偿等。水量（水资源）补偿是指流域内各方以水资源为补偿标的物、以保障水资源安全供给为目标的补偿，如流域下游基于上游的合格来水水量对上游进行补偿、水权交易等；水质补偿是指流域内各方以水质或污染物通量为补偿标的物、以改善流域水质为目标的补偿，如我国很多地方实践开展的流域上下游间基于跨界断面水质考核结果而签订的补偿协议；综合补偿是指以综合水质水量或其他生态系统服务为补偿标的物，以达到综合提升流域生态系统服务水平为目标的补偿，如基于资源、生态、环境、投入等多元评价考核指标体系的流域综合补偿机制。

1.1.3.2 主要模式

流域生态保护补偿的具体运作模式也可以从补偿主客体关系、补偿实施路径、补偿考核方式、补偿资金运作方式等方面分为不同类型。从目前国内外的实践来看，主要的补偿模式分类有以下几种：

从补偿主客体关系角度，可以分为单向补偿模式、双向补偿模式、多点（多向）补偿模式。单向补偿模式是指补偿主体（补偿者）与客体（受偿者）关系明确且不变的一种补偿模式，如流域水资源使用者一方与流域生态保护者一方签订的稳定补偿协议；双向补偿模式是补偿主体与客体关系相对明确，且随着一定条件互相转换的一种模式，如流域上下游间基于跨界断面水质考核签订的双向互补协议，上下游间基于跨界水质考核结果来判定补偿的主体和客体；多点（多向）生态保护补偿模式是指补偿的主体和客体参与者达到三方或更多情况下的补偿，如上海市 2019 年出台的流域横向生态补偿实施试行方案和川滇黔 2018 年签订的赤水河生态保护补偿协议。

从补偿实施路径角度，流域生态保护补偿模式可以分为政府主导模式、市场主导模式、社会主导模式等。政府主导模式是指以政府为主导组织实施、补偿参与者主要为各级政府的补偿模式，如国家基于财政转移支付的对重要流域生态功能区的补偿；市场主导模式是在明确的流域生态环境权益边界基础上，构建流域区际权益市场，通过市场主体自主参与、市场自由交易实现流域资源优化配置的市场化模式，参与主体包括但不仅限于各级人民政府，如排污权交易、水权交易等；社会主导模式是指由企业、社区、个人或NGO第三方组织等社会主体组织实施，通过捐赠等方式对流域生态环境保护贡献者或地区、生态环境受损者或地区进行补偿的模式，如社会公众向流域保护者的慈善捐助、世界自然基金会（World Wide Fund for Nature，WWF）组织开展的"赤水河流域生态保护补偿与重要生物多样性保护示范项目"等案例。

从补偿考核方式看，流域生态保护补偿模式可以分为对赌式、奖惩式、举证式等。"对赌式"一般是基于上下游商定的考核基准进行达标考核，以达标与否确定补偿的主客体，并实施补偿，补偿额度通常事先约定不变；"奖惩式"一般是基于考核基准开展水质优劣变化程度考核，以改善或恶化幅度确定补偿额度，改善越多、补偿越高，恶化越多、惩罚越高，补偿的结果体现了对流域保护贡献者的奖励和对破坏者的惩罚；"举证式"一般是在水质不达标时，若一方成功举证为另一方污染所致，则由被举证方按照事先约定协议补偿给举证方，该补偿模式常应用于流域补偿参与方存在左右岸关系或往复流关系的情形，如2021年四川和甘肃签订的黄河干流流域横向生态保护补偿协议中，基于两省为黄河左右岸特殊关系，双方采用了"举证式"模式建立了横向补偿机制。

从补偿资金运作方式角度来看，流域生态保护补偿模式主要有纵向补偿模式、横向补偿模式和纵横结合模式等。纵向补偿模式主要通过公共支付手段，由上一级机构将公共支付收入以纵向转移支付的途径，向流域生态建设地区和受污染地区进行生态保护补偿的强制性模式。公共支付资金的主要来源包括公共财政资源、专项税费收入、特定融资渠道以及各类援助资金等。实现手段主要有征收税费、拨款、贷款、捐赠、募集等。常见的纵向补偿形式有国家生态保护补偿基金、环境税等，如哥斯达黎加的森林保护补偿金、青海省2010年实施的三江源生态保护补偿机制等，都是将政府公共收入通过纵向转移支付方式对特定区域进行补偿。横向补偿模式一般是指通过流域内部各方民主协商和横向转移支付实现流域不同主体间补偿的一种模式。此外，通过建立流域环境权益市场和市场交易实现的补偿，广义上来说也是一种横向补偿模式。目前在我国由政府主导的流域上下游间相互的横向补偿模式实践成功经验比较多，如我国各省份目前正大范围推广的基于跨界断面水质考核的流域上下游生态保护补偿机制便是典型横向补偿模式。此外，一些地方在实践中也有纵向补偿与横向补偿相结合的纵横结合模式。流域生态保护补偿类型与模式的主要分类见图 1-1。

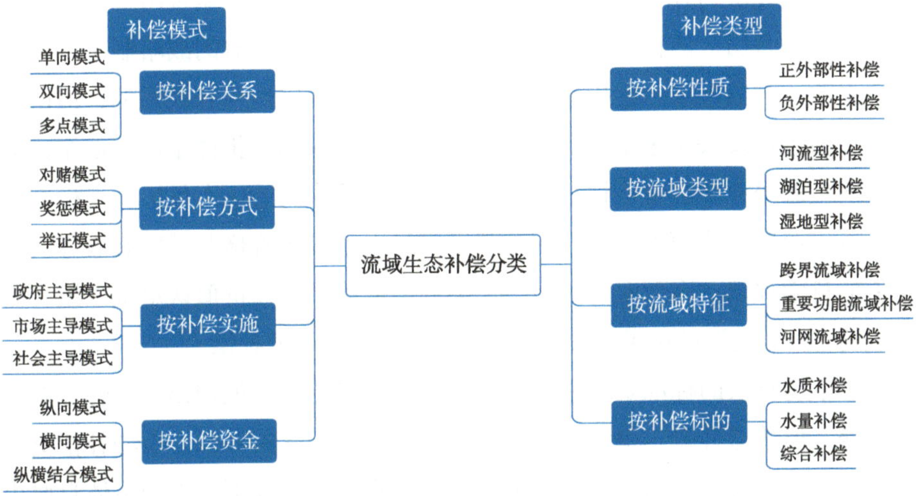

图 1-1 流域生态保护补偿类型与模式的主要分类

1.1.3.3 主要补偿模式比较

（1）政府补偿与市场补偿的比较

由于社会、政治与经济环境不同，我国生态保护补偿的主要推动力是政府，而发达国家的主要推动力是市场。基于这两类不同主导力量下的生态保护补偿模式也呈现出不同特点和效果。

1）参与主体的比较

①政府补偿参与主体较为单一，一般为流域涉及区域的政府。政府补偿是政府以非市场途径对流域生态系统进行的补偿。它以国家或上级政府为实施和补偿主体，流域其他生态保护补偿利益相关主体如流域内居民、企业等并不直接参与补偿，通常由当地政府代表流域其他利益主体的补偿权益。

②市场补偿参与主体多元化，一些利益相关方均可参与。市场补偿是市

场交易主体在政府制定的各类生态环境标准、法律法规的范围内，利用经济手段，通过市场行为改善生态环境活动，主体呈现多元化发展，不再仅局限于政府，而是各主体如政府、环保组织、生态服务供给者、生态服务受益者等共同参与，因而理论上更能优化生态资源的配置。受益者可以对保护者进行直接补偿而不通过行政命令，更加直接而快速，并且可以使各个利益主体的诉求都达到满足。

2）补偿标准的比较

①政府补偿的补偿标准由政府部门间协商谈判确定，呈现出稳定性强但易造成“一刀切”的特征。在政府补偿中，国家以及政府的战略制定不可能朝令夕改，补偿标准一经确定，毋庸置疑是具有稳定性与长期性的，但由于我国目前各地发展水平不平衡，生态资源权属确权和定价体系尚不健全，加上目前生态服务功能价值评估体系的不完善，政府间的生态保护补偿标准通常是基于谈判和协商确定，而不是基于实际生态资源价格及其生态服务功能价值的科学评估。因而政府间生态保护补偿可能会存在价值认定难以统一而形成的“一刀切”的结果，难以实现完全公平、公正的补偿。

②市场补偿的标准是基于市场交易价格而确定的，表现出动态性、差异性显著，但普适性差、稳定性不高的特点。相较于政府补偿，市场补偿更多的是基于市场交易价格的补偿标准，在价格机制的引导下，市场主体自愿决定补偿与否、补偿的数额与方式。由于各水域地区的利益以及对生态环境的要求存在很大的差异，因而必须因地制宜地制定各种补偿的标准和方式，因而普适性较差。市场补偿各主体由于随市场供需动态变化性强，导致其广泛的短期行为，相较于政府补偿而言，由于市场补偿绕开了政府的行政命令直接由受益者补偿给保护者，一旦在某一时间内生态利益的利用价值消失，那么生态保护补偿的行为有可能会立即终止。而且由于众多投机主义者的存在导致其广泛的短期行为，难以持久地进行下去。

3）补偿方式的比较

①政府补偿大多以政府资金转移支付实现，具有“输血式”、强制性等特点。目前，我国政府主导的流域生态保护补偿以资金补偿为主，财政补贴、项目支持、政策倾斜等多元补偿方式为辅，政府补偿是由上级政府对下级政府权利和机会的补偿。受偿者在授权的范围内，制定一系列创新性的政策，

促进发展并筹集资金，利用制度资源和政策资源进行生态保护补偿。从政府补偿资金来看，其主要来源于国家或者地方的财政税收，并通过资金单方面进行“输血式”补偿，补偿资金来源较为单一，且政府补偿对政府财政资金的依赖性强。在政府补偿中，如何补偿，补偿多少，在实施补偿之后达到什么效果完全由政府作出统一硬性的规定，因而作为受偿对象无法参与政府间的决策工作，只能相对被动地接受补偿。政府补偿的行为只在政府之间组织进行，而不是生态受益者向生态服务提供者的直接补偿，对流域居民、企业等实际利益主体而言具有补偿效益间接性。

②市场补偿通常以市场交易实现，体现出“造血式”、自愿性等特征。市场补偿路径是基于市场机制和资源配置的原则，通过市场交易、捐赠、借贷等方式，市场主体通过市场机制来获得和分配资金、物资和技术资源。这种补偿方式通常需要受损害的群体具备一定的市场意识和能力，能够通过市场机制来获得和分配资源。典型的市场补偿有生态产品交易、水权交易、排污权交易、生态标签认证、生态基金等方式。不同于政府补偿的通过资金单方面“输血式”补偿，市场补偿属于在政府可控范围内，赋予生态资源一般商品属性，并将各主体共同拉入决策之中，实现其价值，具有“造血式”的特点。而由于市场的特点是各主体之间的地位平等，因而各主体都能从各自实际的意愿出发，并且达到自己最终的目的。补偿机制具有市场激励性，与政府补偿相比，市场补偿更多的是在价格机制的引导下，市场主体自愿决定补偿与否及补偿的数额与方式。

4）补偿效果的比较

①政府补偿呈现出普适性高、全局性强，但持久性、激励性欠佳的效果。政府补偿政策执行力强，不确定程度低。由于政府的强势地位，使政府主导的生态保护补偿具有强制执行力及强力的监管手段；同时政府有着巨大的行政资源及足够的财政收入保障其资金链的完善，因而在补偿实施方面执行力强、不确定程度低。国家和政府的战略行为必定是具有长远考虑的，因而政府主导的环境补偿更加注重可持续发展及更有长期性，不可能为了追求短期利益而放弃今后发展的可能性。政府补偿是基于公共利益和社会公平的原则，通过一系列政策和措施来对受到损害的群体进行补偿，这种补偿通常是基于公共利益和社会公平的原则，由政府直接或间接地提供资金、物资、技术等

资源来帮助受损害的群体恢复生产和生活。这种补偿通常是由政府制定政策和计划来实施的，具有强制性和无偿性特点。由于政府补偿金来源于政府的财政税收，是所有公民共同缴纳的，如果将全民的税收用在流域治理方面，则使用了全体人民的财富来治理流域，但是只有流域之内的居民或者企业得到了补偿，显然违反了“谁受益、谁补偿”的基本补偿原则，难以体现生态保护补偿各主体的权、责、利的统一。由于补偿是在政府这一主体的命令控制下作出的统筹安排，作为生态服务的利益相关者尤其是受偿对象无法参与政府决策，只是被动地接受补偿，也不利于充分调动各方主体积极性。尽管政府补偿模式有其局限性，但由于流域生态服务具有准公共品的特点，因而在大型流域生态保护补偿中，政府补偿模式仍须占主导地位。

②市场补偿显示出有效性长、激励性较高，但普适性差、稳定性低的效果。市场补偿是在法律框架下的市场自发的行为，存在得天独厚的优势，具有很好的激励性。优质生态服务需求者会根据自身的需要，直接与供给者进行协商，由双方共同决定补偿的额度、补偿内容等，这使补偿标准带有协商性与可调整性。市场主体更关注生态供给者提供的优质生态服务价值，并支付反映价值的合理价格，补偿金存在显著的激励性质，在一定程度上推动补偿活动高效展开。市场补偿模式依赖于完善的生态环境与自然资源产权确权机制、价格形成机制和市场交易机制。目前，我国尚未构建完善的生态环境与自然资源的市场化交易体系以及相应的法规、政策机制。市场的行为要在相关的法律制度之下进行，然而现今我国仍缺乏相关的配套法律，截至目前，我国的法律还没有对市场的生态保护补偿行为作出明确的法律规定，因而这些市场补偿模式的不完善导致其运行下生态保护补偿的不确定性，稳定性较差。政府补偿模式与市场补偿模式比较见表 1-1。

表 1-1　政府补偿模式与市场补偿模式比较

	政府补偿模式	市场补偿模式
参与主体	参与主体较单一，通常是各级人民政府	主体多元化，社会组织、企业、个人等利益相关方均可参与
补偿标准	由政府部门间协商谈判确定。特征：地域性差异，稳定性强，容易出现补偿“一刀切”	基于市场交易价格的补偿标准。特征：随市场供需动态变化性强、区域主体差异性明显，普适性差，稳定性不高

续表

	政府补偿模式	市场补偿模式
补偿方式	资金补偿为主，财政补贴、项目支持、政策倾斜多元补偿为辅。特征：“输血式”补偿、强制性	直接付费、水权交易、生态标签认证、生态购买、生态基金等。特征：“造血式”补偿、自愿性
补偿路径	政府间财政转移支付	直接市场交易
补偿效果	普适性高、注重全局性，但激励性欠佳	有效性长、激励性较高，但普适性差、稳定性不高

依据政府补偿和市场补偿的优、缺点可以建立选择的标准：通常，当流域生态保护补偿标的物产权不清、价格 / 价值核算难、流域尺度大、补偿参与方均为政府的情况下，一般以政府主导的补偿模式为主。反之，则可以考虑基于市场补偿的模式来构建补偿机制。

在政府补偿主导下的生态保护补偿机制中引入市场机制，两者可以有效协同发展，有助于充分发挥两者的优势，克服彼此可能存在的“失灵”问题，在提高效率的同时可以促进资源的有效配置，有助于保障流域生态保护补偿运行的长效性，发挥两者结合后“1+1>2”的协同效果。政府补偿模式和市场补偿模式的选择标准见表 1-2。

表 1-2 政府补偿模式和市场补偿模式的选择标准

	政府补偿模式	市场补偿模式
产权界定	模糊	清晰
流域生态补偿主体	政府间	市场交易主体间
生态系统价值	价值核算难度大	价格明确，核算方便
流域范围	跨界及大中型流域，补偿覆盖面广	小型流域，补偿覆盖面相对较窄
流域经济社会发展水平	普遍适用	适用于经济社会发展水平较高的流域
生态建设项目所处阶段	普遍适用	适用于项目发展期与成熟期

（2）横向补偿与纵向补偿的比较

在政府补偿中，根据补偿主体和补偿客体之间的行政隶属关系，可以将其进一步划分为纵向生态补偿和横向生态补偿两种方式。这两种方式虽然同为政府补偿模式，但是也存在各自的特点与优劣势。

1）参与主体的比较

①纵向补偿的参与主体主要是具有隶属关系的上级政府和下级政府。纵向补偿主要用于上级政府支持下级政府在流域生态功能重要性突出、流域环境保护力度大、流域保护力度大、流域保护对地区发展影响明显的地区进行保护和修复工作上的投入。

②横向补偿的参与主体主要是非隶属关系的上下游政府。横向补偿一般适用于针对跨界流域（水体）的上下游政府间补偿。通常涉及多个领域，如环境治理、水资源分配、生态保护等。

2）补偿标准的比较

①纵向补偿的补偿标准由上级政府部门制定，具有宏观性但易造成“一刀切”等特征。纵向补偿是由上级政府向下级政府提供的生态补偿，由上级人民政府进行统一的管理和调配，主要根据上一级政府对下一级政府为生态保护与修复而实施的财政转移支付来确定，制定统一的流域水质检测标准和奖惩制度，具有大的战略布局和战略构想，有利于统一管理。但是由于各个地区社会发展情况不同，直接使用国家或者上级政府的力量进行统一调配和支持很难顾及各方的利益，极易造成补偿出现“一刀切”情况以及忽略各地实际情况而使政策制定发生困难。

②横向补偿的补偿标准由同级政府间进行协商，体现各地利益但定责不易。横向补偿是由上下游的同级政府间自行协商或者由上级政府牵头、由地方人民政府之间制定流域补偿的标准和方案，使上下游政府之间可以根据自己的实际情况和确实的要求提出流域生态保护补偿的标准和奖惩制度，制定出更加符合各方需求、尽量达到利益平衡的方案。但是如何确定各地区的责任和利益是一个复杂的问题，由于横向生态保护补偿通常涉及多个领域，一些政策协调机制的建立和维护需要大量的时间和资源，其中遇到的问题使政府之间的利益博弈可能会持续很长时间，很难在短时间内制定出令各方都满意的方案。

3）补偿方式的比较

①纵向补偿是上级对下级的垂直命令—控制型机制，具有全局性、指定性的特征。这是指在具有行政隶属关系的上下级政府之间，上级政府通常以财政转移支付或者政策倾斜扶持等公共政策手段，对下级政府调节生态保护

主体和受益主体之间“经济—生态”利益关系的制度安排。上级政府的垂直管理有利于克服地方管理的缺陷，补偿资金更具保障，便于生态保护补偿工作的开展。

②横向补偿是上下游政府间单向补偿或双向互补的平行协商—购买机制，体现出区域性、协商性的特征。这是指上下游的同级政府或者由上级政府牵头的不具有行政隶属关系的政府之间，通过平等自愿谈判协商方式购买合格生态服务，以明晰各自的生态保护补偿的权利和义务的制度安排，属于平行协商—购买机制，其本质是等价交换原则下同级政府间流域生态服务购买，可以是上下游政府间的单向补偿或双向互补。利用契约平等、协商的特质以及对双方的约束力来对同级政府治理责任进行合理的配置，实现该流域的有效治理。充分尊重地方利益和自主性，实现不同政府间的“双赢”。

4）补偿效果的比较

①纵向补偿重点突出全局利益，有利于宏观战略部署，但是“一刀切”难以平衡各方利益，且其对上级政府资金依赖性强。纵向补偿能够直接将资金投向需要的地方，对于生态保护和修复具有积极的作用。且在该模式下政策的制定往往是从宏观着手的战略布局和构想，突出全局的利益，在有利于统一管理的同时能使执行较为快速准确，在短时间可能收到很好的效果。但是各地经济水平等的差异性不易把控，各方的利益难平衡，忽略各地的实际情况易造成政策制定的困难，从而造成补偿“一刀切”的后果。并且纵向补偿财政转移支付的透明度和公正性问题或许会引发下级政府的消极态度，如果上级减少了资金的投入很有可能效果会立刻减小。

②横向补偿重点突出各方利益，有利于兼顾流域各方需求，平衡各方利益，但是博弈时间较长。由于横向生态保护补偿涉及多个地区，因此也可能带来一些跨地区的合作机会，进一步推动流域生态保护工作的开展。但是由于横向生态保护补偿通常涉及多个领域，如何确定各地区的责任和利益是一个复杂的问题，一些政策协调机制的建立和维护需要大量的时间和资源，其中遇到的问题使政府之间的利益博弈可能会持续很长的时间，很难在短时间内制定出令各方都满意的方案。而且相较于纵向补偿来说，横向补偿由各个地方政府协商而形成的方案，缺少中央的扶持和监管，实施难度会较大。纵向补偿模式与横向补偿模式的特点比较见表 1-3。

表 1-3 纵向补偿模式与横向补偿模式的特点比较

	纵向补偿模式	横向补偿模式
参与主体	主要是上级政府和下级政府	上下游的同级政府
补偿标准	由上级政府部门制定，具有宏观性，但易造成“一刀切”	横向补偿的补偿标准由同级政府间进行协商，体现各地利益，但定责不易
补偿方式	上级对下级的垂直命令—控制型机制：全局性、指定性	上下游政府间单向补偿或双向互补的平行协商—购买机制：区域性、协商性
补偿效果	重点突出全局利益，有利于宏观战略部署，执行快且准，见效也快；但是难以兼顾各地差异，且其对上级政府资金依赖性强	重点突出各方利益，有利于兼顾流域各方需求，平衡各方利益；但是博弈时间较长

过去，我国以纵向补偿模式为主，但近年来随着国家对流域横向生态保护补偿制度的重视和推广，越来越多的地区也开始尝试使用横向补偿和市场补偿模式来进行流域生态保护补偿，而且都取得了不错的效果。在具体实施中，应根据具体情况选择最合适的补偿方式。同时，应建立健全法律法规和监管机制，确保生态保护补偿的公正性和有效性，从而推动流域生态保护和修复工作的顺利开展。

1.1.4 流域生态保护补偿的制度架构

在流域生态保护补偿机制的制定过程中，一般应遵循以下基本原则：一是公平与公正原则。流域水资源是一种具有准公共物品特性的资源，公共物品的非排他性和非竞争性使水域水资源在社会分配过程中很难兼顾不同利益主体在流域中的地理区位、环境保护投入、社会经济发展水平等差异性因素，从而造成分配结果的不公平、不合理。因此，流域生态保护补偿政策的制定要坚持公平与公正的原则，通过补偿机制促进资源公平、合理分配，从而保护更多主体的利益。二是“谁受益、谁补偿，谁破坏、谁付费”原则。流域生态保护是一种具有很强外部经济效应的活动，例如上游地区保护水源而下游地区取水利用得益、上游地区排污造成流域污染而下游地区不得不实施环境治理等。因此，一方面，流域生态环境的破坏者要承担资源环境成本，履行生态环境恢复责任，当造成超出阈值的环境污染和生态破坏时，应赔偿相关损失，支付占用环境容量的费用；另一方面，流域生态环境保护的受益者和流域资源开发利用者，也有责任向流域生态环境保护投入者支付适当的补偿费用。三是“共享、共建”原则。共建，就是各施所长、各尽所能，把流域各方利益主体的优势和潜能充分发挥出来，聚沙成塔，积水成渊，持之以恒地加以推进；共享，就是让生态保护补偿成果更多、更公平地惠及流域上下游人民，打造流域上下游利益共同体和命运共同体。流域生态保护补偿机制的制定实施应最终有利于流域各方的利益协调和均衡，实现多方共赢的发展格局。

基于上述原则，流域生态保护补偿的制度框架主要由补偿的主体与客体、补偿模式、补偿基准（或补偿依据）、补偿方式、补偿标准和补偿资金来源等内容构成。

1.1.4.1 补偿的主体与客体

不同地区的水源地有不同的地理特征，因此不同地区水源地的主体与客体也不尽相同，在具体实践案例中也有所体现。但一般情况下，生态保护补偿的主体是消费（消耗）生态服务功能的人类社会经济活动的行为主体；生态保护补偿的客体是为特定社会经济系统提供生态服务功能或生态现状受到人类活动的影响和损害的生态系统与行为主体。

流域补偿主体包括两个方面：一是一切从利用流域水资源中受益的群体，二是一切生活或生产过程中向外界排放污染物、影响流域水量和流域水质的个人、企业单位或政府。流域生态保护补偿客体是执行水环境保护工作等为保障水资源可持续利用作出贡献的地区，或是流域中因生态破坏或污染受到损害的地区。例如，流域上游地区及流域周边为保护流域水生态安全作出贡献的地区，流域下游地区作为受益地区应承担生态保护补偿的责任。但是，当出现流域上游地区由于过度占用生态服务功能，导致流域下游地区减少了应有的生态权益，如出现上游过度开采水资源或对水体造成了污染，则上游为补偿的主体、下游为补偿的客体。此外，在我国由于水资源归国家所有，因此在处理流域的生态保护补偿时，通常以流域上下游政府作为流域生态保护补偿的主客体。

主体与客体的细分是较为复杂的，有时可能既是主体又是客体，如水源地的企业，以其排污可以定为补偿主体，在受到限制发展方面来讲又是客体。因此，在确定某区域水源地生态保护补偿的主体与客体时要具体分析确定，一般来说，补偿的主体是受益地区的企业、居民、政府、发电厂；补偿客体是一切为保障水资源可持续利用作出贡献的群体，如水源地的居民、企业、政府、水产养殖户。

根据生态保护补偿对象的利益相关程度可分为3类：核心利益相关者、次要利益相关者和边缘利益相关者，还有学者在具体的实践过程中对利益相关者进行了分类并对各利益相关者进行了影响程度分析。在确定水源地生态保护补偿的主体与客体时，先进行利益相关程度分析，然后明确补偿主体与客体，在主体和客体难以确定时，应在比较其受益与受损的机会成本之后加以确定。

1.1.4.2 补偿模式

综合来看，我国流域生态保护补偿的模式目前主要分为政府主导的纵向补偿模式、横向补偿模式及市场主导的市场交易模式、社会主导的慈善公益模式。各模式的具体情况请参阅第1.1.3节，此处不再赘述。

1.1.4.3 补偿基准（或补偿依据）

补偿基准（或补偿依据）比较常见的主要有以下几种：一是流域生态功能重要性，通常这是流域纵向生态保护补偿模式的主要依据；二是流域水质、水量或污染物通量考核，目前这是开展流域上下游横向生态保护补偿的主要依据；三是流域生态服务价值或环境权益价值，这是开展市场交易生态保护补偿的主要依据；四是公众需求与意愿，这是社会公益补偿模式的基本依据。

1.1.4.4 补偿方式

流域生态保护补偿的方式较为多元化，主要有资金补偿、实物补偿、政策补偿、智力补偿、项目补偿、生态标记等形式。目前，我国大多数流域生态保护补偿的实践仍以资金补偿为主。

①资金补偿。资金补偿是指直接以货币资金进行补偿的一种生态保护补偿形式，也是目前最常用的补偿方式。资金补偿的常见形式有补偿金，税收的征收、减免或退税，开发押金、补贴、财政转移支付、贴息和加速折旧，复垦费等。在流域生态保护补偿机制中，生态保护补偿的资金一般包含多项费用，如水资源费、生态效益补偿费、损失补偿费等。通过这些费用补偿的形式实现利用效益的公平性和科学性。

②实物补偿。实物补偿是指补偿者运用物质、劳力和土地等进行补偿的一种生态保护补偿形式，补偿者通过给受补偿者提供部分的生产要素和生活要素，改善受补偿者的生活状况，增强其生产能力。实物补偿有利于提高物质使用效率，如退耕还林（草）政策中运用了大量粮食作为实物补偿。

③政策补偿。政策补偿主要是指通过一些政策、制度的实施，实现上级政府对下级政府在权利和机会上的补偿。如果受补偿者在授权的权限内，则可以利用制定政策的优先权和优惠待遇，制定一系列创新性的政策，促进其发展并筹集资金。利用政策资源进行补偿是十分重要的，尤其是对资金贫乏、经济落后的流域上游地区更为重要。典型做法是实行信贷优惠政策，通过制定有利于生态建设的信贷政策，以低息或无息贷款的形式向有利于生态环境的行为和活动提供的小额贷款，可以作为生态环境建设的启动资金，鼓励当地人民从事生态保护工作；鼓励金融机构在确保信贷安全的前提下，由政府政策性担保提供发展生产所需的贷款。这样，既可刺激借贷人有效地使用贷款，又可提高行为的生态效率。

④智力补偿。智力补偿主要是向受补偿者提供人才、技术等智力支持的一种补偿形式。补偿者以开展智力服务，提供无偿技术咨询和指导，培训受补偿地区或群体的技术人才和管理人才，以输送各类专业人才等方式，提高受补偿地区的生产技能、技术含量和组织管理水平。

⑤项目补偿。项目补偿是指通过立项或项目转移等方式将补偿资金转化为技术项目从而实现补偿的形式，这也是目前实施生态保护补偿的主要补偿方式之一。项目补偿的实施一般包括两类：一类是直接的生态保护与建设项目，如我国实施的三江源等国家级自然保护区建设工程；另一类是开发性项目，通过政府或政府引导社会资本进行投资，提高当地经济发展水平，减轻人口和工业、农牧业对当地生态环境的压力，如我国对河西走廊地区节水农业的实施和扶持项目，有效缓解了当地水资源矛盾。

⑥生态标记。生态标记主要是指对环境友好型产品进行标记，如生态食品、有机食品、绿色食品等，并通过在价格上体现该产品的生态附加值，最后通过市场销售，实现对生态服务功能的补偿。

1.1.4.5 补偿标准

核算和协商是制定生态保护补偿标准最通用的两种办法。核算的主要依据为生态系统服务（生态产品）供给价值或损失、发展机会成本损失、生态保护投入、生态环境治理与恢复成本等方面的评估与核算结果；协商主要是根据补偿双方支付意愿和现实经济基础进行协商确定。

理论上，以核算为基础确定生态补偿标准更能体现出公平性和科学性。但是由于目前还缺乏科学的、客观的、稳定的、权威的生态环境资源价格体系和生态系统服务价值评估方法体系，加上数据采集难度大、自然地理差异明显等因素，生态系统服务价值评估过程还存在较大的主观性和不确定性，目前大量生态系统服务价值评估实践结果还难以直接应用于生态保护补偿，特别是在流域横向生态保护补偿机制实践中，要让上下游各方就此达成共识难度较大。

从目前具体的实践情况来看，国家和地方出台的流域纵向生态保护补偿机制，主要基于充分的调查和评估出台相应差异化、区域化的补偿标准，而近年来，我国绝大部分流域横向生态保护补偿实践案例的补偿标准主要通过补偿参与各方的协商谈判确定。

1.1.4.6 补偿资金来源

根据目前国内的实践案例来看，流域生态保护补偿资金主要有以下几个来源。

①政府财政资金转移支付。政府财政是目前在我国实行各类生态保护补偿机制资金最主要的来源。政府财政收入主要来自各类税费，将政府财政资金作为生态保护补偿机制资金，是公共支付手段的一种。例如，我国开展的“退耕还林（草）”政策、“退牧还草”政策、生态公益林补偿政策等，其生态保护补偿资金均来自国家和各级政府财政资金。以政府财政资金作为补偿资金，一般通过政府自上而下的纵向财政转移支付手段，或者是政府间的横向财政转移支付手段运作。

②征收专项生态补偿税（费）。税（费）是政府按照一定的标准强制无偿地取得财政收入的一种形式，具有强制性、无偿性、固定性特征。建立生态补偿专项税费政策，并将此资金作为生态补偿资金，也是公共支付手段的一种表现。生态补偿专项税费政策可以将生态环境生产或者可以产生不良影响的生产、经营、开发者作为征收对象，以生态环境整治及恢复为主要内容，向受益单位部门征收一定的税费，并将其纳入国家预算，由财政部门统一管理，国家每年将一部分资金返还给参与生态环境建设的农户。此外，水价也

是流域水资源利用和开发的重要经济调节手段，因此调节上下游间的水价，也可以作为流域生态补偿资金的来源。

③建立流域生态保护补偿基金。建立流域生态保护补偿基金是由政府、非政府机构或个人拿出资金支持生态保护的行为。流域生态保护补偿基金应该主要来源于下游地区的利税、国家财政转移支付资金、扶贫资金、国际环境保护非政府机构的捐款等。流域生态保护补偿基金主要用于培育江河上游地区的生态恢复和增值功能。

④引进外部资金和项目。可以借助如世界银行等国外机构提供的资金，大自然保护协会（The Nature Conservancy，TNC）、世界自然基金会等国外非政府组织提供的项目来保护流域的生态环境。引进的国外资金和项目受国家的财政体系影响较小，因此引进国外资金操作起来比较容易，但是这种形式的资金是十分有限的，更适合于特别贫困的地区。

相对国内，国外的流域生态保护补偿资金更多来自社会、公众，并通过市场途径或税、费、价、贷、债等形式募集。例如，易北河流域生态补偿中，德国作为易北河流域生态补偿中的补偿主体，资金来源广泛而多样，主要有排污费、财政贷款、下游对上游的经济补偿和研究经费津贴，多样化的资金来源保证了充足的补偿资金，用于补偿给捷克建设两国交界处的污水处理厂。美国纽约市与上游卡茨基尔流域之间的清洁供水交易中，纽约市政府通过对自来水用户征收附加税、发行纽约市公债及信托基金等方式，补偿提供生态产品的上游地区。

综合来说，流域生态保护补偿的主要模式及制度架构如表 1-4 所示。

表 1-4　流域生态保护补偿的主要模式及制度架构

<table>
<tr><td colspan="2" rowspan="2"></td><td colspan="2">政府主导</td><td>市场主导</td><td>社会主导</td></tr>
<tr><td>纵向补偿模式</td><td>横向补偿模式</td><td>市场主导模式</td><td>社会公益补偿</td></tr>
<tr><td colspan="2">补偿主体 / 客体</td><td>上级政府 / 下级政府</td><td>下游政府 / 上游政府</td><td>流域资源环境权益让出者 / 流域资源环境权益购买者</td><td>社会公众或环保组织等 / 流域环境的保护者</td></tr>
<tr><td>补偿基准或依据</td><td>生态功能重要性</td><td>水质、水量或污染物通量考核</td><td>生态服务价值
环境权益价格</td><td colspan="2">公众需求与意愿</td></tr>
</table>

续表

		政府主导		市场主导	社会主导
		纵向补偿模式	横向补偿模式	市场主导模式	社会公益补偿
补偿方式	上、下级政府之间的纵向转移支付	不具有隶属关系的地方政府之间基于协商谈判的补偿	1. 直接交易模式； 2. 利用第三方中介交易模式； 3. PPP 水基金模式； 4. 信托基金模式； 5. 环境权益交易模式：水权交易、排污权交易； 6. 生态环境标识； 7. 环境责任保险	NGO 补偿、社区组织补偿，社会、企业及个人捐助等形式	
补偿标准	上级人民政府确定补偿标准	流域所在地的政府协商制定补偿标准	优质生态服务需求者会根据自身的需要，直接与供给者进行协商，由两方共同决定补偿的额度、补偿内容等	社会 / 公众的支付意愿	
补偿形式	主要有财政转移支付、政策倾斜、项目补偿等形式	主要有资金补偿、项目补偿、异地补偿等形式	以环境权益的资金交易、生态环境标识、水价调整等形式为主	以公益捐助、社会投资为主	
资金来源	中央和地方的财政筹集	地方的财政筹集	购买者自筹	社会及各种组织的捐助	

1.1.5 流域生态保护补偿的关键技术

流域生态保护补偿的补偿标准以及补偿额的核算方法（以下简称“补偿核算”）是当前开展流域生态保护补偿的关键技术瓶颈。目前主要有以下几种方法。

1.1.5.1 基于水质 / 水量标准的补偿核算方法

由于上游地区大量发展工业或者农业，会造成排放废水或者化肥施用量超标等问题，这就直接造成了水污染，对下游地区的用水水质有很大的污染，这种类型被称为水质污染型。如果上游地区工业或者农业生产中使用水过量，造成了下游地区可用水的水量急剧减少，也会对下游地区产生巨大的影响，这种类型被称为水量超采型。上游地区对流域水资源的保护也集中在这两个方面，“水质保护型”和“调水取水型”即限制上游地区的工农业发展以达到保护流域水资源水质和水量的目的。所以流域生态保护补偿的核算标准主要是根据这两条准则来制定的。而基于不同的侧重也有不同的标准制定和核算准则。

一是基于流域水质指标的流域补偿标准核算方法。河流流域的水质评价标准一般包括水温、pH、悬浮物、COD、BOD_5、溶解氧、挥发酚、氰化物、砷、汞、六价铬、大肠菌群等参数。在进行流域生态保护补偿的水质监测与评价中，可根据当地上下游行政区划的双方政府协议，商定选择相应的水质项目，建议经济发达地区选取必评项目和选评项目，经济欠发达地区可选择必评项目。而水量的评价则比较简单，主要根据流经某一个断面的水的体积流量是否达到规定的数值即可。

综合各类文献，水质标准的评价方法如下：

（1）徐大伟等（2008）提出的水质污染程度评估可采用以下公式：

$$P_j = \frac{1}{n}\sum_{j=1}^{n} S_i = \frac{1}{n}\sum_{i=1}^{n}\frac{C_i}{C_{oi}}$$

式中，P_j——河流断面的综合污染指数；

S_i——第 i 种污染物的污染指数；

C_i——第 i 种污染物的实测平均浓度，mg/L；

C_{oi}——国家规定的标准浓度，mg/L。

P_j 值越大说明水质的污染越严重，P_j 值越小说明水质越好。可以根据 P_j 值的大小来确定补偿的方向和标准。

（2）郭志建等（2013）则提出了新的水质改良系数的模型：

$$P = \sum_{j=1}^{n} W_j K_j \frac{(D_j - S_j)}{S_j}$$

式中，P——河流断面的水质改良系数；

W_j——污染物的权重值；

D_j——污染物的实测浓度，mg/L；

S_j——规定的标准浓度，mg/L；

K_j——污染物 j 的实测浓度对应的成本调整系数。

郭志建等认为当 P 为正值时，上游需要补偿下游；当 P 值为 0 时，上下游之间不需要相互补偿；而当 P 为负值时，下游则需要补偿上游。

这几种方法是目前找到的较为合理的污染核算的标准方法，通过选择这些公式，我们可以对河流流域的断面污染情况即水质作出合理的评估，通过这些方法来计算某断面的水质是否达到了国家标准或者省份自定的补偿标准。

二是根据流域的水量确定补偿的标准和金额。徐大伟等（2008）认为流域的水量标准应根据以下公式来判断。

$$L_j = Q^*(1+G_i) = \frac{Q_i^{\text{out}}}{Q_i^{\text{in}}}\left(1+\frac{\text{GDP}_i}{\sum_{i=1}^{m}\text{GDP}_i}\right)$$

式中，L_j——该河流的流量指标；

Q^*——该行政区内的河流总水量系数；

G_i——该行政区的总产值占全流域总产值的比例，这样可以通过计算 L_j 的量来确定河流流经某行政区的流量标准，依据此来判断补偿的方向和金额大小。

根据上述的方法可以从水质和水量两个标准确定流域生态保护补偿的主体和客体，确定了补偿方和受偿方之后，还需要确定补偿金的数额。

1.1.5.2 生态系统服务功能价值法

$$P=\sum(A_k V_k)$$

式中，P——生态服务的总价值，即补偿金的总额，元；

A_k——研究区第 k 种土地利用类型的面积，km^2；

V_k——生态价值系数，元 /km^2。

Herzog 等（2005）认为这种方式能充分反映流域生态的经济价值，但是由于各地经济存在差异，补偿的标准难以统一。

1.1.5.3 成本估算法

$$P=(G_0-G)\times N \text{ 或者 } P=(R_0-R)\times N_t+(S_0-S)\times N_f$$

式中，P——补偿金额，元；

G_0 和 G——参照地区和流域保护地区的人均 GDP，元 / 人；

N——流域保护地区的总人口，人；

R_0 和 R——流域保护地区和参照地区的城镇人口的人均纯收入，元；

S 和 S_0——流域保护地区和参照地区的农户的人均纯收入，元；

N_t 和 N_f——流域保护地区的城镇和农村地区的人口，人。

该方法全面考虑了流域生态保护者的利益，比较公平，但是参照地区的确定比较困难。

1.1.5.4 水资源市场价值法

$$P=Q\times C_C\times \delta$$

式中，P——补偿金的量；

Q——调配的水量或者上下游之间某一断面的流量，m^3/a；

C_C——水资源的价格或者污水处理成本，元 /m^3；

δ——判定系数，当上游的水质超过标准即为优质水时，$\delta=1$；当上游水质差时 $\delta=-1$，否则 $\delta=0$。

该方法以市场的方式计算了水资源的价格和水质的标准，比较容易进行计算，但是该方法仅从水资源的价格进行了计算，缺乏综合效益的核算。

1.1.5.5 支付意愿法

$$P=\sum_{i=1}^{n}W_i\times N_i$$

式中，W_i——补偿者的最大支付意愿；

N_i——该流域内的人口。

这属于一种完全依靠市场调节的方式进行的补偿金核算，这种方法重视支付方的支付意愿，但是完全没有考虑别的方面，主观性强，不易操作。

以上几种方法可以用于补偿金的核算，首先流域补偿的购买者对该流域的水质或者水量提出标准和要求，然后根据水质核算或者水量核算制定出流域水质或者水量的标准，确定补偿的方向，或者是双向补偿。确定补偿的方向之后，可以根据不同的公式计算补偿金的数额。当然，这几种计算方式还是比较简单的，在实际操作过程中，可能会有更加复杂的补偿方式。而且我国在实际操作中经常会有政府的参与，这就涉及更加复杂的政府之间的博弈，通过政府之间的协商或者中央政府的参与才能最终确定补偿金的数额。杨光明等（2019）认为，上下游政府博弈谈判的过程中，只有在上下游政府的参与度很高，合作的意愿强烈，并且有公众积极参与的共同努力下才能最终建立一个比较完善的补偿标准。而市场购买模式的补偿就相对简单，只要上下游之间的生态环境资源的购买者和提供者之间能够达成协议，并且按照某种公式合理科学地计算出补偿金的数额，就可以完成交易。

1.2 流域生态保护补偿实践进展

1.2.1 国内外实践进展

1.2.1.1 国外实践进展

国际上，流域生态保护补偿的概念主要来源于流域生态服务市场，而流域生态服务市场最早起源于流域管理和规划，如美国田纳西州流域管理计划。该计划旨在减少土壤侵蚀并对流域周围的耕地和边缘草地的土地拥有者进行补偿。随着流域生态服务市场的日益壮大，流域生态服务的市场化产品也应运而生，这也是国外开展流域生态保护补偿的重要依据与基础。国外在实践案例上与我国不同，由于国外相对明晰的自然资源权属关系及较为成熟的自然资源价格和交易市场体系，国外流域生态保护补偿实践案例总体以市场主导的市场交易模式为主，如美国的水权、排污权配额交易机制，澳大利亚的墨累—达令河流域水分蒸发信贷机制与水权交易等案例。而以公共支付为基础的、政府主导下的纵向补偿和横向补偿案例相对较少，纵向的案例有加拿大格兰德河流域生态保护补偿、日本琵琶湖生态保护补偿等案例，横向的案例主要有德国与捷克的易北河流域生态补偿机制。

国外不同模式下的流域生态保护补偿案例具体情况见表 1-5。

表 1-5 国外不同模式下的流域生态保护补偿案例

补偿模式	案例	具体内容		
		补偿方	受偿方	描述
横向补偿	德国与捷克易北河流域生态补偿	德国	捷克	签订协议。2000 年，德国联邦环境局支付 900 万马克给捷克，用于建设捷克与德国交界的城市污水处理厂
纵向补偿	加拿大格兰德河流域生态补偿	政府	受到补偿的对象	以流域为单元进行流域综合管理。利用 GIS 技术准确划定补偿对象。由政府直接向补偿对象进行财政补偿
	日本琵琶湖生态补偿	政府	水库地区的居民	水库的建设者即政府通过“水源地区对策资金”直接向当地的居民支付经济补偿
市场补偿	纽约市与上游卡茨基尔流域的清洁供水交易	下游受益区的政府和居民	上游地区居民	通过对水用户征收附加税、发行纽约市公债及信托基金等方式筹集补偿资金，以补贴上游地区的环境保护主体
	美国科罗拉多河	下游州政府	上游州政府	上下游州政府之间经过大量的谈判博弈，形成了各州之间的水资源分配方案并且展开政府之间的水权交易
	澳大利亚墨累—达令河流域水权交易	水权交易者	水权所有者	实行水分蒸发信贷交易：流域因为伐木过度，造成了环境的破坏，水分蒸发信贷制度要求下游的农场主和受益者按一定的价格支付资金给上游，用于上游地区的植树造林。 实行水权交易：在确保环境生态用水的前提下，针对不同用途的水分别制定详细的水权交易程序和规则等开展水权交易，允许自发组织的私人水权交易。 财政转移支付：对地方政府与农户进行直接补贴，如联邦政府为土地关爱计划所提供的自然遗产信托基金
	厄瓜多尔基多市	基多市的所有用水户	当地的水资源保护基金组织	基多市所有的用水户向当地的水资源保护基金缴纳一定的用水费用用以维护当地的水资源，该基金独立于政府
	哥斯达黎加 Sarapiqui 流域	Energia Globa 私营水电公司	上游的私有土地主	私营的水电公司——EG 公司为稳定水电运行，并保障上游水源地取水量，支付补偿金给上游的私有土地主，并要求必须同意将他们的土地用于植树造林

续表

补偿模式	案例	具体内容		
		补偿方	受偿方	描述
市场补偿	法国毕雷矿泉水公司与 Rhin-Meuse 流域	法国毕雷矿泉水公司	Rhin-Meuse 上游地区的农场和农户	法国毕雷矿泉水公司为了获得洁净的矿泉水水源，对 Rhin-Meuse 上游的农场和农户进行一对一补偿，让他们确保水质的健康优质

1.2.1.2 国内实践进展

自党的十八大以来，生态保护补偿机制纳入生态文明制度体系的“四梁八柱”之一，全国生态保护补偿实践快速推进。我国流域生态保护补偿实践方面，从补偿尺度来看主要分为 3 个层面：第一个层面是国家层面上的，主要为全国性、大尺度流域生态保护补偿，代表的案例有三江源国家级自然保护区建设项目；第二个层面是在跨省行政区层面上的中尺度流域生态保护补偿，代表性的案例有新安江流域生态保护补偿机制等；第三层面是省内的小尺度流域生态保护补偿，如山东省、江苏省、浙江省、甘肃省等流域上下游生态服务供需矛盾尖锐的地区均有实施。还有一些地方开展了具有地域特色的小尺度流域生态保护补偿机制实践，如江苏省开展了“太湖流域环境资源区域补偿试点”，浙江省创建了“东阳义乌水资源交易模式”和“金华流域生态补偿异地开发模式”，河北省正试行“生态补偿金扣缴政策”，上海市推出了“各区参与、多点互补的河网型流域生态补偿模式”等。

（1）国家级流域生态补偿实践

国家财政部门每年针对各地重点生态功能区的一般性转移支付是一项全国性、大尺度的纵向生态保护补偿政策。其中，国家对青海省三江源国家级自然保护区的一般性转移支付可以看作国家实施的一项流域生态保护补偿政策。三江源国家级自然保护区作为长江、澜沧江和黄河的源头汇水区，是三江生态系统最敏感的地区，是全国最重要的生态功能区之一，是全国面积最大自然保护区。三江源区河网密布、雪山冰川广阔，有大小湖泊 1 700 多个，列入国家级自然保护区总面积近 16 万 km^2，占三江源地区总面积的 42%。为保护流域生态环境，财政部每年对该地区进行一般财政转移支付，并下发给青海省。同时，青海省也提出建设三江源地区的生态保护补偿机制，并每年下发大量资金给予三江源自然保护区进行相应的补偿。

（2）跨省流域生态保护补偿实践

由于跨省流域水权关系复杂，利益相关者众多，且省际间的流域生态保护补偿往往涉及两个或多个独立的行政经济单元，在流域生态环境整治方面和区域经济开发上难以实现共同的需求和目标，在推广实施过程中困难较多。近年来，随着国家政策的引导和激励，我国跨省流域生态保护补偿机制探索加快，特别是随着皖浙新安江流域生态保护补偿的成功实践，带动了国内多个跨省流域生态保护补偿的实践。截至 2023 年 6 月，全国已至少在 19 个省份 15 个流域（河段）建立起跨省流域横向生态保护补偿机制。

我国跨省流域生态保护补偿实践大致有 3 个阶段。第一阶段为 2011 年前，我国跨省流域生态保护补偿实践不多，以各省水权试点交易方式的市场化补偿为主，如宁蒙黄河水权交易、甘蒙黑河流域水权证交易；第二阶段为 2011—2018 年，在皖浙新安江流域生态保护补偿实践案例的带动下，通过国家政策与资金引导，由地方主导，建立了一批纵向引导下基于跨省界断面水质考核的流域上下游横向补偿基准机制，如粤赣东江流域生态保护补偿、津冀滦河流域生态保护补偿、粤桂九洲江流域生态保护补偿等，这一阶段的补偿中央资金引导起到重要作用；第三阶段为 2018 年到目前，主要标志是中央引导资金退出，各省份通过自主谈判协商签订一批流域上下游横向生态保护补偿协议，如湘赣渌水河流域生态保护补偿协议、川甘黄河干流流域生态保护补偿协议等。

总体来说，我国跨省流域生态保护补偿实践，早期有一些基于水权交易模式的实践探索，但十几年来，基本都是基于跨界断面水质考核的流域横向生态模式。我国已开展的跨省流域生态保护补偿实践案例汇总情况见表 1-6。

表 1-6　国内跨省流域生态保护补偿实践案例

序号	案例	协议签订时间	补偿参与方	是否有中央资金参与	基本模式	补偿资金规模	考核因子	补偿基准
1	皖浙新安江流域生态保护补偿	2011 年签订第一轮协议（2012—2014 年）；2015 年签订第二轮协议（2015—2017 年）；2018 年签订第三轮协议（2018—2020 年）；2023 年签订第四轮协议	浙江、安徽	有。但第三轮退出	基于跨省断面水质考核的双向补偿	第一轮每年中央资金 3 亿元，安徽、浙江各 1 亿元；第二轮每年中央资金 3 亿元，安徽、浙江各 2 亿元；第三轮每年安徽、浙江各 2 亿元；第四轮：双方每年出资额提升到“4 亿元至 6 亿元”，补偿资金总盘增至 10 亿元，并参照浙皖两省年度 GDP 增速，建立逐年增长机制	高锰酸盐指数、氨氮、总磷、总氮	水污染综合指数 *P*
2	粤赣东江流域生态保护补偿协议	2016 年签订第一轮协议（2017—2019 年）；2020 年，签订第二轮协议（2019—2021 年）2023 年签订第三轮协议	广东、江西	有。但第三轮退出	基于跨省断面水质考核的双向补偿	第一轮每年中央资金 3 亿元，广东、江西各 1 亿元；第二轮中央奖补标准退至每年 2 亿元，两省每年仍为 1 亿元	pH、高锰酸盐指数、氨氮、总磷、五日生化需氧量；第三轮下泄水量和流量纳入考核	年均值水质类别 + 月均水质达标率考核；自第三轮起，从单纯水质补偿转到对生态产品存量维护和增量提升的综合补偿
3	粤桂九洲江流域生态保护补偿	2016 年签订第一轮协议（2015—2017 年）；2019 年签订第二轮协议（2018—2020 年）；2022 年签订第三轮协议（2021—2023 年）	广东、广西	有。但后续退出	基于跨省断面水质考核的双向补偿	第一轮三年广东、广西各出资 3 亿元，中央资金 9 亿元；第二、三轮期间广东、广西每轮各出资 1 亿元	pH、高锰酸盐指数、氨氮、总磷、五日生化需氧量	年均值水质类别 + 月均水质达标率考核

续表

序号	案例	协议签订时间	补偿参与方	是否有中央资金参与	基本模式	补偿资金规模	考核因子	补偿基准
4	津冀滦河流域生态保护补偿	2016年签订第一轮协议（2017—2019年）；2019年、2023年先后续签	天津、河北	有。但第二轮退出	基于跨省断面水质考核的双向补偿	第一轮中央财政每年3亿元，河北、天津每年1亿元。共15亿元；第二轮起中央资金退出	化学需氧量、高锰酸盐指数、氨氮、总磷，第二轮起	年均值水质类别＋月均水质达标率考核
5	粤闽汀江—韩江流域生态保护补偿	2016年签订第一轮协议（2016—2017年）；2018年、2023先后续签	广东、福建	有。但后续退出	基于跨省断面水质考核的双向补偿	第一轮中央财政资金3亿元，两省每年1亿元；第二轮中央财政资金2亿元，两省每年1亿元；此后两省每年1亿元	增加总氮、pH、高锰酸盐指数、氨氮、总磷、五日生化需氧量	年均值水质类别＋月均水质达标率考核
6	皖苏长江流域滁河横向生态保护补偿	2018年12月签订协议	安徽、江苏	无	基于跨省断面水质考核的双向补偿	Ⅲ类水为基准水质类别，变化补偿标准为2 000万元/个类别，月度奖励标准300万元/月	地表水常规项目	断面水质类别变化补偿＋水质提升奖励
7	湘渝西水流域横向生态保护补偿	2018年签订第一轮协议（2019—2021年）；2022年签订第二轮协议（2022—2024年）	重庆、湖南	无	基于跨省断面水质考核的双向补偿	补偿标准：每月40万元	地表水常规项目、锰浓度水质评价	断面水质类别考核＋特征因子达标考核

续表

序号	案例	协议签订时间	补偿参与方	是否有中央资金参与	基本模式	补偿资金规模	考核因子	补偿基准
8	豫鲁黄河干流流域横向生态保护补偿	2021 年 4 月签订协议	河南、山东	无	基于跨省断面水质考核的双向补偿	水质类别变化补偿标准为 6 000 万元 / 个类别，污染指数变化补偿标准：100 万元 / 变化 1 个百分点	化学需氧量、氨氮、总磷	年均水质类别变化 + 水质污染指数变化
9	川滇黔赤水河生态保护补偿	2018 年 2 月签订协议	四川、云南、贵州	无	基于跨省断面水质考核的横向补偿	三方按 1∶5∶4 的比例共同出资 2 亿元，按 3∶4∶3 的比例清算资金	高锰酸盐指数、氨氮、总磷	根据年均水质界定三省责任
10	鄂湘长江干流生态保护补偿	2023 年 1 月签订协议	湖南、湖北	无	基于跨省断面水质考核的双向补偿	两省每年分别出资 1 亿元	不详	月均水质类别考核
11	黄河流域甘宁段横向生态保护补偿	2023 年 7 月签订协议	甘肃、宁夏	无	基于跨省断面水质考核的双向补偿	基于Ⅱ类水目标，5 000 万元对赌	不详	年均水质类别考核
12	湘赣渌水流域上下游横向生态保护补偿	2019 年 7 月签订第一轮协议；2022 年签订第二轮协议（2022—2025 年）	湖南、江西	无	基于跨省断面水质考核的双向补偿	补偿标准：每月 100 万元	不详	年均水质类别考核

续表

序号	案例	协议签订时间	补偿参与方	是否有中央资金参与	基本模式	补偿资金规模	考核因子	补偿基准
13	川甘黄河流域横向生态补偿	2021 年 8 月	四川、甘肃	无	基于跨省断面水质考核的双向补偿	两省各出资 1 亿元	国家地表水标准	年均水质类别考核，如未达到，一方能举证污染由对方造成，则由污染方支付补偿资金
14	陕甘渭河流域生态补偿	2011 年	陕西、甘肃	无	基于协议的单向补偿	陕西省向甘肃天水、定西两市分别提供 300 万元	氨氮、化学需氧量	给定西、天水两市生态环境部门各 300 万元
15	宁蒙黄河水权交易	2003 年	宁夏、内蒙古	无	水权交易	水资源价格	无	上下游基于水权确权、配额的水权交易
16	甘蒙黑河流域水权证交易	2000 年	甘肃、内蒙古	无	水权交易	水资源价格	无	

通过目前实施的案例分析，国内跨省界流域生态保护补偿实践具有以下几个特点：

一是补偿模式普遍采用基于跨界断面目标考核的双向补偿模式。近年来，流域生态保护补偿运作模式主要有单向补偿模式、双向补偿模式、共筹再分配模式等。早期，陕甘渭河流域生态保护补偿采取下游向上游单向补偿模式，而共筹再分配模式也很少见，仅川滇黔赤水河生态保护补偿采用这一模式。目前我国其他各地实践案例基本采用基于跨省界断面水质目标考核的双向补偿。

二是在双向补偿模式下，补偿方式以“对赌式”“奖惩式”为主。随着皖浙新安江流域开创“对赌式”横向补偿以来，东江流域、滦河流域等国内其他流域纷纷出台相似的对赌式跨省界流域生态保护补偿机制，从而成为主流。自 2018 年以来，皖苏长江流域滁河横向生态保护补偿、豫鲁黄河干流流域横向生态保护补偿则基于“越优越奖、越劣越罚”原则建立了“奖惩式”补偿机制。

三是补偿额度总体不高，各省每年实际补偿资金额大多在 1 亿元左右。在中央资金参与引导的阶段，我国跨省流域生态保护补偿案例中补偿资金较多为“3+1+1”结构（每年中央资金 3 亿元 + 地方上下游省份各 1 亿元），如东江流域、九洲江流域、滦河流域的生态保护补偿案例。在中央资金退出后，“对赌式”补偿的每年补偿资金额度以 1 亿元最为常见。如川甘黄河干流流域横向生态保护补偿、鄂湘长江干流生态保护补偿均为每年每省各出 1 亿元。此外，在“奖惩式”补偿模式中，按年均水质类别变化的补偿标准一般是千万元级别，补偿标准最高为 6 000 万元 / 个类别（豫鲁段黄河干流流域）。但是，近年来随着各省市对流域生态保护补偿实践的深入，补偿资金额度也有不断提高的趋势，如 2023 年新签订的安徽—浙江新安江流域生态保护补偿协议，补偿资金总数达到 10 亿元。

四是补偿依据（补偿基准）以断面水质类别考核为主、水质达标率考核为辅。基于跨省断面水质考核的双向补偿案例中，大多数案例采用了基于断面年均水质类别考核作为补偿基准，另有一些地方在此基础上增加了月度水质达标率考核，如九洲江流域、东江流域生态保护补偿案例。个别案例出现特征因子作为除水质断面类别外的辅助补偿基准。此外，新安江流域案例采用了基于多因子评价的水质污染指数 P 作为补偿基准。

五是考核因子以地表水常规因子为主。目前各省份跨省流域生态保护补偿案例的水质考核因子和评价标准以国家地表水环境评价项目与标准为主。其中水质考核因子以3～5项指标为主，并主要集中在氨氮、总磷、高锰酸盐指数、五日生化需氧量、总氮、溶解氧等地表水常规项目。如豫鲁黄河干流流域补偿选择了COD、氨氮、总磷3项，皖浙新安江流域生态保护补偿选择了高锰酸盐指数、氨氮、总磷、总氮4项，东江流域、九洲江流域、汀江—韩江流域等选择了pH、高锰酸盐指数、氨氮、总磷、五日生化需氧量5项。另有少量案例采用地表水全口径（24项因子）评价，只有在湘渝西水流域横向生态保护补偿案例中，出现了特征考核因子锰。

六是补偿资金筹措以上下游同比例出资（或同标准奖惩）为主。目前所有基于跨界断面水质考核的补偿案例中，上下游省份的补偿资金出资额度或者奖惩标准基本都是一样的。只有川滇黔赤水河生态保护补偿案例比较特殊，采用了差异化出资结构 / 补偿分配结构的共筹再分配的模式。该模式主要特点，一方面参与方有3个省份，包括云南、四川和贵州；另一方面约定了差异化的出资结构和补偿分配结构，根据该协议，三省按照1∶5∶4的比例共同出资2亿元设立赤水河流域横向生态保护补偿资金，并根据赤水河干流及主要支流水质情况界定三省责任以3∶4∶3的比例清算资金。

（3）省内流域生态保护补偿实践

省内流域的中、小尺度生态保护补偿由于利益相关方较少、关系相对简单，且多属同一个行政单元，环境产权的界定相对容易，因此更易于实施。特别是近年来随着国家相关政策的引导与激励，全国各省（区、市）相继开展省内流域生态补偿实践。据统计，截至2022年年底，全国至少已有24个省（市）出台并实施了本省流域横向生态补偿机制；有3个省开展了省内以具体某流域名义实施生态补偿实践。全国省内流域生态补偿实践推进情况见表1-7。

表1-7 全国省内流域生态补偿实践推进情况（截至2022年12月）

类别	个数	备注
省内流域综合横向生态补偿	24	
省内以具体某流域名义实施补偿	3	
尚未出台	4	
合计	31	不含中国香港、澳门、台湾地区

调研选取了我国省内流域生态保护补偿实践案例，具体见表1-8。

表1-8　我国省内流域生态保护补偿实践案例

补偿模式	案例	具体内容		
		补偿方	受偿方	描述
政府间横向补偿	安徽省地表水断面横向生态补偿	上下游地区政府双向补偿		安徽省政府于2017年印发《安徽省地表水断面生态补偿暂行办法》，以横向补偿为主，按照“谁超标、谁赔付，谁受益、谁补偿”的原则要求上游市政府如果污染水源需要向下游市政府赔付，如果断面水质提升，下游市政府要对上游市政府支付补偿金
	江苏省跨市流域生态横向补偿	上下游地区政府双向补偿		在太湖流域5个市试点水污染通量区域补偿，按照水环境污染特征依据水量、水质测算污染通用补偿资金。2010—2014年，在通榆河沿线8个市试点水环境质量区域补偿，依据水质超标程度并结合补偿基数核算补偿金。2014年至今全省流域实行水环境质量区域双向补偿，要求各市签订跨市补偿协议，逐步建立本市跨县生态补偿工作机制。目前所有设区市与周边市均签订了补偿生态保护合作协议。过去10年内全省累计发生补偿金超过18亿元，并且水污染程度得到极大减轻
	浙江省绍兴市横向生态补偿	上下游地区政府双向补偿		浙江省绍兴市实施流域生态补偿。2000年绍兴市出台《绍兴市汤浦水库水环境资源保护办法》，实施了一系列的生态保护措施，保障了饮用水水质安全，建立了奖惩考核制度。设立2亿元资金通过年末的考核来研究资金的分配
	上海市流域横向补偿机制	各区间横向多点互补		2019年上海市出台《上海市流域横向生态补偿实施方案（试行）》，建立全市各区共同参与的“多点互补”横向生态补偿机制，开展区间流域横向生态补偿工作
	四川省岷江、沱江和嘉陵江干流及重要支流	上下游地区政府双向补偿		设立82个生态补偿水质检测断面。实施扣缴制度，对水质超标的污染扣缴，并增加对保持水质优良地区的生态补偿，体现了“超标者赔偿，改善者受益”的原则

续表

补偿模式	案例	具体内容		
		补偿方	受偿方	描述
政府主导纵向补偿	浙江省淳安县千岛湖流域生态补偿	浙江省	淳安县	浙江省建立千岛湖保护基金，通过纵向补偿的方式补偿淳安县因为没有开发和污染千岛湖流域造成的巨大经济损失
	云南滇池流域河道生态补偿	昆明市政府	各区	2017年，昆明推行“滇池流域河道生态补偿机制”。河道断面考核水质和水量，未达到考核标准的就应当缴纳补偿金，而考核优秀或者达标的予以适当补偿
	江西省流域生态补偿办法	江西省政府	水资源保护者	2021年全省100个县（市、区）全面推开流域生态补偿，鄱阳湖和赣江、抚河、信江、饶河、修河等五大河流及长江九江段和东江流域等全部纳入补偿范围。采用统一的因素法公式结合补偿系数，对流域生态补偿金进行分配；主要原则是“整体推进，稳步实施，政府主导，多方筹资，责任共担，区别对待，水质优先，多方兼顾，规范运作，公开透明”。
	安徽大别山区流域	下游市区如合肥市	大别山山区	安徽省于2015年下发《安徽省大别山区水环境生态补偿办法》，并自2014年起设立大别山区水环境补偿资金2亿元用来实现下游受益地区和上游大别山生态区之间的生态补偿
	贵州省赤水河	贵州省政府	赤水河水资源保护者	2014年，贵州省设立了赤水河流域保护省级专项资金，用于流域环境保护
市场交易模式	东阳—义乌水权交易	义乌市	东阳市	2000年，东阳市和义乌市达成协议，义乌市一次性出资2亿元购买东阳横锦水库每年4 999.9万m^3水的使用权。转让用水权后水库原所有权不变，水库运用工程维护仍由东阳负责，义乌按当年实际供水量0.1元/m^3支付综合管理费（包括水资源费）。从横锦水库到义乌引水管道工程由义乌市规划设计和投资建设，其中东阳境内段引水工程的有关政策处理和管道工程施工由东阳市负责，费用由义乌承担
	曲江县自来水和水电公司对水源区农户的补偿	公司	农户	广东曲江县从自来水（0.01元/t）和水电公司（0.005元/kW·h）收取一定费用用于对水源区农民保护流域环境的补偿

相较于跨省界流域生态补偿，我国省内流域生态补偿实践案例具有以下特点：一是补偿模式以基于跨界断面目标考核的双向补偿模式为主，但也有基于各地自身特点的不同模式探索，如针对水源地等重要功能流域的纵向补偿模式、针对水资源利用的水权交易模式、针对河网型流域的多点互补模式等；二是补偿组织模式仍以政府主导为主；三是补偿标准和补偿力度各省、不同流域间差异较大。

（4）社会公益补偿实践案例

世界上主要的国际合作机构和自然保护组织对中国生态补偿进行了大量有益的实践探索。据不完全统计，全球环境基金（GEF）、联合国环境规划署（UNEP）、大自然保护协会（TNC）、世界自然基金会（WWF）等自然保护组织均已在我国开展流域生态补偿试点。我国社会公益补偿案例见表 1-9。

表 1-9　我国社会公益补偿案例

案例	具体内容		
	补偿方	受偿方	描述
赤水河流域生态补偿与重要生物多样性保护示范项目	GEF、UNEP	贵州赤水河流域	贵州省赤水河流域建立与管理省、市级水资源服务付费系统性制度框架；在赤水河流域选定子流域（仁怀市五马镇）进行试点水资源服务付费计划的示范；建立贵州赤水河流域环境保护工作站
海河流域水资源与水环境综合管理项目	GEF	海河流域	2004—2011 年出资 1 700 万美元，逐步建立适合项目区特点的水资源与水环境综合管理体系，促进地区水资源与水环境综合管理的能力建设，努力实现改善渤海水环境质量
WWF—西洞庭湖保护项目	WWF	西洞庭湖	1999 年、2000 年分别实施两期项目，建立了社区级自然保护管理等成功模式，向全社会推广生态补偿理念；发展生态旅游促进湿地保护，推动县域经济的发展
WWF—汇丰银行长江项目	WWF—汇丰银行	长江流域	2002—2007 年，探索有前景的湿地替代产业；配合地方政府建立湿地自然保护区；过“灌江纳苗”等措施，建立既利于生物多样性保护又利于防洪减灾的江湖之间生态与水文有效联系的模式，恢复湖泊与长江的联系，推动长江生命网络的恢复，促进当地社会与经济的可持续发展

续表

案例	具体内容		
	补偿方	受偿方	描述
TNC—龙坞水源保护项目	TNC	杭州余杭区龙坞水库	2014年，TNC成立善水基金信托，与23个竹林农户签署信托合同，托管近300亩[①]龙坞水源地汇水区竹林，通过商业模式盘活林地，发展适合水源地保护的环境友好型经营活动，营业收入一部分用于环保投资型项目，另一部分用于环保建设型项目

1.2.2 典型案例

（1）跨省流域生态保护补偿案例——新安江流域生态保护补偿

1）新安江流域概况

新安江发源于安徽省黄山市境内，地跨安徽、浙江两省，流域总面积11 452.5 km^2，是安徽省仅次于长江、淮河的第三大水系，也是钱塘江正源和浙江省千岛湖的最大入境河流，其中在安徽省内干流全长242 km，有大小支流54条，流域面积6 736.8 km^2，占全流域面积的58.8%。皖浙省界断面（街口断面）多年平均径流量为65.3亿m^3，占流域下游主要湖泊千岛湖的多年平均入湖总量的68%以上。新安江流域和千岛湖不仅是浙皖两省重要的饮用水水源地，还是长三角地区战略地位举足轻重的生态安全屏障。为此，财政部、环境保护部于2010年年底启动全国首个流域跨省（新安江）水环境补偿试点，这对我国推行流域上下游横向生态保护补偿具有极为重要的指导意义。

2）补偿方案

2011年9月，财政部、环境保护部印发了《新安江流域水环境补偿试点实施方案》（以下简称《方案》），跨省流域水环境补偿试点工作正式开展。《方案》明确了补偿的基本原则、监测方案、补偿依据、资金来源与用途等关键问题。《方案》要求在推进新安江流域生态保护补偿的过程中，各级政府要以统筹新安江流域上下游地区经济社会协调可持续发展为主线，以保护和改善

① 1亩≈666.67 m^2。

新安江水质为目标，以流域跨省界断面水质考核为依据，遵循“保护优先、合理补偿，保持水质、力争改善，地方为主、中央监管，监测为据、以补促治”基本原则，制定详尽的水环境生态保护补偿实施方案。

第一轮：《方案》开启了中国跨省流域上下游“水质对赌”横向补偿的“新安江模式”。其主要内容和特点有：第一，加强安徽、浙江两省跨界断面水质监测，科学合理认定监测数据，由中国环境监测总站组织安徽和浙江两省开展联合监测。第二，设立新安江流域水环境补偿资金，以省界断面水污染综合指数作为上下游补偿依据，采用财政专项转移支付形式，补偿资金额度为每年 5 亿元，其中中央财政出资 3 亿元，安徽、浙江两省分别出资 1 亿元。第三，纳入补偿指标的水质项目为《地表水环境质量标准》（GB 3838—2002）中的高锰酸盐指数、氨氮、总磷和总氮 4 项指标，以 4 项指标的常年年平均浓度值（2008—2010 年 3 年平均值）为基本限值，通过公式测算补偿指数 P，核算补偿资金。如果 $P \leqslant 1$，则浙江省拨付给安徽省 1 亿元资金；如果 $P>1$ 或新安江流域安徽省界内出现重大水污染事故（以原环境保护部界定为准），则安徽省拨付给浙江省 1 亿元资金。不论何种情况，中央财政资金全部拨付给安徽省。第四，补偿资金专项用于新安江流域产业结构调整和产业布局优化、流域综合治理、水环境保护和水污染治理、生态保护等方面。第五，安徽和浙江两省签订新安江流域水环境补偿协议，明确各自的责任和义务，加强试点工作的协调和监管。其中，财政部负责新安江流域水环境补偿资金的监管。环境保护部负责组织安徽和浙江两省对跨界断面水质进行监测，并按照监测数据认定的结果及相关规定及时将补偿资金拨付给对方。财政部、原环境保护部共同指导新安江流域水环境补偿协议文本的编制和签订，共同监管安徽、浙江两省对协议的落实情况，及时研究解决试点工作中发现的问题。

第二轮：2015 年，安徽、浙江两省启动为期 3 年的第二轮（2015—2017 年）试点，除保持中央财政资金支持外，安徽、浙江两省出资均提高到 2 亿元。

第三轮：2018 年，安徽、浙江两省签署第三轮（2018—2020 年）补偿协议，本轮安徽、浙江两省每年各出资 2 亿元共同设立新安江流域上下游横向生态保护补偿资金，同时中央资金退出补偿。与前两轮试点的实施方案相比，此次新签协议的实施方案有两大变化：一是水质考核标准更高，水质稳定系数进一步提升，同时提高了总氮和总磷等 4 项具体指标的权重系数；二是补偿资金使用范围有所拓展，补偿资金专项用于新安江流域环境综合治理、水污染防治、生态保护建设、产业结构调整、产业布局优化和生态补偿等方面的同时，首次鼓励和支持通过设立绿色基金、政府和社会资本合作（PPP）模式、融资贴息等方式，引导社会资本加大新安江流域综合治理和绿色产业投入。此外，特别强调加强农业面源氮、磷生态拦截工程。

第四轮：2023 年 6 月 5 日，安徽、浙江两省人民政府在安徽省合肥市签署《共同建设新安江—千岛湖生态保护补偿样板区协议》（以下简称《协议》），这标志着全国首个跨省流域生态保护补偿提档升级。这一轮补偿协议相比以往，有以下新特点：一是补偿标准更高。从 2023 年开始，双方每年出资额度从过去的最多出资“2 亿元”提升到“4 亿元至 6 亿元”，补偿资金总盘增至 10 亿元，并从 2024 年开始，资金总额在 10 亿元基础上参照安徽、浙江两省年度 GDP 增速，建立逐年增长机制。二是补偿理念更新。引入了产业人才补偿指数 M 值，构建资金、产业、人才全方位的补偿成效评价体系，作为两省分配补偿资金的重要依据。三是补偿方式更优。除资金补偿外，安徽、浙江两省还将在绿色金融、新兴产业、传统农业、文旅产业、人才交流等方面加强合作。四是补偿范围更广。补偿范围由三轮试点期间的 3 市 10 县（市）（安徽省黄山市、宣城市绩溪县，浙江省杭州市淳安县、建德市，面积约 1.76 km^2），扩大至 4 市 34 县（市、区）（安徽省黄山市、宣城市，浙江省杭州市、嘉兴市，面积约 4.32 km^2）。五是补偿时效更长。补偿协议由之前的 3 年一轮延长至 5 年一轮。协议实施后，新安江流域将成为全国跨省流域生态保护补偿资金总量最高、协议实施期限最长的地区之一。

3）工作进展

浙江省和安徽省围绕新安江流域，在 2012 年启动中国首个跨省流域生态保护补偿机制首轮试点以来，2015 年、2018 年、2023 年两省先后又 3 次续签协议，到 2020 年已完成三轮补偿工作。在前三轮新安江生态保护补偿机制试点过程中，中央财政及安徽、浙江两省财政累计拨付新安江上游地区补偿资金 60.2 亿元。试点以来，新安江水质连年达到补偿条件，每年向千岛湖输送近 70 亿 m^3 干净水，新安江也成为全国水质最好的河流之一。

4）补偿成效

环境质量显著提升，生态服务价值凸显。原环境保护部公布的监测数据显示，新安江流域总体水质为优，跨省界接口断面水质达到地表水环境质量标准Ⅱ类，每年均达到补偿条件；千岛湖湖体水质继续保持优良，试点以来新安江出境断面水质达到试点方案考核标准，持续好于2008—2010年3年平均水平。2017年，千岛湖水质各项指标基本符合Ⅰ类水标准，出境断面水质持续保持Ⅰ类标准，营养状态指数逐步下降，并与新安江上游水质变化趋势保持一致，表明试点环境效益逐渐显现，新安江流域生态环境得到明显改善，生态系统相对稳定并逐渐显现其生态功能价值，增强了流域未来发展的核心竞争力。借助生态保护补偿机制试点的契机，黄山市和淳安县通过开展全域环境整治，提升了整体环境质量。黄山市森林覆盖率提高到82.9%，环境空气质量稳居安徽省首位，地表水水质达标率、饮用水水源地水质达标率均为100%。淳安县饮用水水源地水质达标率为100%，空气优良率达到94.7%，森林面积达499.88万亩，森林蓄积量2 269.6万m^3，生态环境质量始终保持浙江全省前列，先后获评“中国好水”水源地、国家生态县，成功创建全球绿色城市、国家森林旅游城市，2016年被新增纳入国家重点生态功能区。

农业结构不断优化，绿色产业初具规模。结合生态保护补偿机制试点，流域内的黄山市和淳安县倒逼农业转型，构筑绿色产业体系，力争实现绿色生态与绿色发展的和谐统一。黄山市围绕减肥降药、生态保护，实施农业绿色提升行动。黄山市加快国家茶叶及农产品检测重点实验室建设，推进茶叶种植生态化、加工清洁化改造，2016年综合产值突破120亿元，2017年综合产值有望达到130亿元。淳安县大力发展生态高效农业，在产业政策制定时就不断推动传统农业向休闲观光和生态有机农业加快转变，2016年兑现农业产业政策补助资金6 776万元，助力农业企业快速发展；规模化经营加快推进，2015—2016年新增土地流转面积10 838亩，成功创建西南片区省级现代农业园区，成立农民专业合作社联合社并纳入杭州市首批试点。

新兴产业快速增长，促进经济转型发展。两地大力发展大旅游引领的服务经济。黄山市入选国家全域旅游示范区创建单位、国家级旅游业改革创新先行区，2016年接待游客5 187.1万人次，旅游总收入450.1亿元，同比分别增长11.2%和12.3%；2017年上半年接待游客2 679.14万人次，旅游总收入

240.45 亿元，同比分别增长 16.53% 和 17.08%。淳安全县景区化深入推进，加快传统观光游向休闲度假方向转型升级，财政投入 0.5 亿元，成立规模 10 亿元的旅游产业基金，助力乡村旅游、绿道骑行、婚纱摄影等特色旅游产业成为经济增长的重要亮点。2015—2016 年，全县共接待游客 2 388.43 万人次，实现旅游经济总收入 220.93 亿元。黄山市结合流域企业的关停并转，积极发展绿色食品、绿色软包装、汽车电子、新材料等与环境相适应的主导产业，尤其发挥黄山水资源丰富、水质优良的优势，培育和引进了康师傅瓶装水、六股尖山泉水、无极雪矿泉水等一批项目，力争成为全国重要的天然饮用水生产基地。淳安县坚持“无污染、小空间、高科技、资源型、大产出”导向，吸引了一批康美、文创、总部、民宿、高端制造等新兴产业项目落户淳安，两年来累计新引进项目 389 个，到位资金 192.14 亿元。高新技术产业较快增长，两年共实现高新技术产业增加值 21.69 亿元，累计新增市级以上高新技术企业 36 家；信息经济发展步伐加快，两年共实现信息经济增加值 22.79 亿元。新安江生态保护补偿机制实施两年来，新安江综合治理完成投资 345 亿元，对应生态保护补偿机制试点共实施项目 156 个，已完工项目 98 个，累计完成投资 60.7 亿元。通过实施这些项目，不但产生了良好的生态效益，而且拓展和提升了连带效益、后续效益、经济效益，实现了良性循环。

生态补偿机制健全，监管考核制度完善。在制度效益方面，建立了一套较为完整的工作机制，包括综合协调、河长管理、垃圾兑换超市、断面水质考核、创新资金投入、项目管护等机制，为建立可复制、可推广的生态保护补偿制度积累了经验。目前新安江模式已在全国其他 5 个流域涉及的多个省份推开，试点写入中央《生态文明体制改革总体方案》，入选中国改革十大案例，亮相“砥砺奋进的五年”大型成就展，由此形成的“新安江模式”还将进一步深化和全面推广。

（2）省内流域生态保护补偿案例——江苏省水环境区域补偿

1）江苏省水环境概况

江苏省位于我国东部沿海中部，跨江临海，东临黄海及东海，是全国唯一一个拥有大江大河大湖大海的省份。其地处长江、淮河流域的下游，拥有全国五大淡水湖中的太湖、洪泽湖。全省河网稠密交错、湖泊众多，共有长江、太湖、淮河、沂沭泗四大水系，水域面积 1.69 万 km^2，约占全省土地面积的 17%，水系复杂，水环境治理难度大。按照国家《水污染防治行动计划》（以下简称“水十条”）的要求，江苏省建立起水环境生态补偿机制，利用区域经济奖惩倒逼地方行政主管部门积极改善区域水环境质量，成为保障江苏省水环境持续改善的利剑。

2）补偿方案

从 2007 年开始，江苏省在全国率先启动了水环境资源区域补偿制度建设。2016 年年底，经江苏省政府同意，江苏省环境保护厅联合江苏省财政厅印发了《江苏省水环境区域补偿工作方案》，确定了 112 个补偿断面，选取高锰酸盐指数、氨氮和总磷为水质考核因子，全省统一补偿因子与补偿标准，提高补偿监测与资金测算的实时性与透明度。补偿断面分为两类：第一类为跨县（市、区）河流交界断面，第二类为直接入海断面和出市断面，采用自动站实时监测数据或委托第三方开展补偿监测，并受流域上下游监督。

双向补偿分清责任，以“谁超标、谁补偿，谁达标、谁受益”为原则，实行双向补偿。水质目标根据国家、省、市水污染防治工作要求及地表水环境功能区划要求设定，当断面水质超标时，由上游地区对下游地区予以补偿，当水质达标时，由下游地区对上游地区予以补偿。通过流域上下游横向生态补偿等方式，共同推动流域的生态环境保护和治理。

江苏省对重要且具有代表性的断面进行考核，从区域行政考核出发倒逼地方行政主管部门重视水环境治理；建立水环境生态补偿机制，利用区域经济奖惩倒逼地方行政主管部门积极改善区域水环境质量。两项政策相辅相成，共同组成保障江苏省水环境持续改善的利剑。

3）工作进展

针对补偿工作方案中断面设置和水质目标等方面不足的问题，2021 年 4 月，江苏省正式印发《江苏省水环境区域补偿工作方案》（2020 年修订）（以下简称《修订方案》）。

该《修订方案》从增设补偿断面、收紧考核指标、提高补偿标准及调整奖励方式四个大方向着手，进一步完善江苏省水环境区域补偿政策，致力于解决断面覆盖不足，补偿断面中类型、区域分布不均衡以及水质目标偏低、约束效应降低的问题，深入打好污染防治攻坚战，推动全省水环境质量持续改善。

4）补偿成效

2016—2020年，纳入补偿范围的112个补偿断面达标率从60%左右提升至91.7%以上，高锰酸盐指数、氨氮、总磷浓度逐年降低，2020年较2016年分别下降4%、58.5%和39.1%。同步增加了水环境治理投入。“十三五”以来，全省共筹集区域补偿资金11.36亿元，带动了各类投资超过53.5亿元，涉及各类项目326个，生态环境资金投入渠道得到有效拓宽。2020年江苏省国省考断面水质达到或优于Ⅲ类比例已分别为86.5%和91.2%。

（3）重要功能流域生态保护补偿案例——温州珊溪水库流域生态补偿

1）珊溪水源地概况

珊溪水利枢纽工程位于浙江省温州市境内飞云江干流中游河段，由珊溪水库工程和赵山渡引水工程组成。珊溪水库总库容 18.24×10^8 m^3，电站装机容量 2×10^5 kW。赵山渡引水工程在珊溪水库工程下游35 km处，赵山渡水库总库容3 414 × 10^4 m^3，电站装机容量 2×10^4 kW。输水渠系总长62.85 km，设计流量363 m^3/s。

珊溪水利枢纽工程控制着温州地区近80%的水资源，承担防洪、抗旱、供水、灌溉、发电等综合任务。工程防洪保护农田1.17万 hm^2，保护人口25万，关系整个飞云江流域的防洪安全；工程供水设计年供水量可达到11.35亿 m^3，目前经批准允许供水量为7.3亿 m^3，关系温州地区426万人口的饮用水水源安全；工程新增和改善灌溉面积6.67万 hm^2，关系飞云江沿岸农田的灌溉保障；可为电网提供调峰电力22万kW；关系华东电网的调峰能力。由此可见，珊溪水利枢纽工程对温州社会经济的现在以及未来的可持续发展起着重要的作用。

珊溪水库是大（Ⅰ）型水利工程，工程等级为Ⅰ等，集水面积1 529 km^2，多年平均径流量18.5亿 m^3，水库为多年调节水库，死水位117 m，正常蓄水位142 m。珊溪水库设计洪水标准为500年一遇，设计洪水位150.71 m；校核洪水标准为可能最大洪水，校核洪水位155.20 m。珊溪水库总库容18.24亿 m^3，正常库容12.91亿 m^3，兴利库容6.96亿 m^3，防洪库容2.12亿 m^3。

图 1-2　珊溪水库库区流域范围

图 1-3　珊溪水库大坝

2）补偿方案

①补偿主客体

珊溪水库生态补偿主客体主要是珊溪水库的上游保护区和下游受益区。其中，上游保护区主要涉及集水区范围的文成县、泰顺县、瑞安市，共涉及18个镇7个乡。下游受益区主要针对供水的受益区域，涉及鹿城区、龙湾区、瓯海区、洞头区、瑞安市、平阳县、苍南县及经济技术开发区（浙南产业集聚区）。

补偿主体。珊溪水库作为饮用水水源地生态系统中的一部分，属于公共产品、稀缺资源，一般由上级政府进行调配，库区的属地政府直接参与库区资源的分配，应作为补偿主体；同时，为了更好地保护生态系统，上级政府应从政策上给予一定的支持，且珊溪水库跨泰顺县、文成县、瑞安市等行政区域，也需要上级政府进行协调，因此国家、浙江省、温州市政府应作为流域生态补偿资金实施的主体；按照流域生态补偿资金基本理论和"受益者补偿"原则，水源地上游和周边是生态环境的治理者和保护者，下游是生态环境的受益者，下游的鹿城区、龙湾区、瓯海区、洞头区、瑞安市、平阳县、苍南县、经济技术开发区是珊溪水库的受水区，也是受益者，因此下游受益地区的政府应提供相应的补偿，其也应是流域生态补偿资金实施的主体。因此，补偿主体为中央政府、浙江省、温州市政府与受益地区政府［主要包括鹿城区、龙湾区、瓯海区、洞头区、瑞安市、平阳县、苍南县、经济技术开发区（浙南产业集聚区）］，以及属地政府（文成县、泰顺县、瑞安市）。

补偿客体。水源地上游政府及周边居民是生态环境的治理者和保护者，应当对其保护水源地所作出的牺牲提供适当的补偿，属于受偿对象，即补偿客体。珊溪（赵山渡）水库内各相关水源保护设施的运行管理单位为水环境改善的直接管理单位，也为补偿客体。因此，补偿客体为文成县、泰顺县、瑞安市等库区政府，为保护水源地生态环境作出牺牲的当地居民，以及珊溪（赵山渡）水库内各相关水源保护设施的运行管理单位。

②生态补偿金的来源

实施水资源有偿使用制度。扩大珊溪水利枢纽水资源费征收范围，除在发电方面征收水资源费外，开辟供水方面征收工作，做大水资源费总量，用于水源保护等工作，统筹生态功能区的发展。

提高珊溪水利枢纽源水水价。按照“补偿成本，合理收益，优质优价，公平负担”的原则，合理提高珊溪水利枢纽源水水价，并相应提高水源保护费组成额度；同时扩大供水区域，从水费收益中对水源保护地进行补偿。

市财政转移支付。由于文成、泰顺、瑞安等地进行产业结构调整，保护水源限制发展工业，温州市政府给予一定的经济补偿。通过市财政转移支付，支持上游地区开展生态保护和污染防治工作，引导上游地区积极发展循环经济和生态经济，限制发展高耗能、重污染的产业。

温州生态市建设专项资金。《温州生态市建设专项资金使用管理暂行办法》明确，项目补助范围包括重要水系源头保护区和集中式饮用水水源保护区的保护项目，以及农业农村污染综合防治工程项目。

公益林生态补偿资金。根据国家和省重点公益林区划界定工作的标准要求，珊溪水库区周围森林界定为国家级重点公益林，面积为 45 770 hm^2。根据《中华人民共和国森林法》《浙江省森林管理条例》《浙江省重点生态公益林管理办法》《浙江省森林生态效益补偿基金管理办法（试行）》等规定，公益林生态补偿资金由国家和省按标准给予补助，补偿资金由省财政厅按预算级次下拨。

③生态补偿金支付方式

水污染防治和生态建设项目专项资金直接用于项目建设。其他补偿资金支付形式有两种：一是“输血型”的货币支付，也就是将筹建起来的补偿资金按年度或季度转移给补偿对象。这种支付方式的优点是补偿对象使用资金拥有极大的灵活性；缺点是补偿资金可能转化为消费性支出，不能从机制上帮助补偿对象真正做到“因水而富”。二是“造血型”的项目补助，也就是温州市政府将补偿资金转化技术项目安排到补偿对象，或者对无污染产业的上马给予补助以发展生态经济产业。这种支付方式的优点是可以扶植补偿对象的可持续发展；缺点是补偿对象缺少灵活支付能力，而且项目投资得有合适的主体。珊溪水源生态补偿金支付应采取上述两种方式相结合。

3）工作进展

2007 年，温州市开展了珊溪水库饮用水水源保护和生态补偿机制工作专题调研，提出由市财政每年安排 3 500 万元作为生态补偿资金，用于珊溪水库库区环境整治工作。

2008年，温州市出台了《温州市人民政府关于建立生态补偿机制的意见》（温政发〔2008〕52号），正式设立了市级生态补偿资金，对建立生态补偿机制的目标、任务、途径和措施都提出了较为具体和详尽的要求。根据“谁受益、谁补偿”的原则，重点支持珊溪（赵山渡）水库和泽雅水库饮用水水源保护生态补偿。

2009年，温州市出台了《温州市生态补偿专项资金使用管理暂行办法》（温政办〔2009〕28号），对生态补偿资金的组成、分配使用、考核管理等方面作了细化，将珊溪水库库区环境整治专项资金纳入了生态补偿资金中。同年，市生态办起草了《珊溪（赵山渡）水库、泽雅水库主要支流交界断面水质考核监测方案》。

2011年，温州市将库区群众的新型农村合作医疗保险纳入生态补偿专项资金使用范围，并修订出台了《温州市生态补偿专项资金使用管理办法》（温政办〔2011〕48号），扩大了生态补偿资金来源的渠道，完善了生态补偿政策。同年，温州市人民代表大会常务委员会审议通过了《珊溪（赵山渡）库区水环境综合整治和生态保护规划》。

2012年，温州市出台了《关于大力开展珊溪水利枢纽水源地人口统筹集聚和水源保护工程建设的实施意见》（温委〔2012〕11号），即珊溪水源保护政策文件的出台标志着新一轮珊溪水源保护工作正式展开，进一步加大了对珊溪水库库区污染整治的投入力度，组织实施珊溪水库水源保护五大工程，计划投入16.3亿元。

2013年，温州市出台了《关于加快推进珊溪水源保护工作的补充意见》（温委发〔2013〕28号），并专门就库区畜禽养殖污染整治和库区群众转产转业问题出台了《珊溪水利枢纽水源地畜禽养殖场拆除补助办法》和《珊溪水源保护转产转业扶持资金使用管理办法》。同年，温州市出台了《珊溪水利枢纽水源地主要入库支流水质考核管理办法》（温珊管办〔2013〕38号），将水质考核等次与生态补偿资金直接挂钩，原《温州市生态补偿专项资金使用管理办法》（温政办〔2011〕48号）中相关奖励的条款被废止。

2014年，温州市出台了《温州市人民政府关于进一步做好珊溪水源保护与转产转业帮扶工作的若干意见》（温政发〔2014〕29号），其对推进温州市美丽浙南水乡建设，完善珊溪水源保护长效管理机制，促进库区群众增收致富和社会和谐发展具有重大的指导意义。

针对补偿额度偏低、县域分配不均等群众诉求，温州市政府再一次着手修改完善。2016 年 4 月，温州市环境保护局牵头起草了《温州市市级饮用水水源地生态补偿机制实施意见（送审稿）》和《温州市市级饮用水水源地生态补偿专项资金使用管理办法（送审稿）》。

近年来，温州市从生态补偿可持续、高质量生态修复的角度，针对当前珊溪水库饮用水存在安全隐患、泥浆直排塘河变色、地下管网整治力度不够、城市扬尘突出等问题，对症做好取水口上移、严格泥浆入河执法、管网系统整治、严格扬尘监管等专项行动，集中力量解决与群众紧密相关的突出环境问题。2020 年颁发了《温州市珊溪—赵山渡饮用水水源保护区整治提升工作方案》，联合市级相关职能部门做好督促指导，开展珊溪—赵山渡饮用水水源保护区整治提升、规范化管理、生态修复等工作。

4）补偿成效

生态环境显著改善，环境整治成效显著。从对库区主要支流及水库水质的监测情况来看，近年来主要入库支流水质恶化的趋势得到有效遏制，各监测断面水质明显好转，直接入库污染物减少 60% 以上，主要入库支流水质恶化的趋势得到有效遏制，污染最严重的黄坦坑总磷、高锰酸盐、氨氮、总氮下降明显，水质从 10 多年来一直是劣Ⅴ类提升为Ⅱ～Ⅲ类，实现了水质显著改善的重大突破。水库蓝藻异常增殖的现象基本消失，其他各监测断面水质明显好转；库区生态环境明显改善，群众的生活居住环境山美水清，产业发展逐步转型升级。另外，水源区生态公益林的建成，在涵养水源、保持水土、防风固沙、调节气候、净化空气、美化环境方面发挥了巨大生态环境效益。经过 3 年多的破难攻坚，畜禽养殖污染集中整治取得了较好的效果，共拆除养猪场 2 286 户，拆除栏舍面积 63.71 万 m^2，削减生猪当量 22.55 万头，削减后库区生猪当量数为 1.66 万头，低于生态环境控制总量的 2.26 万头，提前完成了畜禽养殖污染整治任务。此外，污水、垃圾治理工程系统建设有序推进，规划 8 座城镇污水处理厂及管网基本建成，确保实现污水“应收尽收”，提前完成城镇污水治理目标，完善了垃圾户集、村收、镇（乡）运、县处理的长效管理机制，垃圾收集率 90% 以上，处理率达 100%。

生态旅游优势凸显，推动产业转型升级。珊溪水库库周区域是以飞云湖风景名胜区毗邻相依的新兴游览休闲地，肩负着温州市民的饮用水安全的责任决定了其发展必须避免传统区域产业发展“繁荣—衰退—再生”的痛苦过程，而珊溪水库“高峡出平湖”、孝文化村等自然和人文资源丰富，是发展生态旅游产业的理想之地。水库生态旅游产业具有不可替代的核心竞争力和独特资源优势。在目前旅游业蓬勃发展时期，普通旅游产品的替代性已经很强，然而水库生态旅游是集水利建筑、山水风景和人文文化综合于一体、独具特色旅游的项目，有着排他性和天然与众不同的特征，从而使水库生态旅游具有其他旅游项目以及其他行业不可替代的个性。库区水利建筑与周围自然景观和沿岸人文景观的组合往往能够唤起游客对自然环境的巧夺天工和人类无穷智慧的震撼回应，而对游客产生巨大的吸引力。水库旅游产品的优势还表现为水库内和周边的典型区域特色产品的不可复制性。以生态环境资源布局产业发展，即在扩展“增益性”生态补偿——富裕地区直接向落后地区转移支付的途径和渠道，改变或一定程度上替代以往生态补偿资金全部由政府财政划拨分配的懒政，转而通过发展生态旅游及其相关产业，吸引和拉动外来转移消费，促进产业的良性循环和可持续发展。

综合效益显著增强，民生保障逐步提升。珊溪水库保护区具有供水、发电、灌溉、防洪等综合效益。珊溪水库工程建成后，可新增和改善灌溉面积100万亩，使飞云江中下游沿岸农田和村庄的防洪标准提高到10年一遇，保护农田18万亩，保护人口25万；可向温州市提供每年13.4亿m^3清水，可供温瑞平原及飞云江以南沿海地区的平阳、龙港镇等地区，供水区内受益人口280万，将满足温州近期、远期用水之需；可新增和改善灌溉面积100万亩，使飞云江中下游沿岸农田和村庄的防洪标准提高到10年一遇，沿岸城镇防洪标准提高到20年一遇。同时可为温州电网提供调峰电力22万kW，可使供水区河网水质由Ⅴ类提高到Ⅲ类，环境效益明显。此外，建成后的库区将成为新的旅游点，带动山区人民脱贫致富，社会效益和经济效益十分显著。但其特殊脆弱的自然环境决定了在对其资源、环境的开发利用过程中一定要以科学发展观为指导，坚持可持续发展。

实践经验成果丰硕，环境宣传成效突出。截至2016年年底，共开展公益活动50多期，爱心礼包总价值达百余万元，受到当地百姓的欢迎，赢得了社会各界的一致好评。2015年，创立“饮水思源”公益基金，在水源地开展精准扶贫，希望通过搭建这个平台，公募社会各界爱心捐款及其他资源。该活动现已成为全国首个针对水源地保护、常态化开展的公益品牌。中共中央宣传部和水利部联合组织《人民日报》等15家中央新闻媒体聚焦温州市珊溪水源保护区，并将其作为全国“水环境治理与饮用水安全”的典型进行报道。《中国水利》杂志为珊溪水源保护发表专刊，珊溪水源保护工作得到水利部的认可和好评，珊溪水源保护经验《保护“大水缸”的智慧考量》《生态补偿“造血”对接“输血”》《打造全国首个水源地保护公益品牌》连续3年被评为“全国基层治水十大经验”，走出了一条“温州模式”的治水之道，为全国大多数水源地扭转严重污染和管理混乱的局面起到了积极作用，营造了水资源管理保护的正能量。生态保护补偿作为一种能够有效调动利益相关方积极性的经济手段，为解决水资源开发利用中存在的利益不均衡问题提供了思路。随着水生态环境的恶化和居民生态保护意识的增强，流域生态保护补偿资金将成为确保水资源安全的重要措施之一。珊溪水库的生态保护补偿从实践来看，对流域生态保护补偿资金的补偿范围、补偿标准、补偿方式、资金筹措、体制机制的探讨与研究具有普遍意义，珊溪水库流域生态保护补偿经验值得总结并推广。

1.2.3 实践特点与问题分析

1.2.3.1 实践特点分析

根据以上所列的国内外的流域生态保护补偿的案例，可以看出我国的流域生态保护补偿实践相对国外呈现以下特点：

一是政府主导、地方参与、财政支持。目前我国流域生态保护补偿主要依赖政府的推动实施。目前我国流域生态保护补偿实践政策的出台或协议签订，基本都是政府主导并牵头组织实施；补偿参与的主体基本都是流域涉及的各级相关政府；三是补偿资金基本来自政府各级财政资金。相较于国外，我国流域生态补偿的市场化程度较低，市场主导的流域生态补偿模式在我国相对较少，目前还只有少数地方的就水权交易、排污权交易开展的试点探索。

二是推广快、覆盖广、效果好。由于中央及地方政府的高度重视与支持，近十几年来我国流域生态保护补偿实践探索不断加快，特别是流域上下游横向生态保护补偿实践进展显著。目前全国绝大多数省份都已经实施了省内流域横向生态补偿机制，同时在国家相关奖补政策激励下，省际间流域横向生态保护补偿案例近年来也越来越多，黄河、长江等大江大河的全流域生态保护补偿也推进过程中，一些上下游省份间已经签订了补偿协议。另外，从补偿的效果来看，无论纵向补偿还是横向补偿抑或市场化的探索，总体上都取得了不错的效果。根据现有的各个实践案例所公开的信息和相关后续评估研究来看，生态保护补偿的实施总体上对提升流域的水生态环境质量和保障水资源安全起到了明显的作用，同时也促进了流域各地区间的可持续发展。

三是模式多样、标准不一、力度不同。我国的流域生态保护补偿经过几十年的实践探索，从最初的纵向补偿模式到由新安江开始逐步引入的横向补偿模式，以及各地创新探索试点的市场交易模式和社会募捐补偿模式，各地的流域生态保护补偿实践模式丰富多样。同时，我国目前在流域生态保护补偿实践案例中，补偿标准一般通过政府部门指令或是上下游政府间协商确定的，各地出台的补偿标准受地区间的差异而不一，补偿的力度及产生的效果也各不同。

1.2.3.2 问题与不足

综上所述，可以认为我国在近些年来开始不断尝试各种不同模式的流域生态保护补偿，并取得了很好的效果，极大地改善了流域内的水质和水量，保证了上下游之间合理的生态关系。但是我们的生态保护补偿还处在起步阶段，还有很多需要完善的地方。总体来看，我国流域生态保护补偿现行实践还存在一些不足和问题。

（1）补偿资金来源单一，对政府依赖性较强

我国现行的流域生态保护补偿机制主要依赖国家相关政策和财政资金的推动，政策实施时对政府依赖性较强。很多学者认为，我国流域生态保护补偿资金绝大多数依靠政府财政支出，资金来源过于单一，有一定风险，一旦政府补偿金出现中断，流域生态补偿也可能随之停止，难以保证政策实施的稳定性和持续性。从国外的案例来看，如纽约市的流域生态保护补偿，既有国家税收的保障，也有社会公众的募捐筹集，还有信托基金等市场化的筹集方式，保证了补偿金来源的多样性。

（2）区域差异大，跨区补偿协调难度大

在我国行政分区管理的体制下，面对“流域环境”这个公共产品的使用和保护，若缺乏权威规制或上级部门协调，行政主体往往从本区域利益最大化角度进行开发利用，从而忽视流域整体利益的保护，流域内各方很难自主达成生态保护补偿共识。通过调研发现，由于一些地区间发展不平衡、财力差异大、生态环境现状不同、治理与保护重点也不尽相同，上下游双方对各自权利和义务以及对生态产品和服务价值的认识有异，一些流域的上游地区强调自身发展权，下游地区则强调自身环境权，上下游主体之间补偿共识难以达成一致，区域之间协调难度大。还有部分流域水系复杂，存在上下游、左右岸、往复流和人工水动力干预等情况，相邻地区责权关系难以界定。例如，在长江干流的荆江口断面，湖北和湖南分属左右岸；姚港断面涉及湖北、江西、安徽三省多个主体，建立省际长江流域生态补偿机制存在诸多困难和争议，需要国家层面予以指导和协调。

（3）“输血式”补偿多，“造血式”补偿少

目前，我国流域生态保护补偿方式以直接资金补偿的“输血型”为主，将“绿水青山”转化为“金山银山”的“造血型”转化机制还不顺畅。单纯依靠提供资金来进行流域生态补偿显然是不够的，如何帮助流域保护地区建立起一套长效的、可持续发展的多元化“输血式”补偿机制才是重点，比如积极探索异地开发、共建园区、对口互助、投融资倾斜、人才交流、生态标识、产销对接等补偿方式，这样更能实现流域生态资源的更可持续保护、利用和发展。

（4）市场补偿机制不成熟，配套体系不完善

目前，由于缺乏成熟的法规体系，市场机制还没有完全引入我国流域生态保护补偿之中。我国目前对环境权益的各项制度设计还在探索过程中，在流域资源的产权认定、定价术方法体系建设还不完善，基于市场交易的补偿前核算、交易流通等方面的法规制度、标准规范和技社会广泛参与的市场化生态补偿渠道尚未形成，因机制实践大多处于试点探索，尚不成熟。此外，我国目生态保护补偿与绿色金融等政策衔接不足，对撬动社会资本投入、创新发展绿色金融产品、拓宽融资渠道作用不足，社会资金参与渠道有限。

(5)理论与技术方法还有欠缺，补偿机制有待完善

针对流域生态保护补偿制度，目前在补偿标准核算、分配方法、资金管理、跟踪评估等方面的具体制度设计和技术方法还需深入研究并不断完善。补偿标准核算和分配机制方面，目前实施的基于政府财政纵向转移支付的补偿实践中，补偿资金核算和分配是通过决策层基于全市财政和形势发展需求统筹分析后，以行政指令式进行划拨和分配，这可能导致补偿金额与生态保护区的利益损失不匹配，从而无法完全起到调节区域公平发展的目的。从长远来看，应逐步加强生态成本与损失核算、生态服务功能评估等方法的研究和引入。补偿资金使用管理方面，补偿资金的拨付大多通过政府间的一般性转移支付实现，难以有效约束和管理。补偿资金的使用主要原则性地限定于流域的生态环境保护投入，且没有直接惠及当地居民的分配机制。在政策的跟踪评估机制方面，我国各地实施的流域生态补偿机制，很多没有建立科学的长效的跟踪评估机制，对补偿资金的分配、使用及成效缺乏科学评判，不利于政策的动态完善和长效实施。

(6)公众宣传不够、群众参与程度不够

目前，我国的流域生态保护补偿主要由政府主导推进实施，政策的制定出台和组织实施广大人民群众的参与得不多和监督得不够。此外，由于以政府主导为主，政府对该项政策的公众宣传并不热衷。这样，流域生态保护补偿的概念就难以进行大规模地推广，流域生态保护补偿无法被广大人民群众所认识、支持和参与。而不依靠群众的力量，仅仅依靠政府支持流域生态保护补偿显然是无法持续大规模开展的，而依靠诸多市场主体的市场化补偿机制也难以推广实施。

1.2.4 可借鉴经验

综合国内外的一些成熟的流域生态保护补偿的方法以及模式，我们有很多可以借鉴的方面。

(1)创新制度设计，构建灵活有效补偿模式。要建立适合我国国情的流域生态保护补偿制度，使流域生态保护补偿走向规范化和法制化。例如，纵向+横向结合的流域生态保护补偿机制、跨界流域的横向双向补偿机制、补偿标准的“阶梯式”提升等制度设计，是我国在流域生态保护补偿实践过程

中为适应我国国情而做的创新与发展，具有很强的可操作性、合理性。

（2）挖掘市场潜力，强化市场与政府的互补。完善市场补偿法规政策基础、进一步发挥市场的重要作用。逐步建立流域资源环境权益确权机制、价格形成机制、市场交易机制，形成完善的流域环境权益交易体系。应当尽量发挥市场的作用，拉动公众和生态环境保护者的需求，同时加大对企业以及其他使用者的刺激，促进市场化的形成。需要在分析公共财产手段和市场手段的使用条件、优缺点的前提下，适当综合运用两者，有利于推动流域生态保护补偿的发展。例如，政府资助上游植树造林案例中，虽然政府支付了一定费用，且政府不是主导，但是政府的这种补贴对企业行为和生态护林进行了相应的引导，也能够更好地培育生态市场。而东阳—义乌的水权案例，虽然参与的双方是政府，但事实上是用市场方式进行的服务买单。所以，在引江济汉的生态保护补偿上，政府和市场的“手”是相互配合，缺一不可的。一般情况下，都是政府主导，辅以市场机制配合，共同打好组合拳，运用市场的“手”主导的流域生态保护补偿，政府也可在制度完善、市场培育等方面发挥作用。

（3）拓展融资渠道，建立多元化的补偿方式。应当学习国外由政府筹措资金的单一资金筹措方式逐步过渡到政府、私人企业、金融机构、社会公益等多元化资金筹措方式。科学运用公共交易、私人交易、生态标记等多种补偿方式，多元化的补偿方式筹措不仅可以缓解政府的压力，还能刺激流域生态保护补偿市场化的积极性。

（4）强化公众参与，形成社会共促补偿合力。鼓励 NGO、企业、社区等各类社会组织参与，引导社会资本参与生态环境保护事业，特别是我国的 NGO、志愿者队伍，加大参与力度，积极推进公益补偿模式的实践。同时，进一步完善流域水污染治理的公众参议机制，有效引导民众的参与。

（5）加强组织协调，提升补偿工作推进实效。要加强中央对地方、省级对省内各级政府的指导、引导与激励，加快推进流域生态保护补偿机制的实践探索。要打破部门的限制，建立超行政的流域综合治理和开发管理机构，独立进行管理，直接向中央政府负责而不受行政级别的限制，建立跨部门的综合管理开发机构。

1.3 我国流域生态保护补偿法规与政策体系

1.3.1 法律法规

流域环境管理法律法规是流域环境管理各项体制建立的基础，各项工作开展的依据，同时流域环境管理法规也是推行流域生态保护补偿机制的保障。流域生态保护补偿的各项制度建立在相关流域环境管理的法律、规章制度基础之上。流域生态保护补偿机制的连续性，必须用法律手段保障政府有关生态保护补偿的方针和政策得以贯彻和执行，用法律规范、约束人们对流域资源的各种开发、利用行为。

2024 年，我国颁布《生态保护补偿条例》（以下简称《条例》），生态保护补偿工作在我国进入法治阶段。针对流域生态保护补偿，《条例》也作出了明确的规定：一是将水流、湿地等流域相关要素纳入我国生态保护补偿分类体系（《条例》第九条）；二是将江河流域上下游、左右岸、干支流所在区域，及重大引调水工程水源地以及沿线保护区等流域相关地区，作为开展地区间横向生态保护补偿的重要范围（《条例》第十五条）。

此外，在我国其他有关法律法规中，也能够找到与流域生态保护补偿相关的条文。2011 年出台的《太湖流域管理条例》，对太湖流域开展流域生态保护补偿提出了具体要求；2014 年修订的《中华人民共和国环境保护法》提出："国家建立、健全生态保护补偿制度……国家指导受益地区和生态保护地区人民政府通过协商或者按照市场规则进行生态保护补偿。"此外，2017 年修正的《中华人民共和国水污染防治法》则明确提出了水环境生态保护补偿机制条款，第七条规定："国家通过财政转移支付等方式，建立健全对位于饮用水水源保护区区域和江河、湖泊、水库上游地区的水环境生态保护补偿机制。"据不完全统计，我国已颁布的与流域生态保护补偿相关法律法规条文见表 1-10。

表 1-10　我国已颁布的与流域生态保护补偿相关法律法规条文（不完全统计）

法律法规	相关条文
《太湖流域管理条例》（2011 年颁布）	第四十九条　上游地区未完成重点水污染物排放总量削减和控制计划、行政区域边界断面水质未达到阶段水质目标的，应当对下游地区予以补偿；上游地区完成重点水污染物排放总量削减和控制计划、行政区域边界断面水质达到阶段水质目标的，下游地区应当对上游地区予以补偿。补偿通过财政转移支付方式或者有关地方人民政府协商确定的其他方式支付。具体办法由国务院财政、环境保护主管部门会同两省一市人民政府制定。
《中华人民共和国环境保护法》（2014 年修订）	第六条　一切单位和个人都有保护环境的义务。地方各级人民政府应当对本行政区域的环境质量负责。 第二十条　国家建立跨行政区域的重点区域、流域环境污染和生态破坏联合防治协调机制，实行统一规划、统一标准、统一监测、统一的防治措施。 前款规定以外的跨行政区域的环境污染和生态破坏的防治，由上级人民政府协调解决，或者由有关地方人民政府协商解决。 第三十一条　国家建立、健全生态保护补偿制度。 国家加大对生态保护地区的财政转移支付力度。有关地方人民政府应当落实生态保护补偿资金，确保其用于生态保护补偿。 国家指导受益地区和生态保护地区人民政府通过协商或者按照市场规则进行生态保护补偿。
《中华人民共和国水法》（2016 年修正）	第三条　水资源属于国家所有。农业集体经济组织所有的水塘、水库中的水属于集体所有。 第十二条　国家对水资源实行流域管理与行政区域管理相结合的管理体制。 国务院水行政主管部门负责全国水资源的统一管理和监督工作。国务院水行政主管部门在国家确定的重要江河、湖泊设立的流域管理机构（以下简称流域管理机构），在所管辖的范围内行使法律、行政法规规定的和国务院水行政主管部门授予的水资源管理和监督职责。县级以上地方人民政府水行政主管部门按照规定的权限，负责本行政区域内水资源的统一管理和监督工作。 第十五条　流域范围内的区域规划应当服从流域规划，专业规划应当服从综合规划。 第二十八条　任何单位和个人引水、截（蓄）水、排水，不得损害公共利益和他人的合法权益。 第四十五条　调蓄径流和分配水量，应当依据流域规划和水中长期供求规划，以流域为单元制定水量分配方案。跨省、自治区、直辖市的水量分配方案和旱情紧急情况下的水量调度预案，由流域管理机构商有关省、自治区、直辖市人民政府制订，报国务院或者其授权的部门批准后执行。

续表

法律法规	相关条文
《中华人民共和国水污染防治法》（2017 年修正）	第六条　国家实行水环境保护目标责任制和考核评价制度，将水环境保护目标完成情况作为对地方人民政府及其负责人考核评价的内容。 第八条　国家通过财政转移支付等方式，建立健全对位于饮用水水源保护区区域和江河、湖泊、水库上游地区的水环境生态保护补偿机制。 第十六条　防治水污染应当按流域或者按区域进行统一规划。国家确定的重要江河、湖泊的流域水污染防治规划，由国务院环境保护主管部门会同国务院经济综合宏观调控、水行政等部门和有关省、自治区、直辖市人民政府编制，报国务院批准。 第二十六条　国家确定的重要江河、湖泊流域的水资源保护工作机构负责监测其所在流域的省界水体的水环境质量状况，并将监测结果及时报国务院环境保护主管部门和国务院水行政主管部门；有经国务院批准成立的流域水资源保护领导机构的，应当将监测结果及时报告流域水资源保护领导机构。 第二十八条　国务院环境保护主管部门应当会同国务院水行政等部门和有关省、自治区、直辖市人民政府，建立重要江河、湖泊的流域水环境保护联合协调机制，实行统一规划、统一标准、统一监测、统一的防治措施。 第三十一条　跨行政区域的水污染纠纷，由有关地方人民政府协商解决，或者由其共同的上级人民政府协调解决。 第九十六条　因水污染受到损害的当事人，有权要求排污方排除危害和赔偿损失。
《中华人民共和国宪法》（2018 年修正）	第九条　矿藏、水流、森林、山岭、草原、荒地、滩涂等自然资源，都属于国家所有，即全民所有；由法律规定属于集体所有的森林和山岭、草原、荒地、滩涂除外。国家保障自然资源的合理利用，保护珍贵的动物和植物。禁止任何组织或者个人用任何手段侵占或者破坏自然资源。
《中华人民共和国长江保护法》（2020 年颁布）	第七十六条　国家建立长江流域生态保护补偿制度。国家加大财政转移支付力度，对长江干流及重要支流源头和上游的水源涵养地等生态功能重要区域予以补偿。具体办法由国务院财政部门会同国务院有关部门制定。国家鼓励长江流域上下游、左右岸、干支流地方人民政府之间开展横向生态保护补偿。国家鼓励社会资金建立市场化运作的长江流域生态保护补偿基金；鼓励相关主体之间采取自愿协商等方式开展生态保护补偿。
《生态保护补偿条例》（2024 年颁布）	第九条　对开展重要生态环境要素保护的单位和个人，中央财政按照下列分类实施补偿（以下称分类补偿）：（一）森林；（二）草原；（三）湿地；（四）荒漠；（五）海洋；（六）水流；（七）耕地；（八）法律、行政法规和国家规定的水生生物资源、陆生野生动植物资源等其他重要生态环境要素。 第十五条　地区间横向生态保护补偿针对下列区域开展：（一）江河流域上下游、左右岸、干支流所在区域；（二）重要生态环境要素所在区域以及其他生态功能重要区域；（三）重大引调水工程水源地以及沿线保护区；（四）其他按照协议开展生态保护补偿的区域。

从以上相关条文可以看出，根据环境立法中“谁污染、谁治理”的原则，凡造成跨流域水环境污染的，就必须承担相应的赔偿责任。同时，对于上下游区域内的水资源开发利用收益方，对流域生态环境保护方的生态环境保护成本和经济发展机会损失进行补偿也符合上述法律条文的精神。应该说，目前开展流域生态保护补偿已经具有一定的法律基础。

1.3.2 政策文件

2005 年，党的十六届五中全会首次提出，按照“谁开发谁保护、谁受益谁补偿”的原则，加快建立生态保护补偿机制。2007 年国家环境保护总局发布《关于开展生态补偿试点工作的指导意见》（环发〔2007〕130 号），多领域的生态保护补偿工作开始在全国展开。党的十八大以来，生态保护补偿进入快速发展期，并将生态保护补偿机制纳入生态文明制度体系的“四梁八柱”之一，我国生态保护补偿制度逐步建立并完善。2013 年，中共十八届三中全会通过《中共中央关于全面深化改革若干重大问题的决定》，其中就生态保护补偿制度提出要推动地区间建立横向的生态补偿制度。2016 年，《国务院办公厅关于健全生态保护补偿机制的意见》（国办发〔2016〕31 号）明确了我国生态保护补偿的路线图；同年发布的《关于加快建立流域上下游横向生态保护补偿机制的指导意见》（财建〔2016〕928 号）明确流域上下游横向生态保护补偿的总体部署。2018 年九部委发布《建立市场化、多元化生态保护补偿机制行动计划》（发改西部〔2018〕1960 号），提出生态保护补偿的改革方向；2019 年国家发展改革委发布《生态综合补偿试点方案》（发改振兴〔2019〕1793 号），提出在全国选择一批试点县开展生态综合补偿工作。2021 年中共中央办公厅、国务院办公厅印发《关于深化生态保护补偿制度改革的意见》，进一步厘清了深化市场化、多元化生态保护补偿制度改革的思路。

2 上海市流域水环境特征与管理现状

2.1 流域水环境概况

2.1.1 流域基本情况

上海市位于长江三角洲东缘、长江口与杭州湾之间的东海之滨，是长江三角洲冲积而成的平原，地势北东南略高，黄浦江两岸略低，西部的淀山湖地势最低。受长江水流下泄和海平面潮汐运动影响，上海市属于典型平原感潮河网地区。

上海市内江、河、湖、塘相间，水网交织，各类河流约 4.68 万条（段），总长度约 3.04 万 km，河网密度约 4.79 km/km^2。湖泊 51 个，面积 75.50 km^2。河流和湖泊总面积约 652.94 km^2，河（湖）水面率约为 10.30%。全市水系划分为 14 个跨区域的水利控制片区，总面积为 6 158.62 km^2。

上海市最主要的河道和湖泊有长江口、黄浦江、苏州河及淀山湖。其中，长江口在上海市内全长 148 km，是全球重要生物多样性生态功能区；黄浦江干流全长 80 余 km，河宽 300～700 m，其上游在松江区米市渡处承接太湖、阳澄淀泖地区和杭嘉湖平原来水，贯穿上海至吴淞口汇入长江口；苏州河（又名吴淞江）发源于太湖瓜泾口，在市区外白渡桥附近汇入黄浦江，全长约 125 km，上海市内约 54 km，为黄浦江的主要支流，和黄浦江一起被誉为“上海的母亲河”；淀山湖是上海最大的湖泊，位于江苏、浙江交界的西部洼地，面积约 60 km^2，在上海市内的面积为 47.5 km^2。

2.1.2 主要流域类型

从流域水环境管理角度，按照流域功能特点，上海市的流域可以分为 3 类：一是以饮用水水源地所在流域为代表的重要功能流域，二是以辖区内河湖水系为代表的河网流域，三是以跨省界河湖流域为代表的跨界流域。

上海市重要功能流域主要是具有水源供给功能的流域。目前有两个区域，一是黄浦江上游水源地所在的黄浦江上游段流域，二是青草沙水源地、长江陈行水源地、崇明东风西沙水源地所在的长江（口）流域。

上海市河网流域主要涵盖了以全市陆域辖区内河湖为主体的河网水系。上海作为烟雨江南的一部分，江湖河网密布，港汊纵横交错，就其水系的分析和起源，上海的河网水系主要存在于“三江一湖”：中国最大的内陆河——长江的长江口及其周边水网；发源于太湖周边水系汇聚而成的淀山湖水网；发源于淀山湖的黄浦江水系及沿江水网；发源于太湖的吴淞江水系及其沿江水网。在这“三江一湖”，又有数量众多的河道、桥梁、港汊及众多的支流沟通疏散，形成了密集而通达的上海市水系分布。

上海市的跨界流域主要集中在上海—江苏、上海—浙江交界处，其中以跨苏沪界的太浦河、苏州河（上游吴淞江）、浏河以及跨浙沪界的胥浦塘、大蒸港、六里塘等河道为典型。此外，淀山湖则是苏—沪跨界典型湖泊。总体来说，除了长江，上海的跨界流域主要位于太湖流域内。

2.1.3 主要水体概况

2.1.3.1 长江口

长江口是长江自上而下奔流入东海的最后一段，其所裹挟的泥沙，千百年来最终形成崇明这样一个最大的冲积型江心岛，又称“长江门户、东海瀛洲”。崇明岛周围还有持续淤积的长兴岛和横沙岛。长江水道为上海市的沿江航运发展带来了持久的影响，起到了非常积极的促进和拉动作用。长江口也是黄浦江的接纳之地，吴淞江、苏州河、黄浦江三者汇合后汇入长江后奔入东海。长江口河段在上海市境内全长 148 km，是全球重要生物多样性生态功能区。

2.1.3.2 黄浦江

黄浦江是上海市的地标河流，流经上海市区，将上海分为浦西和浦东。黄浦江是上海的重要水道，在上海市中心外白渡桥接纳吴淞江后在吴淞口注入长江，是长江汇入东海之前的最后一条支流。“浦”是古吴语中“河”的意思，黄浦江下游曾被称为黄歇浦和春申江。黄浦江是长江下游最后一条大支流，是太湖水系最重要的泄水通道，承泄 70%～80% 的太湖下泄水量。黄浦江干流全长 82.5 km，河宽 300～700 m，其上游在松江区米市渡处承接太湖、阳澄淀泖地区和杭嘉湖平原来水，贯穿上海市至吴淞口汇入长江。黄浦江为半日型强感潮河流，河口潮差平均在 2.3 m，潮水上溯最远可达淀峰以上。黄浦两岸荟萃了上海城市景观的精华，黄浦江上已建成多条江底汽车隧道和大桥，黄浦江是兼有饮用水水源、航运、排洪排涝、渔业、旅游等价值的多功能河流。

2.1.3.3 苏州河

苏州河是黄浦江的最大支流，流经江苏省的吴江区、昆山市及上海市的青浦区、嘉定区和中心城区，在外白渡桥汇入黄浦江。苏州河是感潮河流，可容纳黄浦江进潮量的 2%～3%。苏州河全长 125 km，上海市内长 53.1 km。

2.1.3.4 淀山湖

淀山湖位于太湖流域下游，地处江苏、浙江和上海两省一市的交界处，水域面积 62 km^2，是上海最大的淡水湖泊，也是上海的母亲河——黄浦江的源头。淀山湖上海管辖部分 47.5 km^2。淀山湖属感潮湖泊，水位和水量的变化受太湖和苏州淀泖地区来水影响，也与黄浦江潮位的变化有关。淀山湖略呈菱形，呈东北—西南方向，南宽北窄，形似葫芦。淀山湖主要接纳太湖流域来水，出水经黄浦江流入长江口至东海。

2.2 重要功能流域（水源地）环境特征与管理现状

2.2.1 水源地建设历程

上海市地处长江流域和太湖流域最下游，濒江临海，饮用水水源地都为河流型地表水水源地，分布于长江和黄浦江。20 世纪 80 年代以前，上海市饮用水水源地数量众多、分布较散，尚未建立水源地建设和管理标准、规范和要求。1911 年，苏州河恒丰路桥附近水源成为上海水源地。1928 年，取水口迁到军工路黄浦江附近。中华人民共和国成立后至 20 世纪 80 年代，上海市的取水口全部设在黄浦江中、下游江段。

1985 年 2 月，黄浦江上游引水工程一期工程开工，1987 年 7 月建成通水。取水口设在黄浦江临江段，设计引水量 230 万 m^3/d，供应杨树浦、南市、浦东、杨思和居家桥5家水厂原水；所供原水量占市区总供水量的60%。

1994年7月，黄浦江上游引水工程二期工程开工，1997年12月建成，设计引水量550万 m^3/d。二期工程完成后，除闵行、吴淞、闸北3家水厂外，其余市区水厂的原水全部由黄浦江上游水源集中引水供给。

1992年6月，长江陈行水源水库一期工程竣工，设计库容830万 m^3。水库位于浏河口下游，属长江边滩水库，地处长江口南支，是长江引水工程重要组成部分。陈行二期工程于1996年6月建成投产，原水供应能力可达130万 m^3/d。2008年水库大堤加固加高后库容增加到950万 m^3，输水能力达206万 m^3/d。陈行水源建成通水结束了上海市区用水以黄浦江为唯一水源的历史。

2002年，上海市政府批准《上海市供水专业规划》，按照"两江并举、多源互补"的总体思路，确定了上海市的供水水源地规划基本格局，即在黄浦江上游和长江口建设水量水质符合国家规定、易于集中保护、安全稳定可靠的供水水源地；将原水供应由西水东调优化为东水东用、西水西用，实现水源就近供水、经济合理的系统格局。规划水源地基本格局为长江青草沙、陈行、崇明东风西沙和黄浦江上游水源地四大集中式饮用水水源地。

2011年，青草沙水源地工程全面建成并正式投入运行，原水供水覆盖长宁、徐汇、黄浦、虹口、杨浦、浦东新区全部地区，以及静安、普陀、闵行、青浦、崇明等部分区域。青草沙水源地的建成投运改写了上海饮用水主要依靠黄浦江水源的历史，从根本上改变城市原水供应的格局，长江原水将逐步成为上海主要的饮用水源。

2014年同样位于长江口的崇明东风西沙水源地建成投运，服务范围主要覆盖崇明本岛。

2016年12月29日，金泽水库原水工程通水切换成功，标志着金泽水库正式投入使用。全市西南五区的供水保障能力将明显提升，"两江并举、集中取水、水库供水、一网调度"的原水供应格局进一步完善。

目前，上海市已形成由黄浦江上游水源地、长江陈行水源地、长江青草沙水源地、崇明东风西沙水源地四大水源地和备用的松浦大桥取水口为主的全市集约化供水格局，基本建立起"两江并举，多源互补"的原水供应格局，已没有地级以下水源地，有效防范了水源地环境风险，改善了水源地水质，保障了全市供水安全，提高了市民的获得感。上海的四大水源地均属河流型水源地，2023 年 4 个水源地总取水量达到 31.17 亿 t，其中，长江口取水量已占总取水量的 75.5%。上海市水源地的基本情况见表 2-1。

表 2-1　上海市水源地的基本情况

水源地名称	供水范围	设计取水能力（万 t/d）
长江青草沙水源地	长宁、徐汇、黄浦、虹口、杨浦、浦东新区全部地区，以及静安、普陀、闵行、青浦、崇明等部分区域	731
长江陈行水源地	宝山、嘉定全区和静安、普陀等部分区域	228
黄浦江上游水源地	金山、奉贤、松江全区和青浦、闵行等部分区域	351
崇明东风西沙水源地	崇明本岛	40
合计		1 350

2.2.2　水源地环境质量

上海市在用饮用水水源地水质稳中向好。2018 年以来，上海市 4 个在用饮用水水源地月度水质均达到Ⅲ类标准，实现水质稳定达标；80 项特定项目监测值均低于标准限值。具体见表 2-2。

表 2-2　2018 年以来上海市在用饮用水水源地达标情况

水源地名称	年度水质类别	月度水质达标率 /%	月度超标因子
青草沙	Ⅱ类	100	—
陈行	Ⅱ类	100	—
东风西沙	Ⅱ类	100	—
金泽	Ⅱ类	100	—

2.2.3　水源地管理现状

2.2.3.1　法规与制度建设

（1）管理法规

20 世纪 80 年代，上海市饮用水水源地主要集中在黄浦江上游地区。1984 年出台的《中华人民共和国水污染防治法》明确，县级以上的人民政府可以划分水源保护区实施管理。1985年，为加强黄浦江上游水源地管理、防范环境污染，上海市第八届人民代表大会常务委员会第14次会议通过《上海市黄浦江上游水源保护条例》，划分了水源保护区和准水源保护区，明确了黄浦江上游水源地范围，成为国内第一个划分地方水源保护区的省（市）。

2008年，随着《中华人民共和国水污染防治法》的修订实施以及上海将逐步构建"两江并举，多源互补"原水供应格局的要求，上海市启动了饮用水水源保护立法工作，对全市的饮用水水源进行全面和严格的保护。2009年12月10日，《上海市饮用水水源保护条例》通过上海市人大审议，取代《上海市黄浦江上游水源保护条例》，自2010年3月1日起施行。该条例是上海市饮用水水源地管理的根本性法规文件，起到了关键性作用。

2010年，为更好地贯彻落实《上海市饮用水水源保护条例》，上海市人民政府进一步印发了《关于贯彻〈上海市饮用水水源保护条例〉实施意见》（沪府发〔2010〕1号），对饮用水水源保护的重点工作进行了细化部署。

2017年11月，上海市出台《上海市水资源管理若干规定》规定：本市在饮用水水源保护区和准保护区外，可以根据饮用水水源保护的需要，划定一定范围的缓冲区。2018年12月，为加强饮用水水源保护，规范饮用水水源保护缓冲区管理，上海市人民政府印发《上海市饮用水水源保护缓冲区管理办法》（以下简称《办法》），并于2024年2月进行了修订。该《办法》综合考虑上海市饮用水水源保护现状，根据上海市河网水系的潮汐、汇水区等特点，在按照国家技术规范划定的饮用水水源一级保护区、二级保护区以及准保护区外，设置饮用水水源保护缓冲区（以下简称缓冲区）。《办法》重点聚焦缓冲区的划定和调整、产业准入、建筑垃圾和生活垃圾等固体废物管理、船舶污染防控、生态保护补偿政策等方面管控要求，进一步确保上海市饮用水水源质量和安全，实现对水源保护区分层次、精细化管理。

（2）水源地分区分级保护管理机制

上海市自1985年首次划分黄浦江上游水源保护区以来，于1999年、2010年、2017年、2022年先后4次调整饮用水水源保护区划。

1985年，上海市颁布了《上海市黄浦江上游水源保护条例》，划分了总面积830 km^2的黄浦江上游水源保护区范围，成为全国第一个地方划定的水源保护区，并确立了水源保护区和准水源保护区实施水源地分级管理。1985年饮用水水源保护区划分奠定了上海黄浦江上游水源保护区的基础。

1999 年，为了进一步细化水源保护区管控措施，基于确保黄浦江上游保护区的整体性和完整性与突出分类管控和精准管控的要求，在原有黄浦江上游水源保护区内划出松浦大桥周边 40 km^2 范围作为一级水源保护区，将黄浦江上游水源保护区和准水源保护区面积扩大至 1 058 km^2，并进一步将松浦大桥取水口周边的范围作为重点管控范围，提出明确的保护和限制要求。

2007 年，上海市长江口青草沙水源地建设工程正式开工，2010 年主体工程完工并试运行，两江供水格局初步形成。同时，2007 年国家环境保护总局发布了《饮用水水源保护区划分技术规范》（HJ/T 338—2007），为全国水源保护区的划分提供了技术依据。2010 年 2 月 24 日，上海市人民政府印发《上海市人民政府关于原则同意〈上海市主要饮用水水源保护区边界划定和调整专项规范〉的批复》（沪府〔2010〕13 号）。此次调整进一步突出了全面保护和精准管控的特点。按照原国家环境保护总局颁发的《饮用水水源保护区划分技术规范》（HJ/T 338—2007）对上海市长期保留的青草沙、黄浦江上游、陈行和崇明东风西沙 4 个水源地划分了饮用水水源保护区，确立了四大水源地受法律保护的重要地位，并设置了水源地一级、二级和准水源保护区的分级管理体系。此次调整进行了首次精确勘界，保护区边界与城市建设发展以及土地规划体系进行衔接，更好地发挥出精准落地和空间管控的作用。勘界后保护区实际总面积为 1 168 km^2。

2016 年年底，上海市黄浦江上游金泽库区和连通管工程建成投入运行后，黄浦江上游水源地各取水口将归并于水质更为优质的太浦河金泽取水口，保留松浦大桥取水口作为备用。青浦、松江、金山、闵行和奉贤的取水口取消常用取水功能并且不作为备用取水口。由于供水格局变化，2017 年，上海市启动黄浦江上游水源保护区重新调整。2017 年 7 月 29 日，上海市政府批准同意《黄浦江上游饮用水水源保护区划（2017 年）》（沪府〔2017〕69 号），对黄浦江上游水源保护区进行了更新划示和修编。2017 年区划调整聚焦金泽水库在用取水口和松浦大桥备用取水口，精准划定了一级、二级和准水源保护区，同时将外围区域原有水源保护区范围创设为上海市独有的饮用水水源保护缓冲区。调整后的保护区方案经精确勘界后实际面积为 985 km^2 左右（其中，水源保护区和准保护区总面积为 264 km^2，上海创设的水源保护缓冲区总面积 721 km^2）。

2018 年年底，长三角一体化上升为国家战略，2019 年发布的《长江三角洲区域一体化发展规划纲要》和《长三角生态绿色一体化发展示范区总体方案》对上海、江苏、浙江共同推进跨界地区水源保护提出了新要求。在此背景下，2021 年 6 月，上海市与浙江省按照 2018 年环境保护部出台的《饮用水水源保护区划分技术规范》（HJ 338—2018），同步启动了太浦河上金泽水源地与嘉善长白荡水源地取水口周边的保护区优化调整工作，形成《黄浦江上游饮用水水源保护区划（2022 版）》，并于 2022 年 4 月获批。2022 年区划重点加强对水源核心区域的完整保护和与太浦河对岸浙江嘉善水源地安全的协同保护，调整且明确了黄浦江上游金泽水库周边水源保护区的具体边界。2022 年区划在全国率先迈出了跨界饮用水水源地跨省协同保护的新步伐。

截至目前，上海市一级水源保护区面积为 95.73 km^2，二级水源保护区面积为 318.38 km^2，准水源保护区面积为 48.38 km^2，水源保护缓冲区面积为 721.28 km^2，水源保护区总面积达到 1 183.77 km^2。上海市饮用水水源保护区区划见图 2-1。

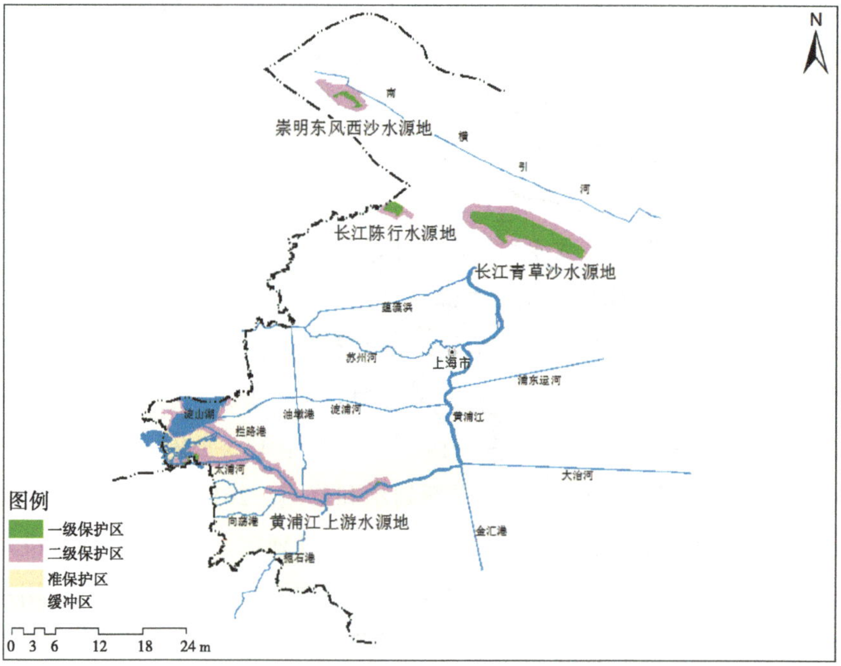

图 2-1　上海市饮用水水源保护区区划

2.2.3.2 水源地保护与治理措施

（1）监测管理

上海市对饮用水水源地建立了完善的水质监测评估系统。参照国家集中式生活饮用水水源监测要求，监测项目涵盖《地表水环境质量标准》（GB 3838—2002）中的基本项目、补充项目、特定项目，共计109项，并根据《地表水环境质量标准》（GB 3838—2002）进行评价。评价结果显示，自2016年以来，四大水源地均进行月度监测，监测结果表明，水源地水质状况总体良好，各项指标均能达到或优于地表水环境质量Ⅲ类标准。

目前四大水源地均建有饮用水水源信息化管理平台，可通过平台查看水质监测断面、预警监控断面、视频监控等实时数据。上海市市级集中式生活饮用水水源水质状况已每月在上海市生态环境局网站上公开。四大水源地均已建立“一源一档”，包括水质监测、巡查记录、整治历程、信息公开等内容。

（2）水源地集约化建设

2003年，上海市供水集约化建设全面启动，在全市供水规划“城乡一体、一网分片、集约供水”目标指导下，以各区域供水规划为基础，规划新建大型水厂水源均取自黄浦江上游和长江边（中）水库。区（县）水厂水源逐步从分散取水向集中取水过渡。在中心城外围城乡接合部，以中心城供水管网逐步向外延伸取代乡镇小水厂供水。在其他地区逐步扩大中心水厂供水规模和范围，淘汰和改造设备落后的乡镇自来水厂，实现全市乡镇水厂的集约化建设，改善农村用水条件，提高供水水质。

2010年12月24日，上海市政府进一步颁布了《关于加快推进郊区集约化供水的实施意见》（沪府〔2010〕84号），明确原水集中保护、水厂规模经营、管网优化布局、区域一网调度工作要求，加快推进供水集约化工程。该意见出台后，全市区（县）与乡镇政府工作力度不断加强，加快了中小水源地的归并和关闭工作。2015年年底本市基本实现城乡供水公共服务均衡化。2017年年底，横沙岛集约化供水完成，上海市供水集约化建设全面完成。上海供水集约化工作推进以来，全市累计关闭中小水厂175座，关闭内河取水口125个，关闭公共供水深井197口。

（3）水源地规范化建设

全面完成水源一级保护区内与供水及保护水源无关的建设项目清拆。根据《中华人民共和国水污染防治法》和《上海市饮用水水源保护条例》等法规要求，上海市开展了一级保护区与供水设施和水源保护无关项目的清理整治工作。2016 年，青草沙、陈行及东风西沙 3 个水源地的一级保护区全面完成与供水设施和保护水源无关的建设项目的清拆工作，完成围栏建设并实施封闭管理；2017 年，随着松江叶榭石灰厂两根烟囱定向爆破拆除完成，黄浦江上游水源地一级保护区内也全面消除与供水设施和保护水源无关的建设项目。目前上海市水源地一级保护区全部采取全封闭管理，区内污染源、排放口均实现清零。

全面完成二级保护区内工业企业关闭清拆。2017 年，上海市启动水源地二级保护区内工业企业清拆工作，共涉及 528 家工业企业。到 2023 年，上海已全面完成水源地二级保护区内工业企业关闭工作，有效减少了风险源影响。

开展水源保护区内入河排污口排查并推进规范化整治。根据 2015 年年底出台的《上海市水污染防治行动计划实施方案》的既定目标，四大水源地于 2016 年全面完成了水源地二级保护区内工业排污口和城镇污水处理厂排污口的调整关闭。2021 年上海生态环境局发布相关工作通知，进一步要求饮用水水源保护区内入河排污口需做到“应查尽查”，对全市水源地涉及区内入河排污口全面排查，并督促相关区积极推进水源地二级保护区内入河排污口整治工作，落实排污口全清单管理。

加强对水源地标志牌和界桩的规范化、精细化管理。上海市自 1985 年首次划分黄浦江上游水源保护区以来，便设立了水源保护区界牌。2009 年上海市启动了饮用水水源保护区警示标志设立规范化建设工作，按照原环境保护部颁发的《饮用水水源保护区标志技术要求》（HJ/T 433—2008）制作设立了水源保护区界标、交通警示牌和宣传牌，并根据水源地周边发展情况每年组织力量排摸，对新建道路等交通通道及时统计并安排经费进行标示警示牌设立，并对水源地标志开展长效运维管理与动态更新。

（4）水源地环境污染整治

开展危险品及危险废物堆放（点）、垃圾填埋场（点）排查整治。为贯彻落实《上海市饮用水水源保护条例》有关规定，上海市自 2011 年起就将危险品及危险废物堆放（点）、垃圾填埋场（点）作为水源地二级保护区内重点风险源实施排查和整治。截至 2023 年年底，保护区内的垃圾填埋场

（点）已完成整治。

实施畜禽养殖排查整治。上海市于2016年全面完成水源地二级保护区内规模化畜禽养殖场调整关闭、不规范畜禽养殖的取缔工作，并每年组织调查排摸。截至2023年年底，上海市水源地二级保护区内未发现畜禽养殖情况。

开展水产养殖排查整治。目前上海市水源地二级保护区内无网箱养殖，即使在现场巡查过程中，在黄浦江上游二级保护区内发现零星的个体鱼塘，均实现尾水内循环或者实现保护区外排放。

加强农村生活污水收集处理。2019年出台《上海市农村生活污水处理设施水污染物排放标准》和设施运行管理、水质监测等一系列管理性文件，强化农村生活污水处理设施运维管理。近年来，已组织全市9个涉农区全面完成农村生活污水治理规划编制，持续推进分散式生活污水收集处理。目前，长江青草沙、长江陈行和崇明东风西沙水源地二级保护区内农村生活污水处理设施已全部纳入市政管网。黄浦江上游水源地二级保护区内部分小于1 000人的区域生活污水均采用因地制宜的技术和工艺实现有效处理处置。

加强农田面源污染治理。针对现有上海市水源地二级保护区内的农田，积极实施农业面源治理工作。建立农田休耕体制机制，通过种植绿肥、冬季深翻等措施，减轻环境压力，降低农业面源污染；推广水产养殖绿色生产方式，通过推进水产养殖尾水治理项目，实施水产养殖场尾水处理设施建设和改造，完成养殖尾水治理任务；推进农业投入品包装及农作物秸秆综合利用，通过资金补贴、宣传推广，积极开展塑料废弃物、废旧农膜、农药废弃包装物的回收处置，并实现秸秆综合利用。此外，还积极开展综合青浦区整体推进实施“农业面源污染防控项目（青浦农业园区示范）”，该项目可促进农业面源污染控制技术的示范应用，为青浦区农业面源管控提供技术支撑。

开展黄浦江浮吊安全隐患检查与清理。自2016年12月起，上海市环保、水务及交通部门建立黄浦江上游浮吊船只通报月度调度制度，定期巡查黄浦江上游浮吊船只分布及作业情况。2017年4月底，上海市全面完成黄浦江浮吊清理整治。自2017年5月起，未在黄浦江上游段发现存在浮吊船只。

（5）跨界水源地共保联治

创新建立跨界饮用水水源地联合保护机制。依托长三角生态绿色一体化发展示范区建设，在包括太浦河在内的“一河三湖”等重点跨界水体建立共保联治机制并统一环境要素功能目标的基础上，沪苏浙生态环境部门和示范区执委会进一步建立了跨界饮用水水源地共同决策、联合保护和一体管控机制，从跨界水源地共保联治、联合监控预警能力建设、信息共享、应急联动、生态保护补偿以及共同打击环境违法等方面提出了相应的保护和管控要求。

2.2.3.3 水源地环境风险管理

（1）完善水源地监测和预警体系建设

上海市生态环境局针对饮用水水源地开展109项全指标加密监测，并在四大水源地主要取水口及其上游来水均安装了水质自动监测系统，着力加强对水源地及其上游来水挥发性有机物、挥发酚、生物毒性、粪大肠菌群、重金属、石油类、致嗅物质等特征因子的自动监测预警能力建设。目前，上海市已逐步建立了“流域—水源地—原水系统”的饮用水水源安全三级监控网络和预警体系。

（2）提升水源地环境应急能力

上海市生态环境局及各相关区落实“南阳实践”精神，按照“找空间、定方案、抓演练”的要求，编制了《集中式饮用水水源地突发环境事件应急预案》，并计划每年至少根据应急预案开展一次应急演练。同时，上海市生态环境局结合“南阳实践”经验和上海市实际，有效推进“一河一策一图”编制，初步确定了长江（上海段）、黄浦江上游河段、太浦河作为上海市“南阳实践”实施河流（河段）。上海市已完成包括长江（上海段）、太浦河（上海段）在内的全面覆盖了上海市4个饮用水水源地的“一河一策一图”编制工作，上海市的“一河一策一图”环境应急响应方案采用水库作为存蓄清水的环境应急空间，在上游来水异常时，采取停止取水、等候污染团下泄的方式确保区域供水安全，从而落实“以空间换时间，以时间保安全”的“南阳实践”理念。目前，全市四大水源地及各相关区均建立了突发事件应急预案，按要求每年演练一次，有完善的应急演练记录和应急专家库清单，有效保障了水源地的安全运行。

（3）加强风险源管理

饮用水水源地环境风险源管理是水源地安全工作的重中之重。2008年，上海市环境保护局组织对黄浦江上游水源保护区、陈行水源保护区和全市在用水源取水口周边的化工、电镀、印染、制药、仓储等对饮水安全存在较大潜在威胁的风险源进行全面排查，按照“一源一档”的模式建立了饮用水水源地固定风险源名录。根据风险源发生事故的概率与可能造成的影响，通过上海市企业环境风险评估指标体系，对风险源进行了风险评估，并按高风险、中风险、低风险 3 个级别实施分级管理。为提高饮用水水源地的安全保障水平，对上海市在用水源地的环境风险状况也进行了综合评估，分析各水源地的环境风险因素及贡献率，找出各水源地的关键因子，有针对性地制定了风险控制措施。上海市每年动态更新水源地环境风险企业名录，高风险企业每月检查 1 次，中风险、低风险企业纳入双随机检查。

（4）加强危险化学品管理

针对危险化学品运输风险，上海市先后颁布《上海市危险化学品安全管理办法》《上海市饮用水水源保护条例》等法规对涉及水源地的危险化学品运输风险明确了严格的管理要求，并开展一系列专项工作行动。黄浦江上游水源地二级保护区内存在的交通穿越，设立了交通警示牌，部分交通穿越开展导流槽和应急池建设。2009 年开展了黄浦江上游水源地危险品运输、船舶交通污染等流动源的调查评估工作，对进入水源保护区的运输危险品的船舶安装了 GPS，建立了危险品运输船舶进入水源保护区报告制度和信息共享机制。2011 年 12 月，上海市在进入黄浦江上游水源地的太浦河开展了危险化学品船舶禁航试点工作，全面禁止各种装载油类、危化品船舶在太浦河航行及停泊，有力地提高了黄浦江上游饮用水水源地的安全保障程度。

（5）加强水源地风险遥感巡查

上海市生态环境局每季度委托第三方对四大水源地开展卫星遥感影像核查，对疑似点位实地排摸，对隐患构筑物复核并上报，发现一起处理一起，并函告相关区人民政府，请其督促相关责任主体做好整改工作。此外，2021 年，各区按照《集中式地表水饮用水水源地风险源遥感调查技术规范》（HJ 1236—2021）完成本辖区水源地风险源遥感调查。2012—2024 年，在年度更新水源地风险源目录基础上，采取关闭一批、跟踪监管一批、结构调整一批的方式加强对风险企业的动态管理。

2.3 上海市内河网流域环境特征与管理现状

2.3.1 河网流域水系特征

2.3.1.1 河网水系概况

按照河道（湖泊）管理等级划分，上海市管河道有31条，总长度为851.64 km，总面积为96.365 0 km^2，市管湖泊有2个，面积为48.335 3 km^2；区管河道有514条，长度为2 975.04 km，面积为104.721 1 km^2；区管湖泊有21个，面积为23.265 1 km^2。具体见表2-3。

表2-3 2022年各管理等级河道（湖泊）情况统计

水体类型		数量 /（条 / 个）	长度 /km	面积 /km^2	河湖水面率 /%
河道	市管	31	851.64	96.365 0	1.52
	区管	514	2 975.04	104.721 1	1.65
	镇管	2 673	6 597.25	123.407 0	1.95
	村级	38 477	18 474.55	197.276 4	3.12
	其他河道	5 076	1 499.18	55.668 5	0.88
	小计	46 771	30 397.66	577.438 0	9.12
湖泊	市管	2		48.335 3	0.76
	区管	21		23.265 1	0.37
	镇管	28		3.897 1	0.06
	小计	51		75.497 5	1.19
合计		46 822	30 397.66	652.935 5	10.31
小微水体		44 469		48.037 4	

上海市地表水资源丰富，年总量为593.5亿m^3，其中，黄浦江进潮量为409亿m^3，长江诸闸门引潮量为65.7亿m^3，黄浦江上游来水100.2亿m^3，市内年降雨径流量为18.6亿m^3。上游来水量和境内降雨径流量年际变化较大，丰水年和枯水年前者可相差5倍，后者可相差8倍。上海地区年降水量有一个特点，即丰水年一般为阳历单年、平枯水年为双年。

各区县河道分布表现出由近中心城区至远郊河道分布逐渐密集的情况，尤其以浦东新区、闵行区、嘉定区这些围绕着市中心各区的区县突出，闵行区自西北到东南、嘉定区自东向西、浦东新区自西向东呈辐射状河网密度逐渐增大。

2.3.1.2 河网水系结构

上海市各区县按照河网密度、河面率大小可分为3个档次：①黄浦区、静安区、徐汇区、长宁区、普陀区、虹口区、杨浦区等；②宝山区、嘉定区、闵行区、松江区；③青浦区、浦东新区、奉贤区、金山区、崇明区。第一档为市中心城区，由于城市化程度最高，寸土寸金，只剩主干河道被保存下来；第二档为河道结构状况较差的区，这些区近10年来发展较为迅速，由于早年对河道保护认识不足，对河网结构造成了不可挽回的破坏，形成如今的情况；第三档为河网结构维持较好的区，其河网密度、河面率在除市区外的各区中较大，这些区或为较晚开发的开发区，如浦东新区，或为工农业协调发展的区，如青浦区、崇明区，这些区的河网能较好地保留自然状态。

总体来说，上海市河网水系结构呈现从中心向外围复杂度递增的状态。中心城区河网结构呈典型的简单化、主干化特征，除主干河道外，末段河道基本消亡；靠近中心城区的区域河网简化也较明显，多呈干流型网状结构；中间区域水系结构多呈半自然网状结构；而城市边缘区域受人为影响较少，河网的近自然网状结构保持良好。

2.3.1.3 河网水系水利片区划分

上海市属平原感潮河网地区，内河水位落差较小，通过遍布全市范围内的主要控制水闸在涨潮落潮期间的联合调度运行，对内陆河道水位、水量实施智能控制，确保防汛安全，实现水体的定向、定量和有序流动。按照上海地区的水系、地形、地貌、气象、水文等特点及同太湖流域、长江口、杭州湾之间的关系等自然条件，根据城乡社会经济状况和发展要求，综合考虑水资源的合理开发利用、保护与调度、工程管理以及内河航运等因素，上海市于1977年提出了全市水利分片区控制管理的格局，将全市水系划分为14个跨区域的水利控制片区，各水利片区内具有独立的调度控制能力，分别为嘉宝北片、蕰南片、淀北片、淀南片、浦东片、青松片、太北片、太南片、浦南东片、浦南西片、商塌片、崇明岛片、长兴岛片、横沙岛片。水利片区总面积为 6 158.62 km^2。

各水利片区中，浦东片、浦南东片、横沙岛片河网密度高于全市片区内河网密度，浦东片、青松片、太北片、商塌片、崇明岛片、横沙岛片河面率高于全市片区内河湖河面率。太北片和商塌片河道数量指标较低，但河面率较高，主要受区域内湖泊影响；横沙岛片、长兴岛片河道数量和长度较小，但河面率较高，且片区内无湖泊，说明片区内河道宽度较宽，河流面积较大。具体见表 2-4。

表 2-4 上海市水利分片情况

序号	水利片区名称	面积 /km^2	涉及行政区
1	嘉宝北片	698.77	嘉定区、宝山区、普陀区
2	蕰南片	173.37	宝山区、静安区、杨浦区、普陀区、虹口区
3	淀北片	179.28	长宁区、徐汇区、闵行区
4	淀南片	186.75	闵行区、徐汇区
5	浦东片	1 976.60	浦东新区、闵行区、奉贤区
6	青松片	758.23	青浦区、松江区
7	太北片	85.05	青浦区
8	太南片	99.96	青浦区、松江区
9	浦南东片	479.00	金山区、松江区
10	浦南西片	293.06	金山区、松江区
11	商塌片	32.42	青浦区
12	崇明岛片	1 070.00	崇明区
13	长兴岛片	76.87	崇明区
14	横沙岛片	49.26	崇明区
合计		6 158.62	

除水利分片内河道外，全市还有片外河湖面积为 109.20 km^2，占河湖面积的 17.61%。其中主要片外河道共 8 条，总长度 246.19 km，面积为 58.90 km^2；片外湖泊 6 个，总面积为 50.30 km^2。片外湖泊中，淀山湖面积占湖泊总面积的 90% 以上，其他湖泊面积较小。

2.3.2 河网流域环境质量

近年来，上海市河网水系环境质量总体稳步改善。到 2023 年，黄浦江、苏州河、长江口、淀山湖等主要水体水质均有所改善，中小河道总体水质有所改善，集中式饮用水水源地水质基本稳定。市内地表水环境污染物仍以氮、磷等富营养盐污染为主，源自长江水系的河道水质明显好于太湖流域，黄浦江上游水质好于下游水质。随着《上海市水污染防治行动计划实施方案》的出台，各区加强对水环境的污染防治工作，上海市自身污染贡献有所下降，出、入境水质均有所改善，地表水水质的区域差别缩小。上游来水总体水质有所改善。

2.3.2.1 主要河湖断面水质

上海市地表水环境质量总体呈明显改善趋势。上海市地表水主要河流断面水质良好。以市考断面和国考断面作为上海市主要河流断面，2023 年，全市 273 个考核断面中，优Ⅲ类水质断面占比为 97.8%，Ⅳ类水质断面占比为 2.2%，无Ⅴ类和劣Ⅴ类水质断面，优Ⅲ类水质和劣Ⅴ类水质断面比例均达到国家及本市年度考核要求。高锰酸盐指数、氨氮、总磷平均浓度分别为 3.6 mg/L、0.38 mg/L、0.131 mg/L。

与 2016 年相比，2023 年上海市地表水环境质量明显改善。优Ⅲ类水质断面比例上升 81.6 个百分点，劣Ⅴ类水质断面比例由 34.0% 下降至 0。高锰酸盐指数、氨氮、总磷平均浓度分别下降 25.0%、80.0%、51.8%。具体见图 2-2、图 2-3。

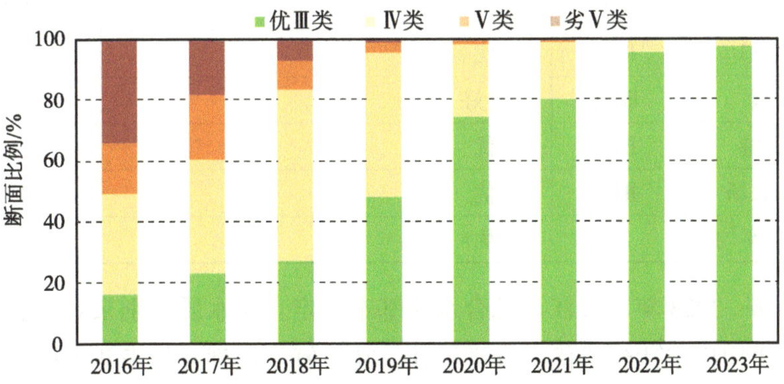

图 2-2 2016—2023 年上海市主要河流断面水质类别变化趋势

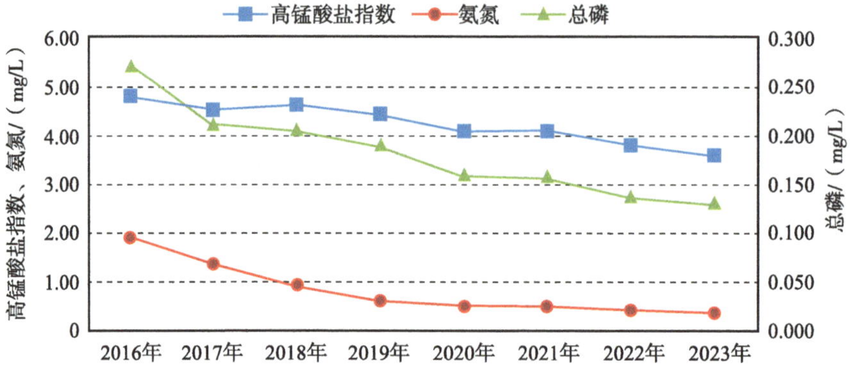

图 2-3　2016—2023 年上海市主要河流断面主要污染物浓度变化趋势

2.3.2.2　主要水体水质

（1）长江口

2023 年，长江口总体水质状况为优。7 个监测断面的水质处于Ⅱ～Ⅲ类，徐六泾、白茆口、浏河、吴淞口、白龙港和朝阳农场 6 个断面水质状况为优（Ⅱ类），竹园断面水质状况为良好（Ⅲ类）。长江口各断面的综合污染指数为 0.22～0.36，平均值为 0.29。氨氮和总磷平均浓度分别为 0.12 mg/L 和 0.088 mg/L。具体见表 2-5。

表 2-5　2023 年长江口水质评价

断面名称	单因子评价			综合污染指数
	水质类别	水质状况	主要污染指标（超标倍数）	
徐六泾	Ⅱ类	优	—	0.32
白茆口	Ⅱ类	优	—	0.32
浏河	Ⅱ类	优	—	0.28
吴淞口	Ⅱ类	优	—	0.31
竹园	Ⅲ类	良好	—	0.36
白龙港	Ⅱ类	优	—	0.22
朝阳农场	Ⅱ类	优	—	0.24
长江口平均		优	—	0.29

2016—2023 年，长江口综合水质基本稳定。从水质类别来看，长江口各断面水质均稳定达到或优于Ⅲ类标准，其中氨氮达到或优于Ⅱ类标准，总磷达到或优于Ⅲ类标准。具体见图 2-4、图 2-5。

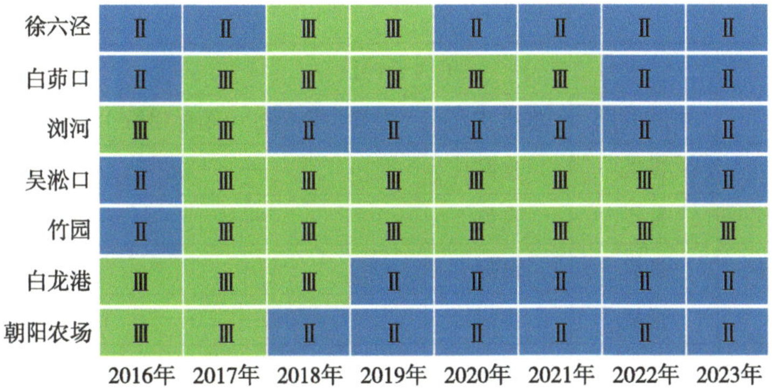

图 2-4　2016—2023 年长江口水质类别变化趋势

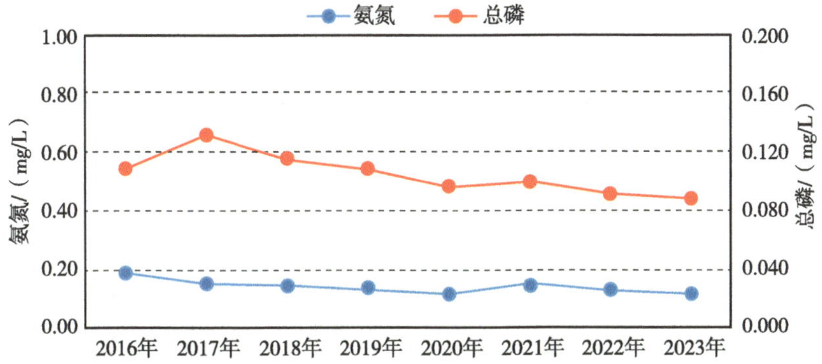

图 2-5　2016—2023 年长江口氨氮和总磷浓度变化趋势

（2）黄浦江

2023 年，黄浦江总体水质状况为优。6 个监测断面水质处于Ⅱ～Ⅲ类，淀峰断面水质状况为优（Ⅱ类），松浦大桥、临江、南市水厂、杨浦大桥、吴淞口 5 个断面水质状况为良好（Ⅲ类）。黄浦江全江综合污染指数为 0.48，各断面的综合污染指数为 0.38～0.54。全江氨氮和总磷平均浓度分别为 0.20 mg/L 和 0.124 mg/L。2023 年黄浦江水质评价见表 2-6。

表 2-6　2023 年黄浦江水质评价

断面名称	单因子评价			综合污染指数
	水质类别	水质状况	主要污染指标（超标倍数）	
淀峰	Ⅱ类	优	—	0.38
松浦大桥	Ⅲ类	良好	—	0.46

续表

断面名称	单因子评价			综合污染指数
	水质类别	水质状况	主要污染指标（超标倍数）	
临江	Ⅲ类	良好	—	0.54
南市水厂	Ⅲ类	良好	—	0.49
杨浦大桥	Ⅲ类	良好	—	0.50
吴淞口	Ⅲ类	良好	—	0.52
黄浦江平均		优	—	0.48

2016 年以来，黄浦江全江综合水质呈改善趋势。与 2016 年相比，2023 年黄浦江全江综合水质显著改善，其中临江断面综合水质略有改善，其余 5 个断面综合水质均显著改善。全江优Ⅲ类断面数持平，均为 6 个，其中淀峰断面水质类别由Ⅲ类提升为Ⅱ类。全江氨氮和总磷平均浓度分别下降 67.12% 和 14.5%。具体见图 2-6、图 2-7。

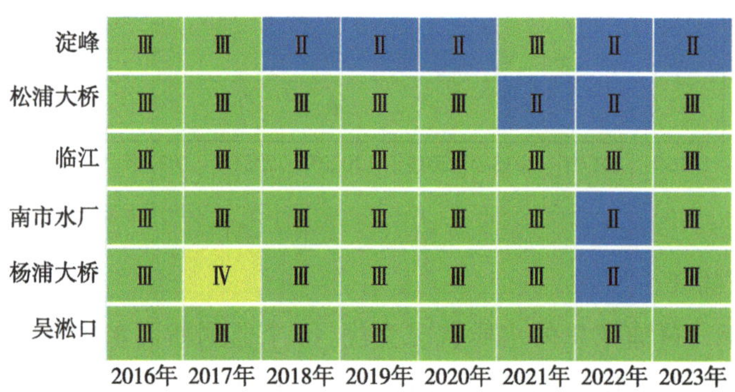

图 2-6　2016—2023 年黄浦江水质类别变化趋势

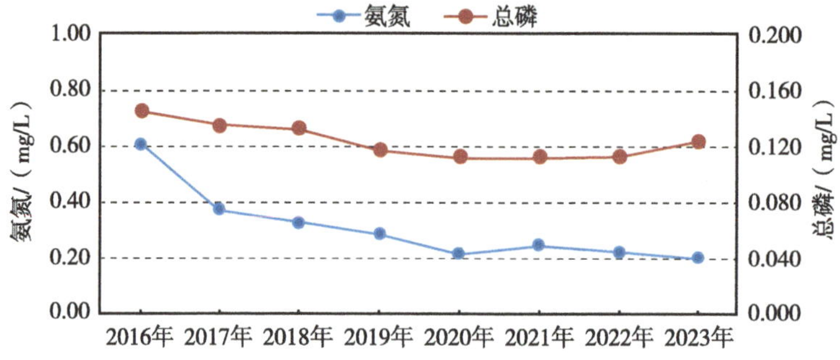

图 2-7　2016—2023 年黄浦江氨氮和总磷浓度变化趋势

（3）苏州河

2023 年，苏州河总体水质状况为优，7 个监测断面水质均为Ⅲ类。苏州河全河综合污染指数为 0.62，各断面的综合污染指数为 0.57～0.70。全河氨氮和总磷平均浓度分别为 0.42 mg/L 和 0.145 mg/L。2023 年苏州河水质评价见表 2-7。

表 2-7　2023 年苏州河水质评价

断面名称	单因子评价			综合污染指数
	水质类别	水质状况	主要污染指标（超标倍数）	
赵屯	Ⅲ类	良好	—	0.57
白鹤	Ⅲ类	良好	—	0.58
黄渡	Ⅲ类	良好	—	0.63
华漕	Ⅲ类	良好	—	0.62
北新泾桥	Ⅲ类	良好	—	0.66
武宁路桥	Ⅲ类	良好	—	0.70
浙江路桥	Ⅲ类	良好	—	0.60
苏州河平均		优	—	0.62

与 2016 年相比，2023 年苏州河各断面综合水质均显著改善。赵屯、白鹤、华漕、北新泾桥、武宁路桥和浙江路桥断面水质类别均由劣Ⅴ类提升为Ⅲ类，黄渡断面水质类别由Ⅴ类提升为Ⅲ类。全河氨氮和总磷平均浓度分别下降 83.7% 和 48.4%。具体见图 2-8、图 2-9。

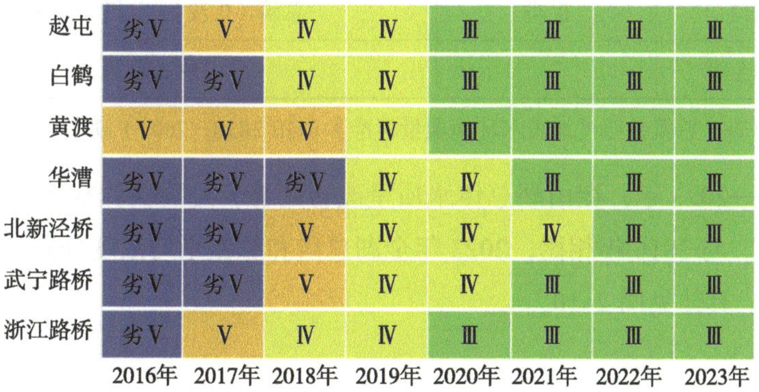

图 2-8　2016—2023 年苏州河水质类别变化趋势

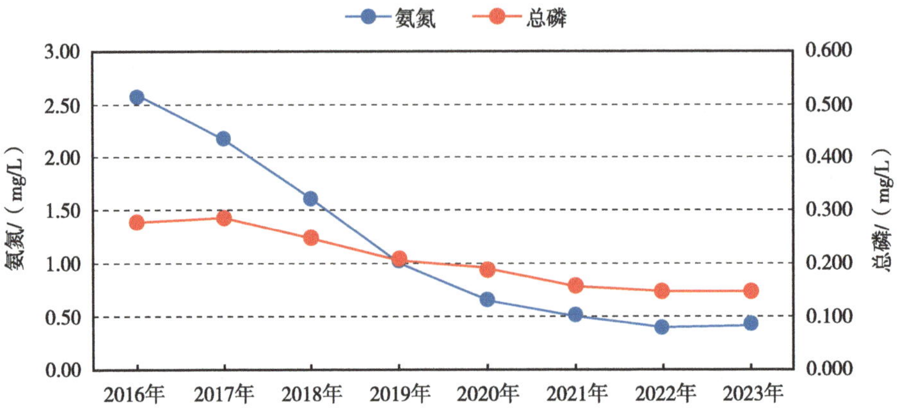

图 2-9　2016—2023 年苏州河氨氮和总磷浓度变化趋势

（4）淀山湖

2023 年，淀山湖进水口水质为Ⅴ类，定类因子为总氮；湖体、湖边功能区、出水口水质均达到Ⅳ类。各功能区主要污染指标为总磷和总氮。全湖总磷和总氮平均浓度分别为 0.082 mg/L 和 1.52 mg/L。2023 年淀山湖水质评价见表 2-8。

表 2-8　2023 年淀山湖水质评价

功能区	水质类别	主要污染指标（超标倍数）
进水口	Ⅴ类	总磷（0.66）、总氮（0.63）
湖体	Ⅳ类	总磷（0.60）、总氮（0.46）
湖边功能区	Ⅳ类	总磷（0.63）、总氮（0.46）
出水口	Ⅳ类	总磷（0.72）、总氮（0.48）
淀山湖全湖		总磷、总氮

注：总磷、总氮参照《地表水环境质量标准》（GB 3838—2002）湖库标准进行评价。

2016—2023 年，淀山湖总体水质呈改善趋势，主要营养盐指标浓度均呈下降趋势。与 2016 年相比，2023 年全湖总磷和总氮平均浓度分别下降 42.3% 和 32.1%。具体见图 2-10。

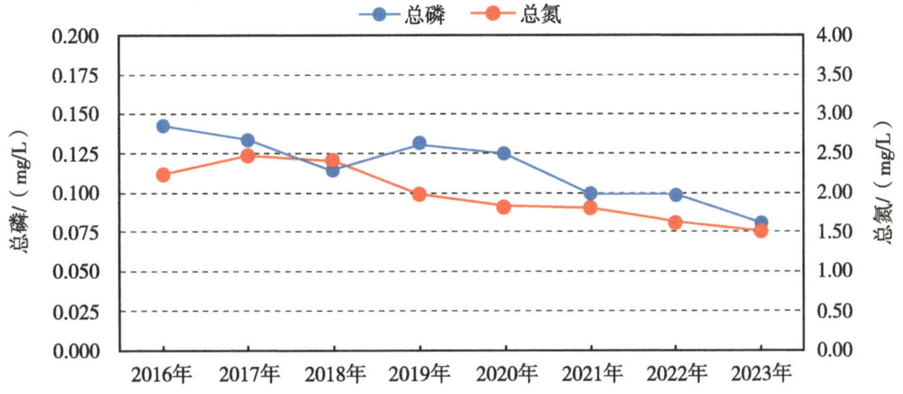

图 2-10　2016—2023 年淀山湖总磷和总氮浓度变化趋势

2.3.3　上海市内河网流域地表水环境管理现状

在地表水环境管理方面，上海是国内较早起步的省份之一。早在 20 世纪 60 年代，上海就启动编制了苏州河环境治理计划。20 世纪 80 年代，上海市政府对黄浦江进行了综合整治，并集合了大量的科研人员组成黄浦江综合整治管理办公室，吸取国际先进治水经验，应用到上海的水环境治理和管理工作中。其中最值得一提的，是在水环境评价领域推出了黄浦江指数（或称黑臭指数），对水体水质综合评价提供了参考，现今也成为全国水质评价的重要综合性指数之一。从 1997 年开始，上海市对苏州河进行综合整治，在为期 12 年的前三期综合整治中，投资达到 140 亿元，成功将上海市著名的长期黑臭河道治理成为目前的市民亲水平台。2019 年，上海市启动苏州河治理四期工程，目标是到 2021 年，苏州河干支流全面消除劣Ⅴ类水体，干流堤防工程全面达标，航运功能得到优化，生态景观廊道基本建成。目前，上海市苏州河治理四期工程已经取得了显著的成果，苏州河干流已经全部消除黑臭，水质得到了明显改善。同时，支流的水质也在逐步改善中。总体来看，在苏州河综合整治的过程中，上海市积累了大量的治理经验和技术手段，涌现了一大批研究成果。

2015 年 4 月，国务院发布了“水十条”，从污染源治理、环境综合管理、环境政策法规、环境经济政策以及水系调度等领域提出了我国在今后一段时间内水环境治理的重点和核心战略。尤其在长三角区域，随着全国目光进一步聚焦，长三角一体化上升为国家战略，上海在水环境管理方面更需要做到示范引领。为此，上海从严落实国家部署，印发了《上海市水污染防治行动计划实施方案》，直面水质需进一步改善的挑战。经过5年的努力，全市259个国、市考断面水质改善趋势显著，水质类别大幅提升。

2.3.3.1 法规与制度建设

法律法规方面，围绕地表水环境管理以及污染防治工作，上海市针对本市水环境领域突出问题，先后出台了《上海市饮用水水源保护条例》（2009年）、《上海港船舶污染防治办法》（2015年）、《上海市水资源管理若干规定》（2017年）等专项法规规章。2017年，《上海市环境保护条例》进行修订，进一步补充规定了太浦河水源地水域危险化学品禁运、工业污水禁止外运处理等地方管理要求，有效保障上海市水污染防治行动计划各项目标任务顺利推进。2017年，《上海市水资源管理若干规定》制定出台，专门针对解决饮用水安全、水环境保护等关键问题作出补充规定；2017年、2018年，新修订的《中华人民共和国水污染防治法》正式实施后，上海市根据职责对涉水污染防治的法规文件进行清理，分别对《上海市环境保护条例》《上海市饮用水水源保护条例》中与上位法不一致的条款作了统一修改。

在具体管理制度上，“十三五”时期以来，上海市委、市政府高度重视，2015年年底紧紧围绕“水十条”正式出台了《上海市水污染防治行动计划实施方案》（沪府发〔2015〕74号），并报国务院备案（沪府〔2015〕92号）。2016年2月，《上海市水污染防治行动计划实施方案》全面启动实施，上海以制度建设为基石，全面保障“水十条”的落实。

首先是严格落实环境保护党政同责和一岗双责。简单来说就是形成了从定责到考责、再到问责的制度体系。上海市委、市政府印发了《上海市生态环境保护工作责任规定（试行）》，进一步明确各级党委、政府及有关部门的环境保护责任；贯彻中共中央办公厅、国务院办公厅印发的《生态文明建设目标评价考核办法》，研究制定了上海市的评价考核办法；完善领导班子和领导干部绩效考核办法，优化环境质量考核指标，将水环境质量恶化等纳入环境底线指标；出台《上海市环境保护督察实施方案（试行）》，建立集中督察和日常监察相结合的环境保护督察制度，实现了全市16个区环境保护督察全覆盖；出台了《上海市贯彻〈中国共产党问责条例〉的实施办法》《上海市环境保护约谈规定（试行）》，细化、完善了生态文明建设领域问责规定制度。

其次是强化了绿色发展制度保障。上海市委、市政府印发《关于加快推进上海生态文明建设的实施意见》，推进资源节约型、环境友好型社会建设；按照国务院部署，落实《上海市城市总体规划（2017—2035年）》，以绿色生态为导向，优化城市发展格局，积极扩大生态空间；落实《关于本市建立健全生态补偿机制的若干意见》和《生态补偿转移支付办法》，持续完善政策机制，加大生态补偿力度；在率先取消街道招商引资职能的基础上，印发《关于加强本市各区招商引资统筹工作的指导意见》，强化区委、区政府统筹，规范镇级招商引资，通过严守土地供应和产业准入两条底线，从源头上杜绝新增"三高一低"企业和项目；加强规划环评，全市产业园区已基本完成规划环评，完成长三角战略环评研究，启动长江经济带战略环评研究。

最后是建立层层分解的责任落实机制。2015年"水十条"出台后，上海市建立了双牵头的联合推进工作机制。分项目、分年度、分区域细化落实工作任务，对工作措施分工程项目和管理项目，按月调度、按季通报、按年考核。同时，上海市领导和各区政府主要负责人签订了《水污染防治目标责任书》和《打好碧水保卫战目标责任书》，"水十条"目标、任务和责任在上海市的市、区、镇（街道）三级得到层层分解落实。依托河（湖）长制的全面落实，推进全市中小河道综合治理。

2.3.3.2 水质综合考核体系

对水环境进行考核是贯彻落实生态文明建设的重要手段。"十三五"期间，上海市生态环境部门为了综合评估水质状况，建立了上海市水质综合考核方法。其主要特点包括：①考虑河流社会价值，增加功能指标。加强对表征城市河流社会服务功能指标的研究，增加防洪、河岸景观等服务功能评估指标。②结合河流生态定位设定适宜权重。不同区域、类型、规模的河流生态定位有所差异，河流健康评价应结合河流的生态定位与服务功能，根据指标的表征重要性及评估难易程度，分别给予适宜权重，就城市河流而言，防洪、景观效应是其主要服务功能，可以给予相应评价指标稍高权重。③依据近自然原则制定合理标准。随着人类社会发展和城市化的进行，城市河流已经形成其独特的生态系统和服务功能，不能再简单地以自然或城市化前河流状况为参照对河流指标进行评价，城市河流的评价标准应结合城市的自然、社会环境以及城市河流的自身特征，基于自然基线作适当调整，从而使评估结果更加准确、真实地反映城市河流的健康状况。④借鉴国外方法丰富结果表达。评分数值和“差”“一般”等评价术语对于河流管理工作缺乏明确的指导意义，建议借鉴 RCE 评价方法，在给出综合评分与健康等级的同时，增加颜色代码和推荐行动，以丰富结果表达，并为水资源管理与河流保护提供更加详细的基础数据和决策依据。

（1）考核点位的选择

聚焦集中建设区和工业区、空间相对均匀分布等原则确定了对各区的水环境质量考核点位。一是将国家考核上海市点位按地域位置分解到各相关区县，同时选取直接影响国家考核点位的支流点位。二是中心城区以区管河道为主，全面覆盖区管及以下河道；郊区突出重点，包括辖区内主要市管和区管河道点位。三是点位空间分布均衡，以集中建设区、工业区或周边区域为主，综合考虑街镇分布的均匀性。

（2）考核因子的选择

上海市针对地表水环境质量的考核因子为《地表水环境质量标准》（GB 3838—2002）表 1 中除水温、粪大肠菌群和总氮以外的 21 项指标，分别是 pH、溶解氧、高锰酸盐指数、五日生化需氧量、氨氮、石油类、挥发酚、汞、铅、总磷、化学需氧量、铜、锌、氟化物、硒、砷、镉、铬（六价）、氰化物、阴离子表面活性剂、硫化物等。按照单因子评价法，达到水质目标的监测次数占年度监测总次数的百分比达 80% 以上，视为达标。

（3）考核的目标

以考促治，全面推进地表水环境质量改善。“十三五”期间上海市在 20 个地表水国考断面的基础上，确定了 259 个水质考核断面（含国考断面）的目标要求（2021 年起，全市地表水水质考核断面增加至 273 个，包含 40 个国控断面）纳入目标责任书；全市 12 个委办局联合印发“水十条”考核规定，每年对各区政府水环境质量目标完成情况和重点工作实施情况进行考核。

2.3.4 环境治理案例与成效

案例一：苏州河治理

苏州河源自太湖，全长 125 km，经苏州入上海，流经上海市内 53.1 km

后注入黄浦江，市内最宽长度为 600～700 m，市区内最狭长度为 40～50 m，曲折多变，是上海除黄浦江外最重要的河流。苏州河原本水质清澈，20 世纪初在下游的恒丰路桥建闸北自来水厂。1920 年以后，随着上海经济社会的快速发展，大量生活污水和工业废水排入苏州河，开始出现黑臭现象。1928 年，闸北自来水厂因苏州河水质恶化被迫迁址。中华人民共和国成立后，苏州河污染状况不断加剧，到 1978 年苏州河在上海境内全部遭受污染，市区河段终年黑臭，鱼虾绝迹，路人掩鼻。在外滩苏州河与黄浦江交界处，形成了一道颜色明显的“黑黄分界线”，成为当时上海一道另类“风景线”。苏州河的污染原因是多方面的，主要原因是城市基础设施规划和建设远远落后于城市的发展速度，使苏州河成为市区企业和居民天然的排污场所。20 世纪 80 年代初，上海市区工业废水和生活污水每日约为 490 万 m^3，其中经不同方式、不同程度处理的污水有 190 万 m^3，还有约 300 万 m^3 的污水未经任何处理，即通过河流和管道直接排入黄浦江、苏州河等河道，苏州河及其 10 余条支流水体终年黑臭，黄浦江黑臭期每年在 150 天以上，严重污染了城市环境，影响市民的饮水和农业产品的质量，制约了上海市改革开放和国际化大都市的建设发展。20 世纪 80 年代以来，历届上海市委、市政府始终把苏州河治理作为治水的重中之重，坚持“以治水为中心，全面规划，远近结合，突出重点，分步实施”，“一张蓝图干到底，一代接着一代干”，使苏州河的面貌发生了根本改变。通过苏州河的治理，上海市走出了一条特大型城市治理黑臭水体的道路。

（1）治理举措

苏州河治理是“久久为功、科学治水”的具体实践。从 20 世纪 80 年代开始，上海市委、市政府着手谋划苏州河治理工作。1986 年，“上海市区污水治理战略方案研究”和“苏州河污染综合防治规划研究”2 项“六五科技攻关项目”通过国家鉴定，从战略高度确立了苏州河治理的顶层设计，也奠定了上海市 30 年来治水的总体格局。在世界银行及澳大利亚专家的支持下，战略研究工作充分借鉴了发达国家城市治水的经验，将改善黄浦江和苏州河的水质定为上海市中心区污水治理的总目标，并最终确定“充分利用现有的合流制，将市区污水收集输送到长江口处理排放”的治理思路。

根据规划和方案确立的总体思路，1988—1993 年，上海市实施了合流污水治理一期工程，截流了120万m^3直排苏州河的污水，为苏州河治理打下了坚实的基础。在工程开工之日，时任上海市委书记的江泽民同志欣然题词："决心把苏州河治理好"，彰显了上海市委、市政府治理苏州河的坚定决心。从此，苏州河治理工作拉开序幕。治理工作总体上分为以下4个阶段：

第一阶段为1996—2002年，主要是准备阶段和实施综合整治一期工程。从20世纪90年代初起，上海就建立了由分管市长或分管副秘书长主持，上海市建委、计委、经委、农委、科委、编委、市政府教卫办、市环保局、有关工业局和各区、县政府及新闻单位的负责人参加的"上海市城市环境综合整治联席会议"制度，并成立了上海市环境综合整治领导小组；在此基础上，1996年市政府召开会议专门成立了苏州河环境综合整治领导小组及其办公室，这在上海环境保护和建设历史上是第一次，也是全国首创。1998年，上海市政府批准《苏州河环境综合整治方案》，开始实施以消除黑臭为目标的苏州河环境综合整治一期工程。同年8月，上海市政府发布《上海市苏州河环境综合整治管理办法》，为顺利推进一期工程提供了法制保障。1999年，上海市委、市政府批准《关于加强本市环境保护和建设若干问题的决定》，把苏州河环境综合整治确定为2000—2002年上海城市管理和环境建设的"重中之重"，要求以苏州河治理为重点，带动全市中小河道整治。

《苏州河环境综合整治方案》中明确了苏州河流域面积为855 km^2的综合整治区域，确定了"2000年年底基本消除苏州河黑臭，消除苏州河与黄浦江交汇处黑带"的近期目标和"2010年实现苏州河与黄浦江、苏州河干支流水质同步改善，全面提高水体质量，恢复水系环境生态功能，使市区河段中有鱼"的远期目标，确定了改善水质、改善陆域环境、改善相邻水体水质等3项主要手段，共实施支流污水截流、污水处理厂建设、底泥疏浚、综合调水、环卫码头搬迁等十大工程项目，总投资约70亿元。

第二阶段为2003—2011年，主要是实施综合整治二期和三期工程。二期工程以稳定水质、改善陆域环境为目标，主要包括干流初期雨水调蓄池建设、水系和上游地区污水截流处理、河口双向水闸、环卫设施建设、沿河公共绿地建设等八大项目；其中根据上海的环境特点和国际上合流制地区污水治理的成功经验，在苏州河沿岸的合流制地区建设大型调蓄池，减少市政泵站雨天排江量，在全国污水治理中属首创。三期工程以水系水质同步改善、促进生态系统恢复为目标，主要包括苏州河市区段底泥疏浚和防汛墙改建、水系和上游地区污水截流、环卫码头搬迁等四大项目。二期、三期总投资约 70 亿元。

第三阶段为 2012—2017 年，在苏州河前三期整治工程取得阶段性成果的基础上，深刻把握“问题表现在水里，根子还在陆地上”这一科学论断，通过实施建成区截污纳管攻坚战、“五违四必”生态环境综合整治、上海市水污染防治行动计划实施方案、全市中小河道综合整治等工作，将截污治污这一主线工作进一步向上游地区、向农村地区、向原先工作的盲点区域推进。这些措施有力地推动了苏州河流域干支流水质的同步改善，为全市基本消除劣Ⅴ类水体打下了坚实的基础。

第四阶段为 2018—2021 年，主要是深入推进综合整治四期工程。以苏州河干支流全面消除劣Ⅴ类水质为目标，为最终实现“安全之河、生态之河、景观之河、人文之河”的愿景奠定基础。持续推进截污治污，在实现城镇污水全收集全处理的基础上，提升农村生活污水处理覆盖率，加强雨污混接改造和初期雨水治理；实施吴淞江行洪工程，提高防汛排水标准；贯彻“绿色、开放、共享”理念，打通苏州河滨水通道，增加滨水空间，提升滨河区域的公共服务功能，打造苏州河两岸“生态、休闲、运动、文化”品牌。四期计划总投资近 240 亿元（不含雨污混接改造专项资金）。

（2）亮点措施

苏州河在治理过程中，始终坚持“标本兼治，重在治本”的原则，把“截污为先、水岸联动”作为贯穿治理始终的一项基本任务，从根本上削减入河污染物总量。

①对直接排入苏州河支流（水系）的生产废水和居民小区生活污水进行截流。1998—2002 年，苏州河一期整治工程新建了 40 万 t/d 的石洞口污水处理厂，共敷设污水管道 235.7 km，完成了 3 175 个（六支流的数据，虹口港和杨树浦港截污个数没有）污染源的截污纳管，每天截流污水约 55 万 t，关闭禽畜牧场 36 家，治理 8 家。二期工程中，共敷设污水管道 113 km，完成 746 家污染源单位的纳管。三期工程中，对上游青浦华新镇、白鹤镇等地区 249 家污染源单位进行了纳管，新增污水管道 55 km。在截污纳管攻坚战中，全市又完成 8 599 个污染源的纳管，实现建成区内直排污染源全部截污纳管。通过截污治污，有效控制排入苏州河的污染物总量。

②开展污水厂建设与提标改造。确立集中处理外排和分散处理相结合的污水治理方针，先后实施合流污水治理一期工程、二期工程、郊区污水厂新建工程等。竹园一厂、二厂，石洞口污水厂等一批污水处理厂建成投用，并按照国家要求先后将污水排放标准提升至一级 A 及以上（排放至内河的污水厂氨氮、总磷排放要求提升至水环境功能区达标）。同时，为应对流域内不断导入的新增人口，“十三五”期间继续安排新建泰和、虹桥污水处理厂，实施竹园污水处理厂扩建工程，从根本上解决苏州河流域的污水处理需要。

③控制合流污水溢流，开展初期雨水调蓄。实施苏州河沿岸市政泵站雨天排江量削减工程。对合流制排水系统，改造无污水截流设施、旱流放江的泵站，杜绝晴天放江。对分流制排水系统，改造分流制排水系统雨污水混接，建设和完善雨水泵站截流设施，降低雨天放江污染物负荷，解决因雨污水混接而造成的旱流放江问题。对泵站内实施改造，增加打回笼水设施，杜绝试车放江；建设了梦清园、成都路、芙蓉江、昌平路和江苏路初期雨水调蓄池，总容积 7.52 万 m^3，提高截流倍数以及减少大泵站雨天排江量。

④开展环境综合整治。对苏州河沿岸地区进行全面规划，搬迁、拆除货运码头和环卫码头 174 个，改造防汛墙 99.3 km，拆迁一大批危棚简屋。劈建沿河道路，建设滨河绿带、亲水平台和大型公共绿地。2015 年 6 月，上海市政府印发《关于进一步加强本市部分区域生态环境综合治理工作的实施意见》，在全市范围开展“五违四必”生态环境综合整治，对“违法用地、违法建筑、违法排污、违法经营和违法居住”开展综合治理。3 年内全市拆除违法建筑 1.6 亿 m^3，基本消除“五违”问题集中成片区域，苏州河流域内环境面貌得到显著提升。同时，对沿岸调整的工业老建筑、历史保护建筑等加以保护和再开发利用，由上海啤酒厂改建的梦清园、春明粗纺厂改建的 M50 莫干山创意园区、四行仓库改建的四行仓库创意园等相继启用，实现了转型发展。

⑤实施底泥疏浚清淤。对苏州河干流及主要支流进行疏浚和清淤，增加河道蓄容量，减少污泥耗氧及污染物释放对上覆水体的影响。一期至三期工程共实施疏浚 594 万 m^3，四期工程计划疏浚 188 万 m^3。

⑥开展综合调水，在苏州河口建设了双向调度水闸。充分发挥苏州河水系滨江临海潮汐动力足、过境水资源充沛的优势，在保障防汛、供水和航运安全前提下，以保障生活、生产、生态用水和全面改善水质为目标，实施大

潮汛期东引南北分流与小潮汛期西引东排相结合的综合调水方案，乘潮引排、调活水体、增流提质，促进河网水体的定向有序流动和河流水生态系统良性循环。实现了苏州河水系防汛安全与资源环境综合调度、水量水质统一调度、流域与区域联合调度，取得了较显著的生态环境和社会经济综合效益。

⑦宣传方面，推动公众参与。不断增强广大市民的生态环境保护意识，形成公众参与的氛围，是苏州河整治工作的重要基础。在治理过程中，着重开展了舆论宣传引导、组织在校学生开展调研与宣传活动、做好市民的接待和社会教育活动等工作。经过广泛的宣传、教育，增强了市民的环境意识，广大市民自发捐款捐物，组织护河队，检举、监督污染苏州河的行为和事件，在社会上形成了保护苏州河的良好氛围。同时，由上海啤酒厂灌装车间改造的梦清园科普展馆对公众开放，对苏州河的今昔变迁进行集中展示，警示后人“一朝污染、漫漫治理”的艰辛历程。

（3）治理成效

最直观的感受便是干支流水质明显改善。苏州河干流在2000年基本消除黑臭，以历年来黑臭最严重的武宁路桥断面为例，2002年与1998年相比，COD_{Cr}、BOD_5、NH_3-N均下降60%以上，溶解氧增长了90%，基本达到国家地表水Ⅴ类（景观水）水质标准。二期整治工程完成后，苏州河水质进一步改善，主要支流中心城区已基本消除黑臭。自2001年以来，苏州河在上海市内水质与沪苏省界赵屯断面水质趋同，COD_{Cr}、NH_3-N和总磷浓度呈显著下降趋势，溶解氧呈逐步上升趋势。目前，苏州河干流的化学需氧量已达到地表水Ⅲ类标准，溶解氧和总磷达到Ⅳ类标准，NH_3-N处于Ⅴ类标准。

生态监测数据显示，生态系统逐步恢复。2000年在苏州河污染最严重的断面底泥中发现昆虫幼虫，下游河段的着生动物种类增加近1倍，底栖动物生物量和需氧物种明显增加。2001年市区河段出现成群的小型鱼类。2002年上半年与1999年上半年相比，苏州河下游着生动物种类增加近1倍，多样性指数由0.8上升到1.3；底栖动物生物量和需氧物种明显增加，生态系统逐步得到恢复。2011—2012年开展的苏州河鱼类调查共采集到鱼类21种，较2004年调查的5种有明显上升，且鱼类物种组成相对丰富，鲫鱼等耐污种类已能全河段分布，生态系统有显著提升。

对老百姓来说，环境面貌显著改善便是最直接的“实惠”。整治后的苏州河河道整洁，水面干净，两岸建起 23 km 的绿色走廊和 65 万 m^2 的大型绿地，市容大为改观，生活、休闲环境得到充分改善。正在实施的四期综合整治工程中，还将在苏州河沿岸建设 271 万 m^2 的景观生态廊道，进一步提升两岸的环境面貌。苏州河一期治理工程完成后，由美国 CDM 咨询公司和上海市统计局联合开展的随机抽样调查显示，93%～94% 的居民对苏州河整治效果表示满意或基本满意。时任上海市市长的韩正在总结一期治理工程时也指出：一期工程“力度大、措施实、效果好，实现了阶段性目标，老百姓满意，全市人民受到鼓舞”。2001 年，治理后的苏州河上举办了首届龙舟赛，开创了苏州河上举办大型水上体育项目的先例。苏州河水上观光等项目的开通，让老百姓更近距离地感受到治理成果。

如今，苏州河的水环境质量得到了显著改善，但干流水质仍有波动，苏州河水系支流仍存在市政泵站雨天放江等污染问题。上海市将继续牢牢把握习近平生态文明思想的精髓要义，把苏州河整治与提升深入持久地进行下去，最终实现“安全之河、生态之河、景观之河、人文之河”的美好愿景，让良好的生态环境成为最普惠的民生福祉。

案例二：中小河道治理

上海市中小河道治理的冲锋号是由苏州河治理吹响的，是面广量大的系统性工作。从 20 世纪 80 年代开始，历届上海市委、市政府一届接一届，一年连一年，紧抓不放，集聚动员了各行各业和方方面面的力量投入整治工作，并在资金、人力等方面给予充分保障。“凡事预则立，不预则废”，中小河道治理是以苏州河治理为核心目标的“一张蓝图”。“上海市区污水治理战略方案研究”等科技攻关工作，为这张蓝图确立了顶层设计和总路线，之后 30 年的工作始终沿着这条总路线向前推进。同时，在治理中深刻认识到截污治污的关键作用，截污治污工作始终贯穿在 30 年的治理过程中，是中小河道治理的“核心武器”。

在整个治理过程中，上海治水人始终坚持以干流为主线，在不断推进干流水质整体提升的情况下，在不同阶段分别抓住重点、难点问题，实施重点突破。

为方便对照，上海市将上海中小河道治理的时间线与苏州河治理的时间线并述：苏州河一期整治期间，以清除苏州河干流黑臭以及与黄浦江交汇处的黑带为目标，抓住污染最重的六条支流进行重点截污整治。苏州河二期，整治便从全流域展开，截污治污从下游向上游延伸，从点源向市政泵站延伸，重点是稳定水质，改善两岸绿化环境。2006—2008 年，上海市以镇村河道为重点，开展了声势浩大的“万河整治行动”，在市、区、镇（村）三级政府共同努力下，累计完成中小河道整治 23 245 段，长度 17 067 km，疏浚土方 16 863 万 m^3。为了进一步巩固、扩大万河整治成效，上海市以迎接世博会召开为契机，推进河道整治向村沟宅河延伸，并启动了农村生活污水治理等农村水环境建设，涌现出一批具有江南水乡风韵、人水和谐风情的生态小河道。苏州河三期整治期间，生态的理念初见雏形。以改善水质、恢复水生态系统为目标，在资金、力量均有限的情况下，抓住核心问题，实施城区段干流大规模清淤疏浚。其中第三轮环保三年行动计划规划中心城区骨干河道、郊区骨干河道与苏州河三期工程同步进行，第四轮实施了 366 条黑臭河道和太湖流域河网综合整治，第五轮实施了 42 km 以上骨干河道和 35 km 结合整治，第六轮实施了 200 km 以上河道整治和镇村河道整治。从苏州河市区段到中心城区骨干河道、郊区骨干河道、区域性骨干河道，再到普通河道及村镇级河道，进而囊括了太湖流域综合整治，上海河道整治从重点河道到一般河道，从市内河道到交界河道全面铺开。苏州河四期整治期间，以干支流全面消除劣Ⅴ类水体为目标，重点提升全流域水质。“苏四期”的背后藏着一连串令人称奇的数字：上海已在全市范围内完成了 1 864 条段、1 756 km 城乡中小河道的整治，打通了断头河 3 000 多条，完成 4 200 多个小区和 1.7 万个市政企事业单位的问题改造，完成 1 700 多个直排污染源的截污纳管和 54 座雨水泵站的治理，城市污水处理能力达到了 840 万 m^3/d。正如时任市长韩正所指出的，“实践证明，这条治理道路符合苏州河治理的实际，能够积小步为大步，循序渐进，逐步实现我们的治理目标”。

案例三：国考断面达标整治——以苏州河—黄渡断面为例

国考断面是 2015 年“水十条”实施开始，由国家确定的分解到各省份的考核点位，也是“水十条”中对区域水质考核的基本要素。“水十条”明确，将水环境质量改善作为计划实施的核心目标和工作指标，对地表水水质优良、地表水丧失使用功能（劣于Ⅴ类）等水质目标的考核范围和评估方法提出了具体的要求。上海市共设置 20 个地表水环境质量国家考核断面，其中苏州河—黄渡断面要求 2020 年前从劣Ⅴ类水质提升为Ⅴ类。

苏州河—黄渡断面地处青浦、嘉定、闵行三区交界处，距离苏沪省界距离约 5.6 km。根据水利控制片闸门调度规则，结合行政区划，上海确定苏州河—黄渡断面流域水环境控制单元范围为青浦区白鹤镇、重固镇、华新镇、香花桥街道，嘉定区安亭镇、江桥镇，以及闵行区华漕镇 7 个街（道）镇，单元面积共 331 km^2。

为了确保按时完成任务，2017 年上海市由环境保护局会同三区政府成立工作组，编制了达标方案。方案涉及对苏州河—黄渡断面水质有影响的所有支流，结合河长制的全面落实苏州河治理四期工程、生态环境综合治理等工作，并进一步深化形成“苏州河—黄渡国考断面周边支流联动整治方案”。方案经总结提炼，共聚焦了城郊接合部人口导入量大，生活污水直排现象突出、污水厂尾水排放污染物总量偏高，对地表水环境水质有冲击、支流排江现象普遍存在，区间污染物直接影响水质、上游来水水质超标严重，水体水环境容量有限等几方面的问题症结，并基于“突出重点、系统治理、远近结合、标本兼治”的原则，制定保障苏州河—黄渡断面水环境质量改善“1+X”方案，即以苏州河—黄渡断面流域水环境控制单元为整治范围，以国家水质考核断面苏州河—黄渡断面水环境质量改善为核心目标，结合顾浦河—安亭水厂、盐铁塘—曹安公路桥、封浜—封杨路石湾桥、油墩港—纪鹤公路桥、老通波塘—北青公路桥、新通波塘—凤溪桥、新塘河—新盐仓浦桥、盐仓浦—纪王镇、蟠龙港—诸翟镇 9 个市级考核断面达标要求，根据区间污染源贡献和对苏州河—黄渡断面水质影响程度，以直排生活污染整治和“198”工业地块环境综合整治为重点，同步推进污水处理厂升级改造和扩建、污水管网建设完善、畜禽养殖整治、河道生态环境综合整治、优化区间泵站闸门调度、环境监测能力提升等措施，实施区间污染全面治理，保障苏州河—黄渡断面水质稳步提升。主要任务和措施围绕推进生活污染治理、加强重点“198”区域环境综合整治、提高污水处理能力和水平、深化河道综合整治、加快推进畜禽污染整治、提升地表水环境监测和应急能力、加强工业集聚区水污染治理、优化区间水利调度等 8 个方面工作，可谓给区域来了个从根本的“对症下药”。

通过干支流协同治理，市区两级发力，苏州河—黄渡断面自 2016 年至今都实现稳定达标。苏州河—黄渡断面的攻坚战可谓是上海市治水工作执行力的典型缩影，是实现申城百姓提升生态环境获得感的标志性惠民措施。

2.4 跨省界河湖流域环境特征与管理现状

2.4.1 跨省界水体环境现状

2.4.1.1 主要跨省界水体

上海市地处太湖流域和长江流域的最下游，与江苏省和浙江省接壤。2023年设置淀山湖千墩港、淀山湖大朱厍、急水港急水港桥、黄姑塘卫八路桥、惠高泾漕廊公路桥、六里塘中丰路桥、面杖港明星路桥、秀州塘亭枫公路桥、蒲泽塘朱枫公路桥、太浦河汾湖大桥、浏河陆渡、黄良甫港枫泾水厂、胥浦塘东新镇轮渡、大蒸港大蒸港桥、苏州河赵屯和长江口徐六泾16个入省监测断面。若按流域划分，赵屯断面代表苏州河上游来水，徐六泾断面代表长江口上游来水，其余14个断面代表黄浦江上游来水。若按照上游来水省份划分，苏沪交界断面8个，涉及河流5条，湖泊1个；浙沪断面8个，涉及河流8条。具体见表2-9。

表2-9 上海市跨省界水体及监测断面

序号	上游省份	所在地区	水体名称	断面名称	功能区水质要求
1	江苏	嘉定区	浏河	陆渡	Ⅲ类
2	浙江	金山区	胥浦塘	东新镇轮渡	Ⅲ类
3	浙江	金山区	惠高泾	漕廊公路桥	Ⅲ类
4	浙江	金山区	六里塘	中丰路桥	Ⅲ类
5	浙江	金山区	黄姑塘	卫八路桥	Ⅲ类
6	浙江	金山区	黄良甫港	枫泾水厂	Ⅲ类
7	浙江	金山区	面杖港	明星路桥	Ⅲ类
8	浙江	金山区	蒲泽塘	朱枫公路桥	Ⅲ类
9	浙江	金山区	秀州塘	亭枫公路桥	Ⅲ类
10	江苏	青浦区	大蒸港	大蒸港桥	Ⅲ类
11	江苏	青浦区	太浦河	汾湖大桥	Ⅲ类
12	江苏	上海市	苏州河	赵屯	Ⅲ类
13	江苏	上海市	长江口	徐六泾	Ⅲ类

续表

序号	上游省份	所在地区	水体名称	断面名称	功能区水质要求
14	江苏	上海市	急水港	急水港桥	Ⅲ类
15	江苏	上海市	淀山湖	千墩港	Ⅲ类
16	江苏	上海市	淀山湖	大朱厍	Ⅲ类

2.4.1.2 跨省界水体环境质量

2023 年，16 个跨省界上游来水断面水质处于Ⅱ～Ⅲ类。长江口上游来水为Ⅱ类水，水质状况为优；黄浦江上游来水处于Ⅱ～Ⅲ类，水质状况为优—良好；苏州河上游来水为Ⅲ类水，水质状况为良好。

长江口上游来水的综合污染指数为 0.31，综合水质与长江口平均（0.31）基本持平；黄浦江上游来水的综合污染指数为 0.32～0.71，平均值为 0.55，其中千墩港、大朱厍、急水港桥、汾湖大桥、陆渡、大蒸港桥 6 个断面来水的综合水质优于黄浦江平均（0.48），其余 8 个断面来水的综合水质劣于黄浦江平均；苏州河上游来水的综合污染指数为 0.57，综合水质优于苏州河平均（0.62）。具体见表 2-10。

表 2-10　2023 年上海市主要跨省入境断面水质评价结果

入境断面分类	断面名称	单因子评价			综合污染指数
		水质类别	水质状况	主要污染指标（超标倍数）	
黄浦江上游来水	淀山湖千墩港	Ⅱ类	优	—	0.34
	淀山湖大朱厍	Ⅱ类	优	—	0.32
	急水港急水港桥	Ⅱ类	优	—	0.38
	黄姑塘卫八路桥	Ⅲ类	良好	—	0.65
	惠高泾漕廊公路桥	Ⅲ类	良好	—	0.69
	六里塘中丰路桥	Ⅲ类	良好	—	0.67
	面杖港明星路桥	Ⅲ类	良好	—	0.61
	秀州塘亭枫公路桥	Ⅲ类	良好	—	0.71
	蒲泽塘朱枫公路桥	Ⅲ类	良好		0.62
	太浦河汾湖大桥	Ⅱ类	优	—	0.46

续表

入境断面分类	断面名称	单因子评价			综合污染指数
		水质类别	水质状况	主要污染指标（超标倍数）	
黄浦江上游来水	浏河陆渡	Ⅲ类	良好	—	0.47
	黄良甫港枫泾水厂	Ⅲ类	良好	—	0.59
	胥浦塘东新镇轮渡	Ⅲ类	良好	—	0.67
	大蒸港大蒸港桥	Ⅲ类	良好	—	0.47
苏州河上游来水	苏州河赵屯	Ⅲ类	良好	—	0.57
长江口上游来水	长江口徐六泾	Ⅱ类	优	—	0.31

从变化趋势来看，2016—2023 年，黄浦江上游来水综合水质呈改善趋势。与 2016 年相比，2023 年黄浦江上游 14 条来水综合水质均显著改善，氨氮和总磷平均浓度分别下降 80.1% 和 39.2%。2016—2023 年，苏州河上游来水综合水质呈改善趋势。与 2016 年相比，苏州河上游来水综合水质显著改善，氨氮和总磷浓度分别下降 85.4% 和 42.6%。2016—2023 年，长江口上游来水综合水质基本稳定，综合污染指数为 0.27～0.33。从水质类别来看，长江口上游来水稳定达到或优于Ⅲ类标准，其中氨氮浓度达到或优于Ⅱ类标准，总磷浓度达到或优于Ⅲ类标准。具体见图 2-11。

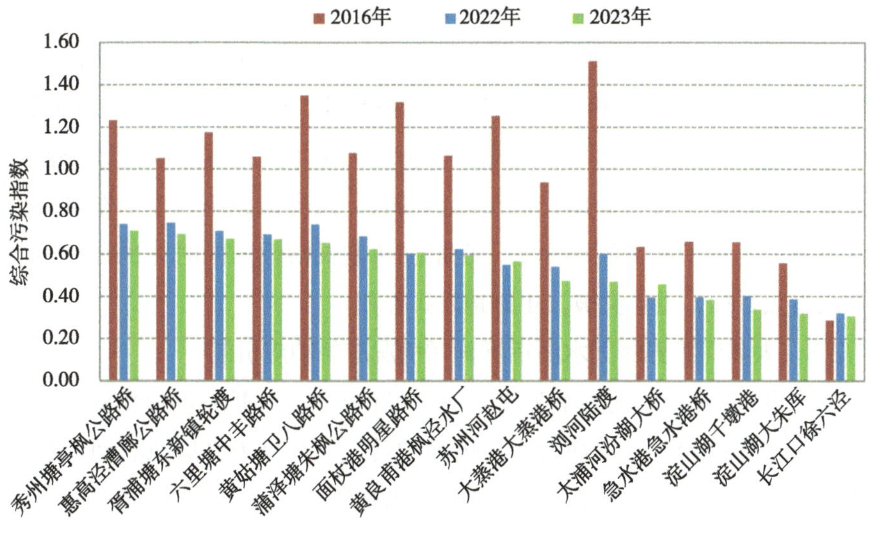

图 2-11　2016 年、2022 年和 2023 年主要跨省界上游来水断面综合水质比较

2.4.2 跨省界流域区域环境保护合作机制

2.4.2.1 长三角区域水环境污染防治协作平台

2016年12月，三省一市和环境保护部等12个部委新组成了长三角区域水污染防治协作机制，并专项印发了《长三角区域水污染防治协作机制工作章程》。组建了由三省一市，环境保护部、国家发展改革委、科技部、工业和信息化部、财政部、国土资源部、住房和城乡建设部、交通运输部、水利部、农业部、国家卫生计生委、国家海洋局等12个部委组成的长三角区域水污染防治协作小组，在运行机制上力求高效，与大气污染防治协作机制相衔接，机构合署、议事合一。

2.4.2.2 长三角区域省际河长制、湖长制

探索创新流域机构协调服务省际河长制、湖长制。2018年11月，太湖局联合江苏省、浙江省河长办在江苏宜兴召开太湖湖长协作会议，牵头建立了国内首个跨省湖泊高层次协商协作平台——太湖湖长协商协作机制。印发《太湖流域片河长制湖长制考核评价指标体系指南》，出版《河长制湖长制实务——太湖流域片河长制湖长制解析》专著，持续推动太湖流域河长制、湖长制工作从“有名”向“有实”转变。

2019年进一步拓展建立太湖淀山湖湖长协作机制。2019年12月在浙江长兴县召开的太湖淀山湖湖长协作会议上通过了《太湖淀山湖湖长协作机制规则》，建立了太湖淀山湖湖长协作机制。协作机制办公室由江苏省、浙江省、上海市河长办和水利部太湖流域管理局（以下简称太湖局）共同组成，办公室日常工作实行轮值制，原则上轮值期为1年。根据太湖流域跨省河湖特点，协作机制下设太湖组、淀山湖组和省际边界河湖组3个工作组，分别由江苏省、上海市和太湖局牵头，在增加机制灵活性的同时，也有利于不同工作组聚焦目标，重点突破，更好地发挥作用。

2.4.2.3 太浦河跨界断面水质指标异常情况应急响应机制

2015年11月，太湖局牵头建立了太浦河水资源保护省际协作机制，通过搭建流域协作平台，在太浦河水质监测预警、水污染事件应急联动、水源地供水安全保障等方面发挥了流域机构的协调作用。

2016年上海市启用金泽水库水源地以来，为加强太浦河保护，苏州、嘉

兴、青浦三地环保部门及吴江、秀洲、嘉善三地政府联合制定《太浦河流域跨界断面水质指标异常情况联合应对工作方案》，签订《水质水量监测数据交换共享协议》。

2017 年 12 月，太湖局又印发了《太浦河水资源保护省级机制——水质预警联动方案（试行）》。预警响应方面，根据预警联动方案：①当太浦河干流预警监测断面——金泽（界标）的水质监测数据超过饮用水水源标准值，或锑浓度超过 4 μg/L 且 24 小时内呈上升趋势时；②当杭嘉湖区连续两日降雨累计达 50 mm 及以上，可能出现太浦河周边河网水大量进入太浦河，导致锑浓度上升的情况，由太湖局发布预警信息。

应急响应方面，预警启动后各成员单位应加密监测频次；吴江、嘉善等地环保部门立即报当地政府，实施限产预告、限产和停产等措施；太湖局在满足防汛要求的前提下，实施闸泵联合调度，加大太浦河下泄流量，增加清水供应；嘉善和上海两地供水部门加密取水口水质监测并适时启动应急预案保障供水安全。

2.4.2.4 水环境综合治理信息共享平台

太湖局牵头建立了水利、环保部门涉水信息共享机制，组建太湖流域水环境综合治理信息共享平台。2019 年 11 月，太湖流域水环境综合治理信息共享平台正式上线运行，重点站点水位、流量、水质等 10 类信息，太湖流域内 87 个自动监测站的监测数据实现实时共享。建立太浦河跨界断面三方联合监测、数据共享机制。太浦河汾湖大桥断面为太浦河江苏省的出境断面、“十四五”国控点位，也是长三角一体化手工联合监测点位。受中国环境监测总站委托，2017 年 7 月，江苏苏州吴江区环保局对该站房进行翻新，8 月竣工，2018 年上收至生态环境部，由国家统一运行管理，监测数据与地方实现共享。此外，作为长三角一体化手工联合监测点位，从 2020 年开始，三地对该断面统一监测方法，实施协同监测。

2.5 上海市流域生态保护补偿机制实践与研究探索概况

自 2009 年上海市出台《关于上海市建立健全生态补偿机制的若干意见》

以来，上海市相关主管部门及研究机构积极开展流域生态补偿的理论与和方法研究，并结合自身地理环境特征与水环境管理需求，围绕水源地、市内河网、跨界河流等领域，开展了补偿模式多样、参与主体广泛的流域生态补偿的实践探索。

一是基于财政转移支付制度的纵向补偿模式，针对重要功能流域建立了全市水源地生态补偿制度。2009年，上海市出台《生态补偿转移支付办法》，基于市级财政转移支付建立了包括水源地在内的全市生态补偿制度。该制度在上海已持续实施12年，截至2020年，通过市对区的转移支付方式，已累计向涉及水源地所在区下达水源地生态补偿资金达91.98亿元。同时，对该项政策实施的跟踪评估显示，该制度为全市提升水源地生态环境质量、保障全市供水安全、促进水源地地区可持续发展起到了积极成效。

二是基于各区参与的多点互补模式，针对市内河网流域实施了全市流域横向生态保护补偿制度。2019年，针对上海市平原感潮河网交错密布、河流流向往复、上下游水质相互影响等特点，上海市生态环境局会同市财政局研究出台了《上海市流域横向生态补偿实施方案（试行）》，对全市市内河流流域以市级资金引导、全市各区共同参与的形式实施生态补偿。通过2年试行，全市共安排流域横向生态补偿金额达到8.9亿元，其中市级引导资金2.5亿元，各区间互补资金6.4亿元。该项制度的实施，是上海市基于全市河流流域生态环境特征而研究提出的一项流域横向生态保护补偿制度安排，其补偿模式与全国其他省（市）相比，具有鲜明的地域性特征和制度设计创新性。

三是基于跨界断面目标考核的上下游横向补偿模式，针对跨界流域积极研究探索长三角流域生态保护补偿制度。早在2008年，长三角城市经济合作办公室就联合上海市环境保护局委托上海市环境科学研究院开展了“长三角地区流域生态补偿机制实施方案研究”。该项目基于当时长三角主要跨省界流域生态环境“一荣俱荣、一损俱损”的特征，针对跨界河流污染输送、上下游区域水环境功能冲突、水质目标不衔接等问题，研究提出了基于跨省界断面水环境污染物通量目标考核的上下游双向补偿机制。该课题相关研究成果于2009年3月被列入《2008长江三角洲城市合作成果汇编》，并被中央政府门户网、新华社、新华网、《人民长江报》等国内相关媒体广泛报道。2018年，为助推长江经济带生态补偿工作、促进长江大保护，由生态环境部综合司组织实施、生态环境部环境规划院和上海市环境科学研究院联合承担，开展了“长江经济带生态补偿机制政策调研与建议”工作，上海市环境科学研究院主要围绕长三角地区流域生态补偿提出了建立长江经济带生态补偿机制政策建议，并形成了《长三角生态补偿机制研究报告》等成果，为相关领导和部门提供了决策参考。2019 年，基于长江三角洲区域一体化发展战略要求，上海市生态环境局委托上海市环境科学研究院开展了“长三角区域重点流域生态补偿政策机制初步研究”。该项目针对新形势下长三角流域生态环境质量变化趋势和上下游发展关系等特点，以太浦河流域为重点，研究提出了太浦河流域生态补偿机制方案与实施建议。项目研究成果为上海市生态环境局、上海市发展改革委等相关部门研究制定、协商推动长三角区域一体化的流域生态补偿机制提供了决策建议和参考。

3 水源地生态补偿——上海市重要功能流域生态保护补偿的探索与实践

3.1 制度出台背景与过程

建立健全饮用水水源地生态补偿机制，进一步加大生态建设和保护力度、统筹城乡发展的重要举措，是推进上海经济社会环境协调可持续发展的重要内容。上海市委、市政府高度重视建立健全生态补偿机制工作，把这项工作放在上海贯彻落实科学发展观、统筹城乡协调发展、确保经济社会可持续发展的战略高度加以推进。为调节和平衡饮用水水源利用地区与饮用水水源保护地区之间的利益差异和利益冲突，2009 年 12 月 10 日，上海市出台了《上海市饮用水水源保护条例》，其中第六条明确指出"上海市建立饮用水水源保护生态补偿制度。市和区县人民政府应当建立饮用水水源保护生态补偿财政转移支付等相关制度，促进饮用水水源保护地区和其它地区的协调发展"。

2009 年第四季度，上海市出台了《关于上海市建立健全生态补偿机制的若干意见》(以下简称《意见》),《意见》指出"生态建设和保护投资大、周期长，需要一个长期的过程"，提出了"综合运用行政、法律、市场等手段，建立相应的生态补偿机制，调整相关各方的利益关系，促进生态保护地区健康、协调、可持续发展"的目标，近期先从建立基本农田、公益林、水源地的生态补偿机制入手，逐步扩大范围、完善方式、健全机制。

《意见》出台后，上海市财政局、市发展改革委、市环境保护局等部门联合制定了《生态补偿转移支付办法》(以下简称《办法》)(沪财预〔2009〕108 号)。《办法》注重体现区县贡献和政策导向，注重发挥主管部门作用和转移支付整体效用，内容包括转移支付分配因素、资金使用和管理 3 个方面。

2011 年，以上部门又进一步对《办法》进行了修订，更新了水源地生态补偿的分配、资金使用管理办法，进一步提出了开展生态补偿工作考核，要求上海市环境保护局制定相应的考核办法并组织实施对区县水源地的生态补偿工作，提出区县政府“应建立生态补偿资金使用效果后评估机制”。

2017 年，上海市相关部门再次修订了《办法》。本次修订对补偿因素对象进一步进行了扩充，将“湿地及其他重要生态区域”纳入补偿范围，并相应修改完善了补偿资金分配方法，其中“湿地及其他重要生态区域”包括国家湿地、上海重要湿地、国家森林公园。此外原来的“公益林生态补偿”调整为“林地生态补偿”。

该项政策的实施，对上海市饮用水水源保护工作产生了重要的推动作用，对饮用水水源地所在地方政府财政收入起到了重要的支持作用，并积极引导了社会公众意识和生活习惯的转变，产生了一系列政策带动效应。4 年来，上海市政府财力显著增加、居民收入差距缩小、中小水源地归并工作进一步加快、水源涵养林建设稳步推进，使水源保护区在保护与发展之间找到了新的平衡，进一步促进了经济效益、环境效益、社会效益的协调共生。

3.2 制度架构与内容

3.2.1 补偿模式

上海市实施的水源地生态补偿模式为基于政府财政资金转移支付的纵向补偿模式，即通过市级财政向区一级财政以一般性转移支付形式进行补偿，年度财政转移支付资金统筹纳入区一级财政。

3.2.2 补偿资金来源

补偿资金来自上海市财政资金。主要通过整合中央重点生态功能区转移支付资金和市级财力，统筹安排生态补偿转移支付资金、纳入市对区均衡性转移支付体系。

3.2.3 补偿资金分配方法

3.2.3.1 分配步骤

上海市生态补偿转移支付资金从额度确定到各区分配主要包括以下 3 个

步骤：

一是确定总额。根据年度市对区均衡性转移支付资金总量和上海市委、市政府重点工作导向，确定年度生态补偿转移支付资金总额。

二是各领域分配。将生态补偿转移支付给配到基本农田、林地、饮用水水源地和湿地等其他重点生态区域4个领域（其中湿地等其他重点生态区域为2017年后新增补偿对象）。具体4个领域的分配金额根据客观支出需求及上海市委、市政府工作重点等因素确定。

三是各区分配。采取多因素法将水源地生态补偿资金分配到相关区。

3.2.3.2 生态补偿领域额度分配办法

目前，各个生态补偿领域的分配金额，原则上根据各个领域客观支出需求及上海市委、市政府工作重点等因素确定。自2011年起，水源地、公益林、基本农田领域的补偿资金在全市层面以一定比例分配。

3.2.3.3 各区生态补偿资金分配办法

某区生态补偿转移支付＝该区基本农田生态补偿＋该区林地生态补偿＋该区水源地生态补偿＋该区湿地等其他重点生态区域生态补偿。

某区水源地生态补偿＝年度水源地转移支付总额×（该区水源保护区面积占比×权重＋该区水环境质量考核断面达标率占比×权重＋该区水源保护区环保投入占比×权重＋工作考核等级分值占比×权重）×补贴系数。

补贴系数＝年度该项（如基本农田）转移支付总额÷各区按因素法计算的该项（如基本农田）生态补偿总和。

3.2.4 补偿资金管理要求

2011年和2017年修订的《办法》对生态补偿资金的管理作了具体的要求。

一是要纳入预算管理，区财政部分应将市财政局下达的生态补偿转移支付资金全额列入本级预算。二是要加强使用指导，市级主管部门要对区重点安排的支出项目提出指导性意见。三是要建立协商机制，在生态补偿资金的安排和使用过程中，区相关部门应建立协商机制；区主管部门应在市级主管部门指导下，提出项目和资金需求；区财政局根据主管部门需求，在统筹平衡的基础上，提出年度资金安排及具体分配方案，报区政府批准后执行。四是要加强监督检查。区财政局应将年度转移支付资金使用情况报送同级人大和市财政局，并抄送相关主管市级部门，主动接受区人大、审计及市财政局、市级主管部门的监督检查；市级主管部门应加强对区生态保护工作的考核检查，督促区按规定安排使用生态补偿资金；同时，区政府应建立生态补偿资金使用效果后评估机制。

3.2.5 补偿资金使用要求

最新修订的《办法》规定，各区政府应结合实际，将市财政局下达的生态补偿转移支付资金用于相应的基本农田、林地、水源地和湿地等其他重点生态区域 4 类生态项目具体使用范围为：

①基本农田生态补偿转移支付资金主要用于基本农田保护、耕地质量改善、农业生态治理、农田水利和农业基础设施维护管理等。

②林地生态补偿转移支付资金主要用于公益林养护和管理、公益林基础设施与能力建设、土地流转费以及优化经济果林结构等。

③水源地生态补偿转移支付资金主要用于水源保护区内的污染物治理与监管、环保设施运行与维护、水环境质量改善等。

④湿地等其他重点生态区域转移支付资金主要用于湿地、国家森林公园等其他重点生态区域的保护与管理，湿地生态修复，湿地调查生态监测，湿地保护宣传，湿地公园建设等。

在保障上述支出需求的基础上，各区可结合实际，将生态补偿转移支付资金用于生态保护区域内的基本公共服务。同时，各区应统筹安排好自有财力，加大对基本农田、饮用水水源地、湿地等其他重点生态区域生态项目的财政投入，对农民生态保护投入予以适当补偿，充分调动各方保护生态资源的积极性，优化全市生态环境。

3.3 制度实施情况

3.3.1 资金分配情况

水源地生态补偿一直是上海市生态补偿转移支付政策的重要方面，水源地生态补偿资金额度约占全市生态补偿转移支付资金总额的 40%。自 2009 年制度实施以来，截至 2020 年，上海市累计向宝山、崇明、徐汇、浦东以及黄浦江上游的青浦、松江、金山、奉贤、闵行各区财政累计发放水源地生态补偿资金 91.98 亿元，并且历年补偿金额保持增长态势。2020 年上海市共下发水源地生态补偿资金达到 12.93 亿元，是 2009 年（1.85 亿元）的近 7 倍，12 年来的年均增长率达到 17.6%。全市各区中，青浦、松江为全市水源地生态补偿资金的主要受偿区。从区域分配来看，黄浦江上游水源地是上海市水源地生态补偿的重点对象，全市累计向黄浦江上游水源地 5 个行政区发放水源地生态补偿资金 79.94 亿元，占水源地生态补偿资金总量的 86.9%。具体见图 3-1。

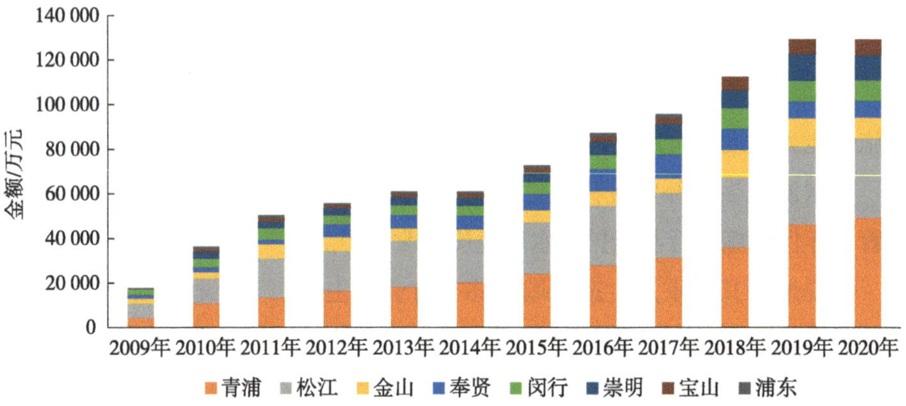

图 3-1 上海市历年水源地生态补偿资金总额及各区分配情况

3.3.2 资金投入与使用情况

基于 2017 年以来的各区水源地生态补偿工作总结报告及相关资料调研，以黄浦江上游水源地涉及的奉贤、金山、闵行、青浦、松江 5 区及东风西沙和青草沙水源地所在的崇明区为重点，对上海市水源地生态补偿资金的使用情况进行分析。这 6 个区的水源地生态补偿金额占全市水源地生态补偿总额的 96%。

从各区水源地生态环境建设与保护的总体投入来看，调查统计范围内的 6 个区自 2017 年累计投入资金达到 101.5 亿元。从历年来看，各区水源地建设与保护每年投入力度总体呈逐步加大趋势，2020 年各区投入达到 31.81 亿元，较 2017 年增加 62.9%，年均增长 13.0%。

从水源地生态补偿资金的收入与水源地建设实际支出比来看，2017—2020年，黄浦江上游5区和崇明6区收到的水源地生态补偿资金总数与相关总投入支出之比为0.458，其中2017—2019年收支比值均保持在略高于0.48的水平，而2020年下降到不足0.41。

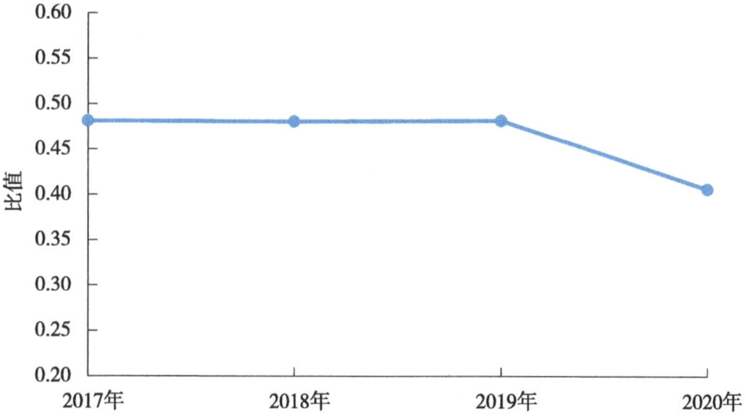

图3-2　2017—2020年主要区水源地生态补偿收入与投入支出比值历年变化

从各区水源地建设与保护的资金使用支出方向来看，各区紧紧围绕保障上海市用水安全、提升用水质量总体目标，主要着力于4个方面：一是污染源治理，如开展污染源治理、清拆，污染监测及设备运维等；二是生态建设与维护，如林绿地投入、河湖水生态建设等；三是环境基础设施建设与运维，如污水处理、垃圾分类、公厕等环境基础设施建设，沟渠、泵闸等水环境基础设施建设等；四是"三农"投入，主要是为了兼顾水源地地区的农民、农业、农村保护与发展的平衡，具体使用方向包括对农补偿与补贴、农业发展和农村基础设施建设等。这些资金在提升保护区生态质量，保障上海市用水安全的同时，让保护区内的居民享受到流域生态补偿机制带来的实实在在的好处，深刻诠释了流域生态保护补偿的内涵。具体见表3-1。

表3-1　上海市水源地建设与保护投入资金使用方向分类

资金使用方向大类	具体使用方向
污染源治理	污染源治理、清拆；污染监测及设备运维
生态建设与维护	林地与绿化投入；水生态建设；河道生态整治与养护；其他生态建设

续表

资金使用方向大类	具体使用方向
环境基础设施建设与运维	垃圾分类处置；农村环境卫生设施建设；污水处理设施；沟渠、泵闸等水动力调控设施建设
“三农”投入	对农直接补偿、补贴；社会保障与救助；道路桥梁修建维护；农田水利；圩田；村级奖补；村民文化生活服务等

从水源地资金投入不同使用方向分布情况来看，2017—2020年，黄浦江上游水源地涉及的5区与崇明区在生态建设与维护方向上投入最大，总计37.72亿元，占比为37.3%；环境基础设施建设与运维次之，占比为27.2%；污染源治理占比为24.8%；“三农”投入相对较少，占比为10.7%。具体见表3-2、图3-3。

表3-2　2017—2020年主要补偿区水源地建设与保护投入　　单位：亿元

	2017年	2018年	2019年	2020年	总计
环境基础设施建设与运维	5.30	4.57	9.00	8.60	27.47
“三农”投入	1.82	1.85	3.28	3.86	10.81
生态建设与维护	8.41	13.36	8.22	7.73	37.72
污染源治理	4.05	3.60	5.97	11.41	25.03
总计	19.58	23.38	26.47	31.60	101.03

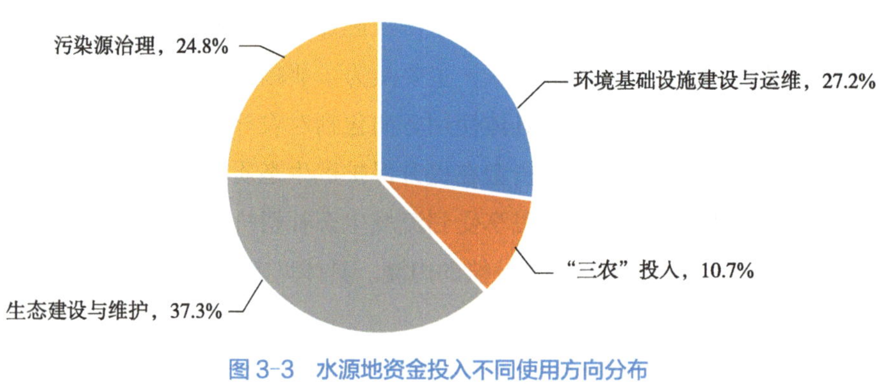

图3-3　水源地资金投入不同使用方向分布

上海市饮用水水源地生态补偿政策实施后，受到上海市水源地所在区和乡镇的广泛好评，对这些地区的民生改善起到了重要的支持作用，同时对水源地保护工作起到了积极的推动作用。政策实施4年以来，取得了极大的生态环境效益和环境保护效益。制度的实施不仅对水源地保护区的发展机会成本损失实现了适当补偿，促进了区域发展平衡，还加快了水源地保护相关重点项目的推进进程，提高了当地政府加强水源地保护的积极性，实现了生态补偿政策效应的纵向扩散，发挥了政策的宣传教育效应，为保障水源地生态安全、提高全市集约供水率、提升群众生态意识起到了促进作用。总体上该政策已产生显著经济效益、社会效益、生态效益，并逐步产生政策带动扩散效应，达到了政策实施的主要目的。

3.4 分析与讨论

水源地生态补偿政策涉及多方面的利益，实施水源地生态补偿政策需要地方各级政府、农林渔牧业、生态环境、财政等各部门之间紧密、良好的协调与合作，同时要不断改善其实施途径，吸纳好的建议，采取好的措施，才能实现水源地生态补偿机制后期平稳、流畅的运营操作，取得理想成效，确保上海市水源地生态环境保护与建设。

通过对上海市在饮用水水源地保护工作及生态补偿资金使用方面的总结，以及对各区生态补偿政策落实情况的调研分析和水源地生态补偿政策综合效益的评估，评估上海市饮用水水源地生态补偿机制成效，以及在资金分配、使用、管理、考核和评估过程中出现的问题，提出相应的对策建议，以促进上海市水源地生态补偿制度的完善。

3.4.1 实施成效

（1）推动区域共建为初衷，政策引领拉动效应明显

1）带动地方政府加大投入

上海市水源地生态补偿实施以来，补偿金额逐年增加，进一步加大了水源地保护的资金投入力度，特别是强化了区、乡镇的水源地保护资金投入能力。同时，形成导向明确、公平合理的激励机制，提高区开展生态建设和保护工作的积极性，带动区的生态环境保护投入，引导、带动部分区同步加强本区的生态补偿工作。

自上海市水源地生态补偿资金下发以来，各区积极响应，水源地生态环境资金投入持续增加。其中，2011 年各区水源地生态环境的资金投入达到 4.79 亿元，比 2009 年增长 104.7%。而到 2020 年，仅黄浦江上游水源地 5 区和崇明区水源地资金投入就达到 31.8 亿元，比 2011 年资金投入进一步显著提高。地方政府的投入持续增加，显著提升了区域水源地生态建设和环境保护水平，改善了区域水环境质量、保障了水源供水安全。

2）促进生态补偿纵向转移

上海市级转移支付制度的实施，促进了区级转移支付制度的建立。青浦区、松江区、宝山区和奉贤区先后建立了各自区级水源地生态补偿资金转移支付方案，实现市级水源地生态补偿资金全部或部分纵向转移到乡镇。目前，各区纵向转移到乡镇的市级生态保护资金比例不一，基本处于 60%～70%，其中青浦区转移到乡镇使用比例为 100%。此外，市级水源地生态补偿资金进一步由区转移到乡镇的比例不断提高。2011 年，全市水源地生态补偿资金中有 43.3% 的资金转移下发到了水源地相关乡镇，较 2009 年提高 15%。

由于乡镇政府和水源地内的居民、企业是为保障水资源可持续利用作出直接贡献的群体，因此转移至乡镇的资金比较符合生态补偿的基本原则，有利于资金效益最大化。同时，资金向乡镇转移，也进一步扩大了生态补偿政策的实际影响范围，将生态补偿政策机制、理念和要求扩散到乡镇，有利于乡镇政府的工作思路和战略的生态化转型。

3）推动重点工作加快实施

随着上海市水源地生态补偿力度的不断加大，加上地方政府投入的同步提升，水源地生态环境各项重点工作得到有效实施，包括：强化污染源治理，划定黄浦江上游水源保护区划为禁养区，淘汰、关闭一大批劣势企业，水源地二级区全企业面清拆污；全面提高水源地监测能力建设，实现水源地 109 项指标监测能力；大力推进水源涵养林建设，实现黄浦江两岸涵养林全覆盖；提升水源地管理水平，完成水源地警示标志设立工作，建成饮用水水源地信息管理系统；完善环境基础设施，建成一批集中污水治理设施，全部执行最严格的一级 A 类排放标准；加快中小水源地的归并和关闭工作，并有效推动了全市供水集约化进程。

通过这一系列措施，黄浦江上游水源水质长期保持稳定，在全市经济高速发展的同时，保障了全市人民生产生活需要。

（2）保障水质安全为核心，生态环境效益逐步显现

1）持续推动生态安全格局优化

自上海市水源地生态补偿实施以来，生态建设力度不断加强，尤其是林地建设。根据遥感影像解译，2010—2020 年，黄浦江上游水源地二级保护区内土地利用变化明显（以 2020 年水源地边界）。其中，农业用地（含耕地、禽畜养殖场、园地、水产养殖场等用地）、建设用地（含工业、交通、居住、公共建筑、市政等用地）和水域（含河流、湖泊、池塘、水库等用地）分别减少 684 hm^2、123 hm^2、36 hm^2，变化幅度分别为 −9.8%、−4.4%、−0.5%。相应地，林绿用地（含林地和绿化用地）面积明显增加，10 年间面积扩大 842 hm^2，变化幅度为 21.5%。目前，黄浦江上游水源地两岸已建成宽 200～500 m 的水源涵养林，总面积达到 58 481 亩，黄浦江主干河流两侧 60 km^2、拦路港—泖河—斜塘—横潦泾两侧 40 km^2 左右、苏州河上游两侧 6 km^2 的范围都是水源涵养林覆盖范围，已实现黄浦江上游水源地涵养林全覆盖。具体见图 3-4～图 3-6。

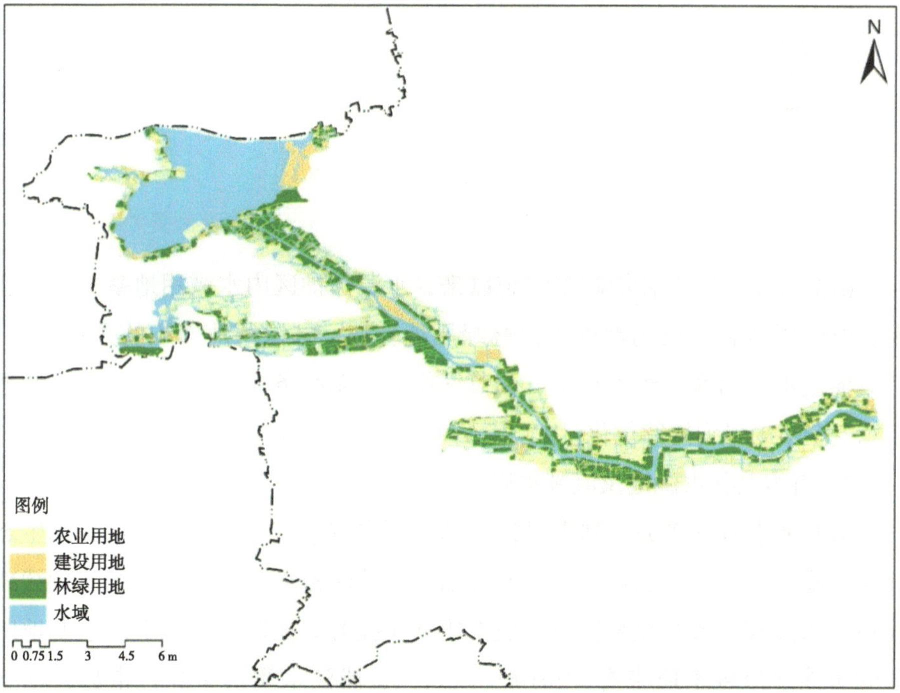

图 3-4　2020 年黄浦江上游水源地二级保护区土地利用格局

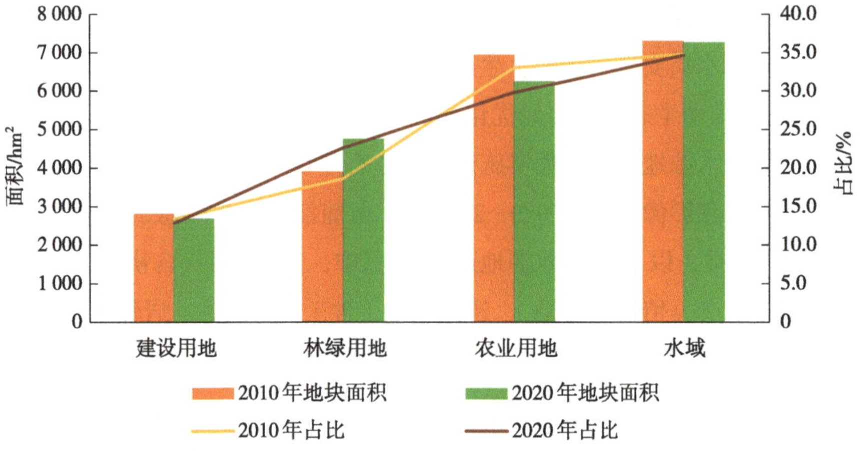

图 3-5　2010—2020 年黄浦江上游水源地二级保护区土地利用格局情况

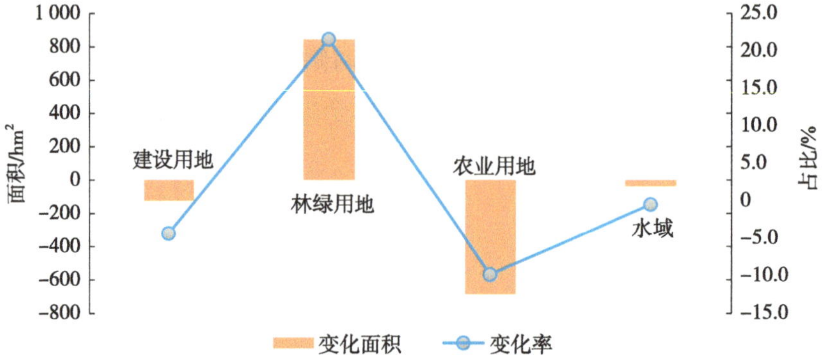

图 3-6　2010—2020 年黄浦江上游水源保护二级区土地利用类型变化情况

由此可见，生态补偿政策实施以来，水源保护区内水域用地基本保持稳定，农业用地和建设用地逐步向林绿用地转变，林绿用地面积的大幅增加，有效促进水源涵养、改善水质、调节气候等生态服务功能不断提升，水源地生态安全格局得到持续优化。

2）有力改善水源地及流域水质

水源地水质直接关系到人民群众的饮用水健康安全。上海市水源地生态补偿实施以来，通过加强点源和面源治理，关闭畜禽和水产养殖场，持续减少污染物排放，水源地及所在流域水质逐年提升。从以黄浦江上游水源地所在的黄浦江流域水质来看，2010 年以来，黄浦江水质污染综合指数逐期下降，特别是“十三五”时期以来水质显著好转，“十三五”期间黄浦江水质污染综合指数为0.57，比“十一五”期间下降0.61，下降幅度达到51.6%，其中水源保护区内的黄浦江淀峰断面、松浦大桥断面，水质污染综合指数分别下降58.2%、49.1%。从断面水质类别来看，2020年，黄浦江6个监测断面水质全部达到或优于Ⅲ类，其中Ⅱ类水质断面1个，而2015年时，只有3个Ⅳ类水质断面，5年来水质显著提升。具体见图3-7、图3-8。

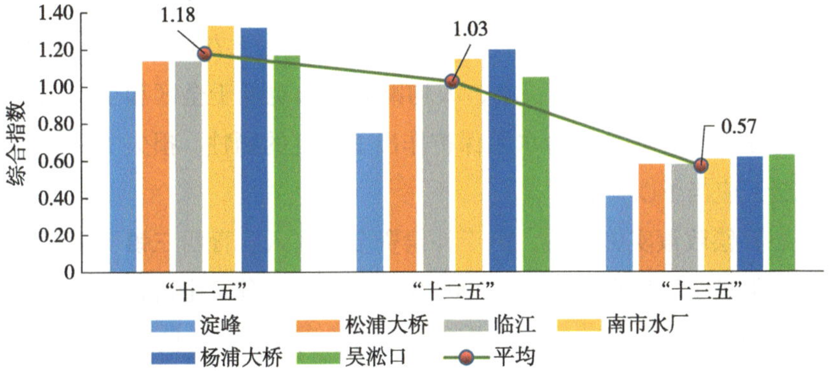

图3-7 “十一五”至“十三五”期间黄浦江主要断面水质污染综合指数情况

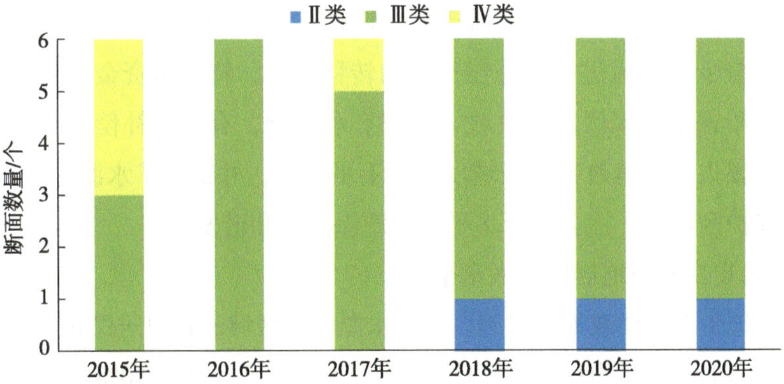

图3-8 2015—2020年黄浦江主要断面水质类别分布情况

总体来说，水源地生态补偿政策实施以来，黄浦江上游水源地的地表水环境质量得到持续、明显的改善，水源地生态补偿政策对促进流域水环境质量的改善起到了有力的支持作用。

（3）以促进平衡发展为目的，区域经济效益稳步提升

1）有效促进区域发展公平性

水源地生态补偿政策是采取经济激励手段来促进水资源的有效供给，也

就是调整水源地保护区与受水地区之间利益分配的不平衡，促进保护区经济与水源保护的和谐发展。

以上海市青浦区西部水源保护区主要涉及的 3 个镇（朱家角镇、金泽镇、练塘镇，以下简称青西三镇）为典型区域开展观察和研究。青西三镇由于受到环境保护政策的影响，经济发展受到一定限制，长期以来经济发展速度低于全市发展平均水平和同期的区平均水平。在补偿政策出台前期，2008—2011 年，青西三镇的经济增加值年平均增长率为 8.7%，低于同期青浦区 12.1% 和上海市 11.4% 的增长率，人均财政收入也低于全区和全市水平。由此可见，水源保护区乡镇为水源保护作出了一定的牺牲，损失了一定的经济发展机会，应当予以补偿。

生态补偿政策实施以后，由于补偿资金的注入，青西三镇明显提高了财政收入，促进了区域和谐发展。2009 年生态补偿转移资金占青西三镇财政收入比例达到 5% 左右，到 2012 年度补偿资金占财政收入比例达 15% 以上，而 2015—2020 年进一步稳定在 20% 左右。由此可见，水源地生态转移支付资金极大地提高了政府财政收入，加强了生态补偿和水源地环境保护投入能力。

总体而言，水源地保护区域受到水源地环境保护政策的影响，经济发展水平相对较低，但通过生态补偿资金的转移支付，特别是资金转移支付到乡镇层面，给保护区镇区的财政收入带来有利影响，有效地补偿了长期以来的发展机会损失，明显改善了区域发展的不平衡性，并带动了水源地经济发展，促进了保护区经济、社会生活水平和水源保护的和谐发展。

2）稳步提升当地居民收入水平

水源地生态补偿政策自实施以来，水源保护区域的农户居民收入水平保持与青浦区和上海市平均水平同等趋势，收入水平逐年上升。2008—2009 年，青西三镇的农村居民人均可支配收入平均增长率为 11.1%，和同期青浦区增长率 11.5%、上海市增长率 11.2% 处于同一水平。随着生态补偿政策的出台实施，到 2015 年，青西三镇农村居民人均可支配收入年均增长率达到 18.3%，已明显高于全市 17.3% 的增长率。

由此可见，水源地生态补偿自实施以来，在大幅提升青西三镇财政收入的基础上，拉动了三镇农民的人均纯收入，确保了其经济总体发展速度低于青浦区和全市的同时，保持了农民收入的稳定增长，并同步逐步缩小与全市水平的差距。

（4）以增强全民意识为根本，政策社会效益开始显现

1）广泛提升企业居民认知度

水源地生态补偿政策的实施，为加强水源地生态保护宣传和教育提供了良好的机会和有力的资金保障，特别是随着补偿资金的进一步向乡镇纵向转移，更是将宣传教育效应同步扩大。

根据 2013 年开展的黄浦江上游水源地地区居民问卷调查结果，93.7% 的企业对水源地的保护有了一定认知。其中 81.3% 的企业了解当地升级和新建污水处理厂生态保护措施，其他保护措施如河道整治工程、新建和升级污水排放管网基础设施、新农村改造、建设农业生活污水处理系统、关闭高风险企业，监管剩下的企业也为多数人所了解；78.2% 的居民知道其位于水源地保护区内，81.7% 的居民了解当地的河道整治工程或其他的生态和环境保护措施。

调查发现，居民对生态补偿政策有一定理解，并对生态补偿政策持支持态度。调查问卷中，有 90.9% 的居民认为应该进行生态补偿。具体见图 3-9。

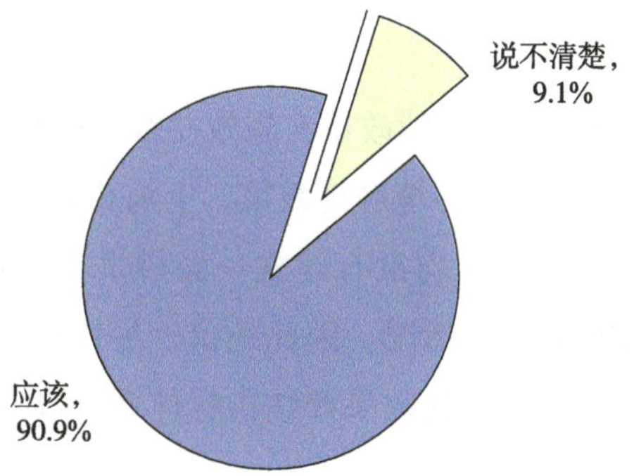

图 3-9　居民对于生态补偿必要性的认识情况

2）有效提高公众参与积极性

根据问卷调查，黄浦江上游水源地居民对政府在水源地保护区采取的特殊保护措施表示支持，并支持生态补偿政策的实施，对参与水源地生态保护活动持积极态度。调查中，有 52.5% 的居民听说过保护水源地的活动，96.3% 的居民表示支持对政府在水源地保护区采取产业限制和污染控制等特殊的保护措施，约一半的居民认为政府应对不保护水源地的行为进行适当惩罚。

此外，针对政府水源地的保护工作对居民的工作和日常生活习惯是否有影响，26.5% 的居民认为这一保护工作使得生活便利，如污水可以得到处理、环境变得清洁卫生；43.5% 的居民认为对其工作和日常生活习惯没有影响；仅有 1.6% 的居民认为有负面影响，主要由于当地企业进入门槛提高，致使就业机会减少。具体见图 3-10。

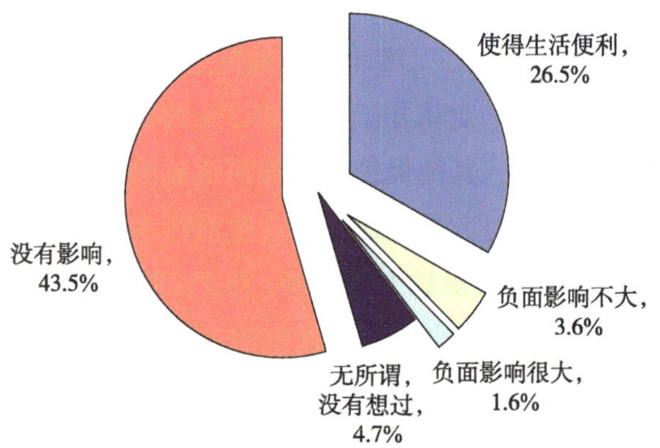

图 3-10　政府水源地保护工作对居民的工作和日常生活习惯的影响情况

3.4.2　优化建议

（1）尽快建立水源地生态补偿政策实施效益跟踪机制

作为一项尚不完全成熟的环境经济政策，上海市在实施该政策两年多来，无论在全市层面还是区层面，均没有建立一套科学、长效的跟踪评估体系，以及时观察该政策的实施运作情况。因此建议，尽快在市、区两个层面构建上海市水源地生态补偿政策实施效果评估指标体系，确定评估方法，建立长效跟踪评估机制。

全市层面，可以由市生态环境部门组织开展水源地生态补偿政策实施效益跟踪评估体系，摸清该政策的实施效果及存在不足，及时提出改进对策建议。具体评估方法体系可以在本研究提出的跟踪评估体系基础上制定。区层面可以参照市级评估体系，由区生态环境局组织开展区生态补偿政策实施效果跟踪评估体系，提高资金使用效率。

（2）逐步完善水源地生态补偿资金分配方案

建立一个公平、合理的生态补偿资金分配机制是对保护区内生态保护者贡献的认可，是实现生态补偿正常、有效果、有效率运作的关键环节。分配的公平与否直接关系能否调动生态保护者的积极性。

目前，上海市各区的水源地生态补偿资金额度是在全市水源地生态补偿金的基础上，综合考虑各区的水源地面积、水污染物新增削减量、水源地环保投入及工作年度考核成绩等因素进行再分配，形成区级的生态补偿资金分配方案。总体上，该方案充分考虑了各区在水源地保护方面的责任任务和工作成效，体现了资金分配的公平性。但是还存在一些可以继续优化和完善的地方：

一是该分配方案中确定的几大因素可能还不够全面，降低了分配的公平性和合理性。例如，水源地保护区内人口数量的多少直接影响开展水源地保护工作的难度和资金投入需求量，是反映水源地保护工作责任任务和难度的重要因素，但是并未纳入分配方案。建议近期开展水源地生态补偿分配方案细化研究，对人口规模等因素进行相关性分析，并对其纳入分配机制进行合理性、可行性研究，提出优化分配方案。

二是当前分配方案未能充分考虑各区在全市水源地保护工作大局中的责任和重要性差异。例如，同样是黄浦江上游水源地涉及区中，青浦、松江处于水源保护区核心位置，全部4个市级水源地一级保护区均在青浦和松江境内，这两个区承担了全市水源地保护相对重要的责任和工作任务，水源地保护区建设对这两区的社会经济发展影响也比较大；而徐汇、浦东等区尽管也涉及水源地保护区，但是总体处于水源地下游区，承担的保护责任和任务也相对较轻，社会经济发展影响不大。因此，建议在分配方案中，可以设计不同区的重要性系数，来调整补偿资金的分配合理性。例如，以各区以水源地一级保护区岸线长度为主要依据，设定各区的水源地保护重要性系数，将区水源地保护工作重要性作为资金分配因素。

三是该分配方案对区加强水源地生态补偿工作的促进和激励作用还可以更大。由于区水源地工作年度考核成绩的补偿资金分配权重占10%，各区水源地保护工作的好坏与补偿资金的多少关系不大，对促进和刺激区加强水源地保护的作用不突出。因此，若从提高区工作积极性、提升水源地生态保护工作效率出发，当考核成绩形成明显梯队差异时，建议适当提高区水源地工作年度考核成绩在补偿资金分配中的权重系数，如从10%提高到15%，从而进一步提高区政府的重视度和积极性。

此外，还有一些因素的细节差异，也可以在修订补偿资金分配方案时进行细化完善。例如，对于水污染物新增削减量的估算，除了考虑污水处理厂的削减和企业减排量，同时应考虑各区采取的其他各种减排措施效果，如河道整治、农村生活污水就地处理工程等。

（3）不断规范水源地生态补偿资金管理和使用

一是尽快建立完善的、规范化的水源地生态补偿资金使用管理和监督体系。市级相关部门进一步加强对区政府在生态补偿资金使用管理方面的工作指导，尽快出台“水源地生态补偿资金的使用管理办法细则”，针对《办法》中对水源地生态补偿资金的使用、管理和监督的一些原则性要求，制定细致、具体的工作要求，明确工作方法。区政府也应在此基础上尽快制定其水源地生态补偿资金的使用管理办法及细则。

二是应进一步加强对补偿资金的使用管理，促进补偿资金的合理使用。首先，市级相关部门应加强对区政府的指导和引导。每年市级补偿资金下发时，市生态环境局可以结合水源地保护工作大局，对不同区提出不同的资金重点使用年度工作重点方向，对水源地补偿资金使用提出指导性意见。其次，各区政府针对每年的水源地生态补偿金，在纳入本级预算管理的基础上，可以提出合理使用支出的分配方案。在安排年度补偿资金支出时，应建立各部门的协商机制，并在各部门特别是区生态环境部门提出的水源地保护项目资金需求的基础上，合理制定具体分配方案。资金使用的导向，应符合《办法》提出的原则导向和市级主管部门的指导意见。最后，建议每年各区制定的补偿资金支出使用分配方案可以征求市级相关部门的意见，并将最终使用分配方案时上报市级财政和生态环境主管部门备案。

三是各级政府要加强对补偿资金的使用监督。每年区财政部门应将上年度补偿资金使用具体情况报送同级人大和市级财政、生态环境主管部门。区人大、审计部门应每年对上年资金使用情况进行监督。市级主管部门则应加强检查和指导。

（4）持续优化水源地生态补偿工作考核办法

为不断完善水源地生态补偿制度、发挥补偿资金效益，市生态环境局在生态补偿制度实施之初，即颁布《上海市水源地生态补偿工作考核办法》，并每年对区生态环境局开展水源地生态补偿工作考核。通过考核，对资金的使用、管理起到了积极的引导作用，同时与水源地保护重点工作相结合，使生态补偿资金能更好地发挥效益。但是通过3年的工作考核，也暴露出一些问题，需要对目前的考核办法进一步进行优化。

首先，考核对象需进一步明确。目前，主要由区生态环境局牵头对接市级考核，考核结果对区政府的影响力相对较弱。因此，建议后续水源地补偿工作考核后，将考核成绩予以公布或将考核结果向区政府通报；或者联合基本农田、生态林的生态补偿工作，由市发展改革委组织，对整个区政府进行统一考核。

其次，考核内容还可优化。目前考核办法以工作措施考核为主，而对资金使用效率、产生的成果效益考虑较少，区的一些特色、亮点工作也没有纳入考核，无法全面反映一个区水源地保护工作及水源地政策实施情况。建议不断优化和调整考核指标体系，加强对补偿资金的使用管理方面的考核指标设置，并通过设置动态奖惩指标的方式，将一些区的特色亮点工作、水源地环境事故等指标纳入考核，形成奖惩机制。

最后，市级主管部门要充分利用好工作考核这一抓手，充分结合年度重点工作，并将其纳入考核要求。此外，考核结果应尽量体现区政府水源地保护工作不同投入程度的梯度分级，避免各区成绩趋同化现象，从而有效将考核成绩与下一年补偿资金量挂钩，促进区政府重视度和工作积极性，有利于补偿分配的公平合理。

（5）继续加强水源地环保宣传渠道，提升群众意识

水源地保护和建设离不开群众和社会各层面的支持和参与。调研发现，目前水源保护区的政府、企业和居民仍然对水源地保护区设立情况及水源地保护建设的重要性认识不足，而对上海市实施的水源地生态补偿政策知晓度和理解度也还不够。因此，有必要继续拓宽舆论宣传渠道与方式，加强水源地保护相关知识宣传，提升群众意识。

首先，政府应承担起宣传教育工作的主导作用。通过不同媒体、多种形式，大力开展环保以及有关法律法规的宣传教育活动，建立公众参与平台和机制，鼓励公众参与水源地保护工作，发挥社会群体监督作用，检举和揭发各种违反破坏水源地安全的行为。

其次，要充分重视非政府组织在舆论宣传中的作用，加强与非政府组织进行沟通和合作。目前，国内外一些环保类非政府组织机构在社会环境保护宣传和教育方面发挥着日益重要作用，如世界自然基金会（WWF），前期已经在黄浦江上游水源保护区开展了一系列环保宣传和教育工作，今后可以继续与之加强合作，以政府搭台，NGO、群众参与的方式，开展一系列不同主题的水源地环保宣传教育活动，进一步深入基层、深化当地环保宣传教育，提升群众环保意识，使人人都能积极参与到水源地保护之中。

4 市内流域横向生态补偿——上海市河网流域生态保护补偿的探索与实践

4.1 制度出台背景

2016年12月，财政部、环境保护部、国家发展改革委、水利部出台了《关于加快建立流域上下游横向生态保护补偿机制的指导意见》，明确将建立地方为主、中央引导的跨省流域横向生态保护补偿机制，对率先达成补偿协议流域优先给予支持，鼓励早建机制，并提出到2020年基本建立各省（区、市）行政区域内流域横向生态保护补偿机制。

为深入贯彻党的十九大提出的“以共抓大保护、不搞大开发为导向推动长江经济带发展”和中央经济工作会议“推进长江经济带发展要以生态优先、绿色发展为引领”的精神，财政部、环境保护部、国家发展改革委、水利部于2018年1月30日联合印发《中央财政促进长江经济带生态保护修复奖励政策实施方案》（财建〔2018〕6号），该实施方案明确，中央财政安排奖励资金，对长江经济带11个省（市）实施奖励政策，奖励的范围包括对省级行政区域内建立流域横向生态保护补偿机制予以奖励。同时，为推进相关工作，财政部还于2018年2月印发了《关于建立健全长江经济带生态补偿与保护长效机制的指导意见》（财预〔2018〕19号），指导实施长江经济带生态保护修复奖励政策，鼓励相关省级行政区域内建立流域横向生态保护责任机制，促进长江流域生态环境质量改善。

为贯彻落实习近平生态文明思想和上述文件精神，坚决打好污染防治攻坚战，上海市委、市政府对该项工作作出积极部署。2018年10月印发的《中共上海市委　上海市人民政府关于全面加强生态环境保护坚决打好污染防治攻坚战建设美丽上海的实施意见》中明确提出“研究制定基于生态环境质量改善的财政奖惩机制和横向生态补偿制度”。

2019年12月，根据上述政策精神和《上海市水污染防治行动计划实施方案》（沪府发〔2015〕74号）的要求，在充分调查研究的基础上，上海市生态环境局、市财政局联合印发《上海市流域横向生态补偿实施方案（试行）》（沪环水〔2019〕251号）（以下简称《方案》）。作者团队作为此项方案的技术支撑，全程参与了方案的讨论和起草，本章内容主要来源于此。

4.2 上海市内河网流域基本特征

上海市地处长江下游平原河网地区，市内地表河流流域具有以下特点：

①全市河流河网密度高且纵横交错，各河流水质相互影响明显。根据相关调研报告数据，全市共有河道4.67万条，长3.04万km，河网密度达到4.79 km/km^2。

②属感潮河网地带，市内绝大多数河流呈现上下游往复流现象，跨行政区河流断面没有明显的上下游特征。

③全市水动力系统受人为干扰和影响比较大，特别是入江入海河流受人为的水动力调控系统设施（水泵、水闸等）影响较多。

④上海市各区的各行政区面积相对（其他省）较小，跨区的河流水质往往受区内外多方因素共同影响。

4.3 制度设计思路

4.3.1 基本原则

①公平公正、权责对等。流域内各水环境责任主体（各区政府）同时承担辖区内流域水环境质量改善所享有的权利和水环境质量恶化应承担的责任，权利和责任体现公平对等。

②各区参与，市级引导。在市级统一引导和协调下，按照“惩劣奖优”原则，建立流域内各责任区多点互补、市级资金引导的横向生态补偿机制。

③质量为重，体现绩效。以促进流域水环境质量改善为重点，结合各区

流域水环境治理各项工作推进实施情况，建立基于各区流域水环境质量、工作绩效和工作量考核的生态补偿机制。

④共建共享，合作共赢。流域横向生态补偿机制的建立，应有利于调动全市各区参与流域水环境保护的积极性，促进流域内水环境质量利益相关者共同加强流域生态保护和环境治理的互动配合，实现流域内各区水环境治理工作的合作共赢和水环境质量的整体提升。

4.3.2 设计思路

一是要充分考虑本地流域环境特点。根据上述特点，上海市流域横向生态补偿制度面临以下问题：①由于往复流特征，上海市大部分跨区河流的上下游关系不明确；②由于河网交错密布、跨区河流受区内外多重影响，某区内的河流水质污染责任往往难以由该区单一承担，需要根据实际情况具体研究分析；③各区总体水质状况受多方影响，单凭水质考核不能完全反映该区水环境工作投入、力度。因此，目前国家《关于加快建立流域上下游横向生态保护补偿机制的指导意见》推荐的、国内其他省（市）普遍采取的基于跨界断面水质考核的流域上下游横向补偿模式，并不能很好地适用于上海市。

二是要体现各区间的横向补偿性质。目前国内各地出台的流域上下游横向生态补偿机制主要实行基于跨界断面目标考核（主要是水质目标考核）的上下游双向互补模式。也有一些地方采取横向为主、纵向为辅的补偿模式，其中针对省内上下游责任清晰的跨界断面以上下游行政区间横向互补模式为主、非上下游关系断面（如入省断面、出省断面）以省对市的纵向互补模式为补充。上海市大部分跨区河流的上下游关系不明确且污染责任难以单一判断，因此，上海市的流域横向生态补偿很难采取基于跨区断面目标考核的横向补偿模式，需结合上海市流域环境特点和各区关系综合研究设计，既能体现区域实际情况，又能体现各区间横向补偿的性质。

三是要充分调动上海市各区的流域环境保护积极性。要实现这一点，关键是要研究设计一套能让全市流域覆盖的各行政区主体全部参与，并通过公平、公正的区间横向补偿方案，让流域生态环境保护工作做得多、做得好，效果明显的区获得更多正向补偿，而让流域环境保护工作做得相对较少、不够，效果不明显的区来提供响应补偿资金。

4.3.3 制度框架

基于上述原则和思路，本研究提出了建立上海市各区共同参与的“多点互补”的流域横向生态补偿机制框架。具体见图 4-1。

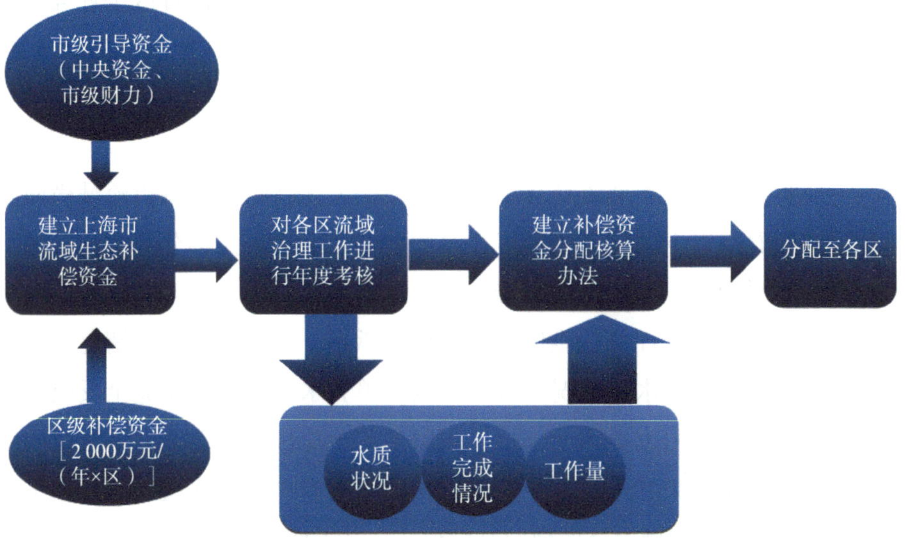

图 4-1　上海市各区“多点互补”的流域横向生态补偿机制框架

4.4 制度方案

根据上述背景和思路，上海市最终研究出台了《方案》。《方案》提出由区级补偿资金和市级引导资金构成的生态补偿资金，旨在以促进流域水资源保护和水质改善为目标，充分调动各区工作积极性，加快形成“成本共担、效益共享、合作共治”的流域保护和治理长效机制，推动建立和完善跨区流域联防联治、信息共享和联合查处跨界违法行为工作机制。

4.4.1 补偿范围与参与主体

本政策补偿范围覆盖上海市流域内各水环境主体，即上海市 16 个行政区政府，在对辖区内流域水环境质量改善享有权利的同时，对水环境质量恶化负有责任。

本政策支持保障范围包括流域水污染防治、良好水体生态环境保护、农业和农村污染整治、集中式饮用水水源地环境保护、地下水环境保护及污染修复、产业结构和布局优化调整、水环境基础设施建设等。

4.4.2 补偿资金来源

生态补偿资金由市级引导资金和区级补偿资金构成。其中，市级引导资金通过统筹中央水污染防治专项和市级财政预算资金等渠道筹集，区级补偿资金由各区财政预算资金承担。

4.4.3 补偿资金分配方法

采取因素法将上海市流域生态补偿资金分配到相关区。

市流域横向生态补偿资金 = 区级承担补偿资金 + 市级引导资金。

某区流域横向生态补偿资金 = 上海市流域横向生态补偿资金 ×（该区水质得分占比 ×0.4+ 该区工作完成得分占比 ×0.3+ 该区工作量得分占比 ×0.3）。

某区水质得分占比 = 该区水污染防治行动计划实施情况年度考核的水质得分 ÷ 各区水污染防治行动计划实施情况年度考核的水质得分总和（若水质考核不达标，则此项不得分）。

某区工作完成得分占比 = 该区水污染防治行动计划实施情况年度考核的重点工作完成情况得分 ÷ 各区水污染防治行动计划实施情况年度考核的重点工作情况完成得分总和。

某区工作量得分占比 = 该区水质考核断面数量得分 ÷ 各区水质考核断面数量总分总和（该区水质考核断面数量得分根据该区涉及的一般市考水质断面数量、该区一般国考水质断面数量、该区省界水质考核断面数量及相应的权重确定）

数据来源：水质得分、工作完成得分根据上海市《水污染防治行动计划实施方案》年度工作任务安排和考核结果确定，各区考核断面数量由市生态环境局提供（其中，省界水质考核断面结合水利部太湖流域管理局长期跟踪监测的沪苏、沪浙省界主要河流断面和上海市现有水质考核断面共同确定）。

4.4.4 补偿资金使用与管理

4.4.4.1 资金结算

流域横向生态补偿资金作为跨区横向财力结算项目，纳入年度市与区财力结算。每年第二季度，上海市生态环境局根据各区上一年度《水污染防治行动计划实施方案》考核结果确定各区补偿资金分配金额，报市财政局。市财政局根据市生态环境局确定的数据，将应上缴和分配的金额下达各区。

4.4.4.2 资金使用

流域横向生态补偿资金主要用于保障流域水污染防治、良好水体生态环境保护、农业和农村污染整治、集中式饮用水水源地环境保护、地下水环境保护及污染修复、产业结构和布局优化调整、水环境基础设施建设等。

对下达各区的中央专项转移支付资金，按照中央专项转移支付资金管理办法的相关规定执行。

4.4.4.3 资金管理

区级相关主管部门应在充分调查论证的基础上，提出实施项目和资金需求，区级财政部门根据区级相关主管部门提出资金需求，在统筹平衡的基础上，确定资金分配方案。区级相关主管部门负责实施方案编制并组织项目实施，按规定使用补偿资金并确保实现绩效目标。区级财政部门负责筹集落实区级资金，并在审核后及时足额拨付补偿资金。区生态环境局负责组织开展项目实施工作，会同区财政局在资金清算下达 90 天内填写《流域横向生态补偿资金绩效目标表》，报送市生态环境局、市财政局备案，审核确认后的绩效目标作为绩效监控和绩效评价的依据。

上海市生态环境局会同市级相关主管部门，组织对水污染防治专项工作和治理目标完成情况进行考核。

各区生态补偿转移支付资金使用情况主动接受人大、审计部门以及市财政局、市生态环境局和其他市级相关主管部门的监督检查。

4.5 制度实施概况

4.5.1 补偿资金安排情况

上海市流域横向生态补偿已实施两年，共安排补偿资金达到 8.9 亿元。其中 2019 年共安排补偿资金 5.2 亿元，其中市级引导资金 2 亿元；2020 年补偿资金 3.7 亿元，其中市级引导资金 0.5 亿元。市级引导资金均来自中央水污染防治资金。

4.5.2 资金拨付流程情况

上海市生态环境局对各区水质、重点工作完成情况、工作量等因素进行考核，考核结果在网上公开发布公示；上海市生态环境局根据政策对公示后的各区考核结果进行补偿资金分配测算，将总补偿资金预算按系数确认分配额度下达至各区，并上报市财政局；市财政局对上海市生态环境局测算的补偿资金分配额度审核后，通过市级与区级财力结算方式拨付各区财政专项补偿资金。

4.5.3 补偿资金实际使用与管理情况

根据上海市生态环境局、市财政局提供的专项资金预算数据统计汇总，市级引导资金于 2019—2020 年度实际下达各区 25 720.25 万元。其中，2019 年度下达 2 亿元，2020 年度下达 5 720.25 万元。2020 年度市级引导资金超专项预算 720.25 万元，根据测算，徐汇等 4 个区应承担区级专项补偿资金 720.25 万元，但考虑到各区 2019 年“水十条”目标任务均已完成，且 2020 年受新冠疫情影响，上海市各区财政资金均显紧张，故以市级引导资金调剂补充，以确保其他各区应得补偿资金不变。截至 2021 年年底，因部分区补偿资金因无项目通过生态环境部储备库入库审核而被收回市级财政。2019—2020 年度实际下达各区市级引导资金 23 149.43 万元。

补偿资金涉及的具体项目进入实施阶段后，市、区两级生态环境局负责监督项目落实、跟踪项目实施的进展情况，落实项目全过程的监管；负责项目绩效考核，配合相关部门后续检查等工作。

4.5.4 各区执行与政策配套

为落实本政策，上海市松江、嘉定和普陀等3个区结合本区实际情况制定了区级配套政策和实施细则，从项目申报、审核、资金使用等方面对本政策实施进行细化。具体为松江区生态环境局配套编制《松江区流域横向生态补偿资金使用计划建议》、嘉定区生态环境局配套编制《嘉定区流域横向生态补偿资金使用方案》、普陀区生态环境局配套编制《普陀区生态环境局中央财政资金管理实施细则》。

其他各区则按照全市《方案》执行相关要求。

4.6 分析与讨论

4.6.1 实施成效

截至2020年年底，上海市流域横向生态补偿实施两年以来取得良好成效，主要体现在以下3个方面。

一是促进各区水污染防治工作得到加强。上海市流域横向生态补偿资金通过因素法将上海市流域生态补偿资金分配到相关区，具体分配因素包括水质得分、工作完成得分和工作量得分。其中水质得分、工作完成得分和工作量得分由上海市生态环境局基于各区水污染防治工作年度考核获得。由于生态补偿资金分配额度与各区水污染防治工作年度考核直接挂钩，有效地激发了各区加强水环境治理工作的积极性，促进全市水污染防治各项工作任务顺利完成。从考核结果来看，2019—2020年，全市各区水污染防治各项工作任务完成率均达到100%，且各区工作完成得分都在97分以上。

二是促进上海市水环境质量得到持续改善。自2019年上海市流域横向生态补偿实施以来，全市水质逐年改善。2020年，全市国考断面水质优Ⅲ类比例达到74%，较2018年、2019年分别提升47%和26%，劣Ⅴ类断面为0，较2018年、2019年分别下降7%和1%。其中，2020年国考断面优Ⅲ类比例达到100%，较2018年、2019年均提升10%。从主要水质限制因子氨氮和总磷浓度来看，2018—2020 年，全市水质浓度逐年稳步下降，2020 年全市 259 个国考断面氨氮平均浓度为 0.54 mg/L，分别较 2018 年、2019 年下降 45% 和 16%，总磷平均浓度为 0.16 mg/L，分别较 2018 年、2019 年下降 23% 和 16%。

三是促进中央水污染防治资金的使用。2019 年和 2020 年上海市流域横向生态补偿的市级引导资金全部来自中央水污染防治专项资金。由于中央专项资金的使用原则是“资金跟着项目走”，中央资金作为流域横向生态补偿分配到各区后，促使各区积极申报水污染防治项目，有效地提高了中央水污染资金的使用效率。补偿实施两年来，各区基于横向补偿中央资金共申报中央资金项目约 40 项，金额约 2.02 亿元。其中 2019 年已完成申报项目 28 项，项目金额 1.84 亿元，占当年通过横向补偿分配到各区中央资金的 92.2%。

4.6.2 存在的问题

市级引导资金使用难度大。目前，市级引导资金均来自中央水污染防治专项转移支付资金。根据《方案》，对下达各区的中央专项转移支付资金，按照中央专项转移支付资金管理办法的相关规定执行。但近年来，中央专项资金使用管理日趋严格。2020 年中央资金要求项目达到工可深度才能申报入库并开展后续资金拨付使用，导致中央资金作为补偿引导资金分配到各区后，各区在项目申报、资金使用方面出现一定困难。具体主要体现在，补偿资金预先给各区下达额度，且金额总体偏低、分配到各区的金额差异大，导致区层面难以针对固定的资金额度进行项目匹配，各区申报项目也差异较大，特别是 2020 年以来，叠加中央审核趋严，各区上报的项目经常被中央审核退回，从而影响资金使用进度。2020 年各区拟申报的 12 个项目，截至年底仅有 2 个项目成功入库，7 个项目仍在申报过程中，3 个区尚未落实具体项目。

中央补助资金项目推进进度较慢。2020 年中央补助资金项目管理方式转变和管理要求提高后，上海市各区主管部门和项目承担单位未能及时适应，上海市在项目申报方面准备不足，中央储备库入库项目数量减少，且已入库项目的实施进度拖延缓慢。截至 2022 年 7 月，上海市 2019 年中央补助资金有 16 个项目未完工，未完工项目占比 53%；2020 年资金项目有 3 个未完工，未完工项目占比 60%。另外，评价组在实地合规性核查过程中发现，核查涉及的 13 个项目中有 4 个项目未完成，还发现有部分项目实施进度缓慢。

各区补偿资金使用缺乏跟踪评估。根据《方案》，每年各区财政预算应安排 2 000 万元作为区级流域横向生态补偿资金。同时，《方案》对每年分配到各区的补偿资金使用和管理作出了规定。使用上要求主要用于水生态环境保护等相关领域；管理上，要求区级相关主管部门提出实施项目和资金需求，区级财政部门确定资金分配方案、负责筹集落实区级资金、审核后及时足额拨付补偿资金，并要求各区在资金清算下达 90 天内填写《流域横向生态补偿资金绩效目标表》。但目前在实际管理中，仅针对中央资金按照上述要求实施了严格的使用管理，各区每年填报的《流域横向生态补偿资金绩效目标表》也仅围绕中央资金予以说明。而针对每年总额达到 3.2 亿元的区级补偿资金则并未落实响应管理要求，目前相关管理部门尚未掌握其具体的来源、去向，对其具体的使用也没有明确的跟踪管理机制。

4.6.3 优化建议

建议中央资金不再作为补偿资金来源。考虑中央专项资金的使用难度大、管理要求高，其作为市级引导资金分配到各区后，对各区在项目安排、申报和后续管理上造成较大难度。此外，根据《财政部关于下达 2022 年水污染防治资金预算（第二批）的通知》（财资环〔2022〕57 号），中央水污染防治资金主要对建立跨省流域横向生态补偿机制的省份予以奖励，对于建立省内流域横向补偿机制不再予以倾斜奖励。随着中央补助资金支持方向的改变，其已不适合作为政策市级引导资金来源，建议退出。故后续建议不再以中央资金作为流域横向补偿资金来源。建议落实市、区两级政府流域横向生态补偿资金财政投入预算及政策设计，加强专项资金管理，专款专用，切实提高专项补偿资金使用效益。此外，还可以考虑逐步开放上海市生态环境补偿领域资本市场，鼓励和吸引企业和社会资本参与，调动社会资源共同参与流域水环境治理，共同打造流域范围政府主导、社会各方参与的共同治理体系。

建议逐步退出市级引导资金。当前《方案》提出生态补偿资金由市级引导资金和区级补偿资金构成，其中设置市级引导资金的主要目的是在试行期给各区一定的激励和引导。当前 2 年的试行期已顺利结束，下阶段建议市级引导资金可以逐步退出，从而进一步突出各区横向生态补偿资金参与力度，更多发挥各区间的“横向多点互补”作用。

建议进一步优化补偿实施方案。在考核因子方面，可以按实际水环境管理需求形成考核因子调入、调出机制，除了氨氮、总磷、溶解氧、BOD_5、高锰酸盐指数等常规因子，还可适当考虑流域的水量、水生态健康、生物多样性等因子。在资金使用管理方面，建议进一步完善补偿资金使用管理和考核机制，特别是完善区级补偿资金的使用管理及年度跟踪考核制度，促进区级补偿资金的合理、高效使用。在资金使用方面，继续加强项目管理制度，做好项目实施过程的督导和检查工作，提升政策执行水平。

建议积极尝试市场化、多元化补偿方式。可以积极探索尝试产业扶持、智力补偿等多元补偿方式。例如，流域环境受益地区通过对流域环境保护贡献区实施共建产业园区，并按比例进行税收分成，从而实现对流域保护贡献区的补偿；或流域环境受益地区为流域环境保护贡献区提供专业人才指导和先进设备帮助，提高流域环境保护贡献区的可持续发展能力。

5 长三角跨省流域生态补偿——上海市跨界流域生态保护补偿的研究与探索

5.1 研究背景

21世纪初，随着我国经济的快速发展，经济增长的资源环境代价过大已经成为当时阻碍经济社会发展的首要问题。根据《中国绿色国民经济核算研究报告》估计，2007年我国因环境污染造成的损失，相当于当年国内生产总值的6%。长江三角洲地区（以下简称长三角地区）是我国经济最发达地区，同时，由于长三角地区大部分处于平原河网地带，区域内大小河流纵横，水网密布，水环境质量也呈现“一体化”特征。但由于各方在环境管理上缺乏强有力的综合协调机制，跨界水体污染问题十分突出，如“上游保护、下游发展”“上游排污、下游治污”等环境与经济利益倒挂的现象层出不穷，流域上游和下游之间的污染事件与纠纷问题日趋严重。在长三角地区开展流域生态补偿机制试点具有紧迫的现实需求。2008年，根据《国务院关于落实科学发展观加强环境保护的决定》等中央文件精神和上海、江苏、浙江两省一市领导联席会议决定，将“长三角地区流域生态补偿机制研究”纳入长三角区域合作工作重点之一。在此背景下，2008年，长三角城市经济合作办公室联合上海市环境保护局委托上海市环境科学研究院立项开展了“长三角地区流域生态补偿机制实施方案研究”。该研究以上海、江苏、浙江两省一市的主要跨省界水体为对象，按照“受益补偿、污染付费”的原则，构建了基于上下游跨省界断面污染物通量考核的双向生态补偿机制框架体系，并选取重点河流为试点，提出了试点实施建议方案。该项目成果在长三角经济协调会第九次会议上发表。

党的十八大以来，生态文明建设纳入中国特色社会主义事业“五位一体”总体布局。长三角地区生态环境投入持续加大，流域生态环境质量不断改善，过去以流域跨界水污染为特征的流域主要矛盾显著改善，水资源安全和水环境风险成为流域上下游重点关注对象。同时，生态补偿制度作为生态文明制度体系建设的“四梁八柱”之一被日益重视，《关于健全生态保护补偿机制的意见》（国办发〔2016〕31号）、《关于加快建立流域上下游横向生态保护补偿机制的指导意见》（财建〔2016〕928号）、《关于建立健全长江经济带生态补偿与保护长效机制的指导意见》（财预〔2018〕19号）等文件先后出台，包括长三角地区在内，我国流域生态补偿实践不断深入推进。同时，随着长三角一体化发展纳入国家战略，建立长三角流域生态补偿机制成为一体化建设的重要内容。2019年，《长三角生态绿色一体化发展示范区总体方案》与《长江三角洲区域一体化发展规划纲要》先后发布，均提出要建立长三角生态补偿机制。其中《长江三角洲区域一体化发展规划纲要》明确提出“完善跨流域跨区域生态补偿机制。建立健全开发地区、受益地区与保护地区横向生态补偿机制……在太湖流域建立生态补偿机制”。目前，长三角地区三省一市已在省内成功开展了一系列流域生态补偿实践，以太湖流域生态补偿为重点的跨省流域生态补偿工作也在持续深入研究探讨中。在此背景下，作者团队依托上海市环境科学研究院，先后承担了生态环境部综合司组织实施的“长江经济带生态补偿机制政策调研与建议”（2018）、上海市生态环境局立项的“长三角区域重点流域生态补偿政策机制初步研究”（2019）等相关课题为有关部门和领导提供了决策参考和依据。

本章内容主要基于作者团队完成的上述相关研究课题内容，结合新形势下长三角流域生态环境质量变化趋势和上下游发展现状，梳理总结了上海市就建立长三角跨界流域生态补偿机制的研究成果。

5.2 长三角流域环境现状分析

5.2.1 长三角地区概况

5.2.1.1 经济社会概况

长三角地区为我国社会经济发达地区。截至2019年，长三角地区常住人口约为2.27亿，GDP总额约为23.73万亿元，人均GDP达到11万元。与全国相比，长三角地区三省一市人口数量占全国的16%，经济总量为全国的

24%，人均 GDP 为全国平均的 1.6 倍，城镇常住居民人均可支配收入为全国的 1.3 倍，农村常住居民人均可支配收入为全国的 1.6 倍。具体见表 5-1。

表 5-1 2019 年长三角地区社会经济主要指标

指标	单位	全国	安徽	江苏	浙江	上海	合计
常住人口	万人	140 005	6 365.9	8 070	5 850	2 428.14	22 714.04
GDP	亿元	990 865	37 114	99 631.5	62 352	38 155.32	237 252.82
人均 GDP	万元	7.09	5.85	12.36	10.76	15.71	11.0
城镇常住居民人均可支配收入	元	42 359	37 540	51 056	60 182	73 615	55 598
农村常住居民人均可支配收入	元	16 021	15 416	22 675	29 876	33 195	25 291

数据来源：全国、各省《2019 年社会与国民经济统计公报》。

5.2.1.2 水环境质量概况

长三角地区地表水环境质量总体呈改善趋势，但略劣于全国总体地表水环境质量水平。2019 年，长三角地区省考断面达到或优于Ⅲ类比例约为 74.2%，比全国平均低 0.7 个百分点；长三角省考断面劣Ⅴ类断面比例平均为 0.75%，比全国平均低 2.65 个百分点。具体见表 5-2、图 5-1。

表 5-2 2019 年长三角地区各省份地表水环境质量主要指标情况 单位：%

指标	安徽	江苏	浙江	上海	长三角地区平均	全国	与全国比较
省考断面达到或优于Ⅲ比例	72.8	84.3	91.4	48.3	74.2	74.9	−0.7
省考断面劣Ⅴ类断面比例	1.9	0	0	1.1	0.75	3.4	−2.65

5.2.1.3 主要跨省界流域

根据《太湖流域管理条例》，太湖流域范围北抵长江，东临东海，南濒钱塘江，西以天目山、茅山为界，地处长江三角洲的南翼，流域面积为 36 895 km^2，行政区划分属江苏、浙江、上海和安徽三省一市，其中江苏省流域面积为 19 399 km^2，占比为 52.6%；浙江省流域面积为 12 095 km^2，占比为 32.8%；上海市流域面积为 5 176 km^2，占比为 14.0%；安徽省流域面积为 225 km^2，占比为 0.6%。

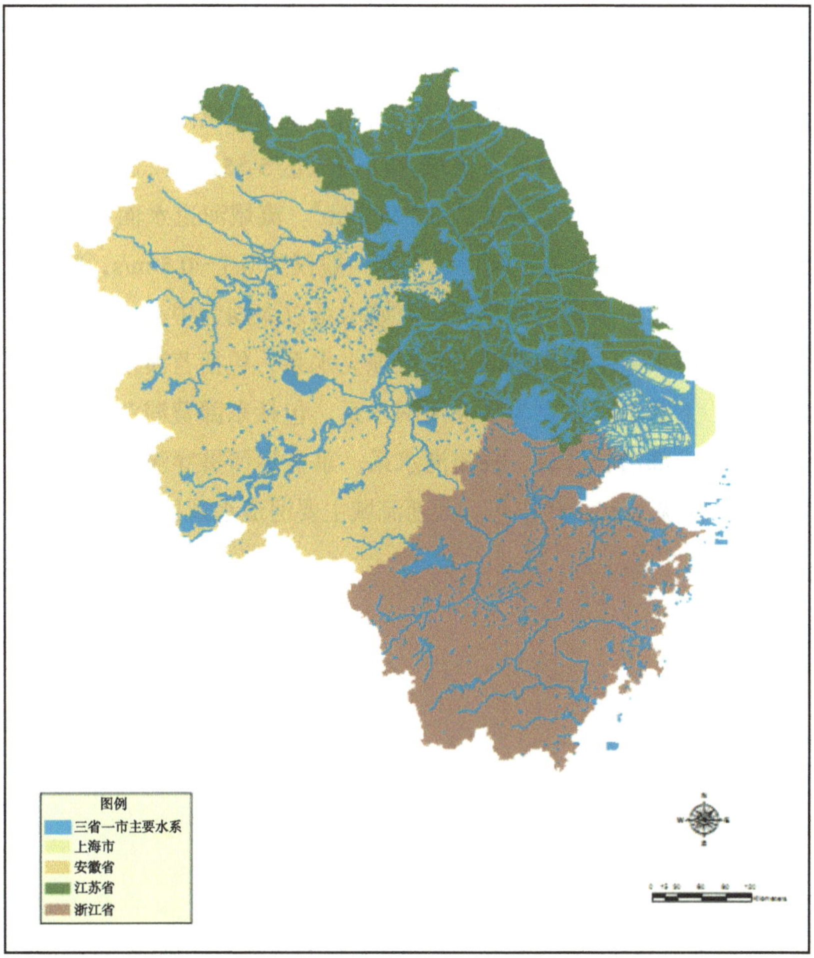

图 5-1　长三角区域水系

2018 年，太湖流域总人口数为 6 104 万，占全国总人口的 4.4%；GDP 为 87 663 亿元，占全国 GDP 的 9.7%；人均 GDP 为 14.4 万元，是全国人均 GDP 的 2.2 倍。

5.2.2　太湖流域水情水质状况

5.2.2.1　太湖流域水情概况

（1）水系情况

太湖流域是长江水系最下游的支流水系，江湖相连，水系沟通，犹如瓜藤相接，依存关系密切。长江水量丰沛，多年平均地表径流量为 9 856 亿 m^3，最小月平均流量达 5 000 m^3/s，是太湖流域的重要补给水源，也是流域排水的主要出路之一。流域现有 75 处沿长江口门，水量交换频繁，多年平均引长江水量为 62.6 亿 m^3，排长江水量 1 年为 49.3 亿 m^3。流域内河网如织，湖泊棋布，是我国著名的平原河网区。流域水面面积达 5 551 km^2，水面率为 15%；河道总长约 12 万 km，河道密度达 3.3 km/km^2。流域河道水面比降小，平均坡降约十万分之一；水流流速缓慢，汛期一般仅为 0.3～0.5 m/s；河网尾闾受潮汐顶托影响，流向表现为往复流。流域水系以太湖为中心，分上游水系和下游水系。上游水系主要为西部山丘区独立水系，包括苕溪水系、南河水系及洮滆水系；下游水系主要为平原河网水系，包括东部黄浦江水系、北部沿长江水系和东南部沿长江口、杭州湾水系。京杭运河贯穿流域腹地及下游诸水系，起着水量调节和承转作用。太湖流域主要河道水系见图 5-2。

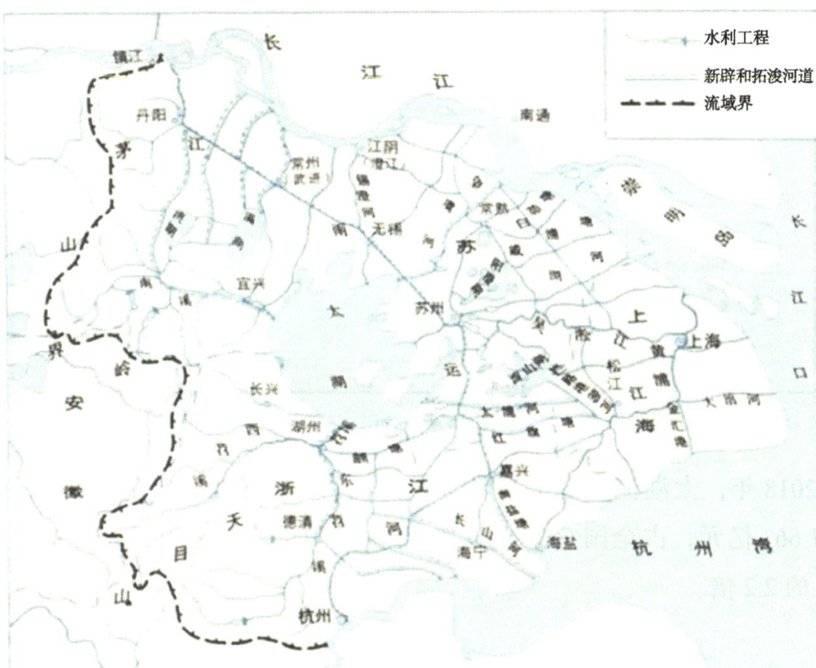

图 5-2　太湖流域主要河道水系

（2）湖泊情况

太湖流域湖泊面积为 3 159 km^2（按水面积大于 0.5 km^2 的湖泊统计），占流域平原面积的 10.7%，湖泊总蓄水量为 57.68 亿 m^3，是长江中下游 7 个湖泊集中区之一。太湖是流域内最大的湖泊，也是流域洪水和水资源调蓄中心。太湖湖区面积为 3 192 km^2，其中水面积为 2 338 km^2，岛屿面积为 89 km^2，湖岸山丘面积为 765 km^2。西部山丘区来水汇入太湖后，经太湖调蓄，从东部流出。太湖出入湖河流 228 条，环湖河道多年平均入湖水量为 80.94 亿 m^3，多年平均出湖水量为 88.97 亿 m^3，多年平均蓄水量为 44.28 亿 m^3。

（3）水资源情况

太湖流域濒临长江，内部有本地水资源可供利用，外部有长江提供充足的过境水资源。流域多年平均水资源总量为 176.0 亿 m^3，其中，地表水资源量为 160.1 亿 m^3，地下水资源量为 53.1 亿 m^3，地表水和地下水资源的重复计算量为 37.2 亿 m^3。

2018 年太湖流域地表水资源量为 204.0 亿 m^3，折合年径流深为 553 mm，比多年平均偏多 27.5%。地下水资源量为 52.3 亿 m^3。扣除重复，2018 年水资源总量为 231.3 亿 m^3。具体见表 5-3。

表 5-3　2018 年太湖流域水资源总量　　单位：亿 m^3

分区	年降水总量	地表水资源量	地下水资源量	重复计算量	水资源总量	产水系数
江苏省	237.4	72.7	18.7	3.7	87.7	0.37
浙江省	204.4	104.7	25.6	18.4	111.9	0.55
上海市	64.7	24.9	7.8	2.6	30.1	0.47
安徽省	3.4	1.7	0.2	0.3	1.6	0.47
太湖流域	509.9	204.0	52.3	25.0	231.3	0.45

注：本节所有太湖流域相关水质、水量等数据均来源于水利部太湖流域管理局官方网站发布的太湖流域水资源公报、太湖健康公报、水情年报等公开资料。

（4）水量交换

2018 年太湖流域沿长江口门（不含黄浦江）引水 104.6 亿 m^3，排水 49.1 亿 m^3。其中，江苏省引水 91.7 亿 m^3，排水 47.1 亿 m^3；上海市引水 129 亿 m^3，排水 2.0 亿 m^3；2018 年太湖流域沿钱塘江口门引水 13.7 亿 m^3，排水 19.9 亿 m^3。其中，杭州市引水 13.7 亿 m^3、排水 3.9 亿 m^3，嘉兴市排水 16.0 亿 m^3。沿杭州湾口门上海市排水 14.9 亿 m^3。

环太湖河道入太湖水量 114.1 亿 m^3（江苏省 79.8 亿 m^3、浙江省 28.9 亿 m^3，望虞河 5.4 亿 m^3），出太湖水量 97.0 亿 m^3（江苏省 335 亿 m^3、浙江省

23.3 亿 m^3，望虞河 6.1 亿 m^3、太浦河 34.1 亿 m^3）。具体见图 5-3。

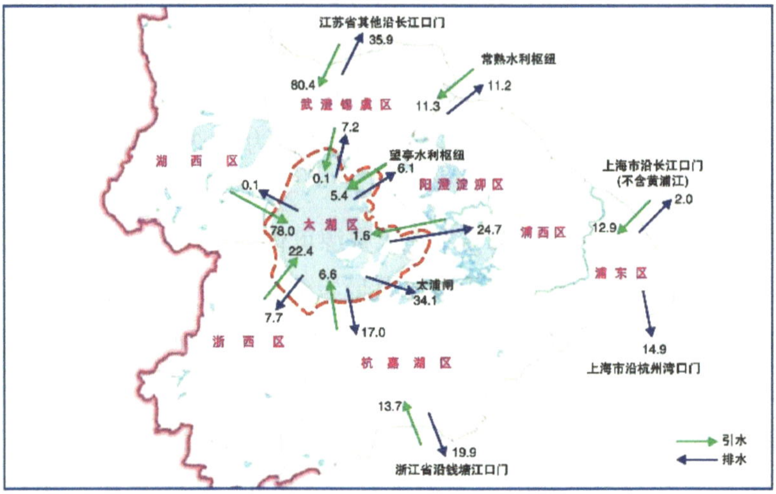

图 5-3　2018 年太湖流域重要区域水量交换情况（单位：亿 m^3）

5.2.2.2　太湖流域水质概况

（1）功能区水质

2018 年，太湖流域有 108 个重点水功能区（江苏省内 42 个，浙江省内 15 个，上海市内 6 个，省界水体 45 个），采用年均值法评价，达标率为 66.7%。2007 年至今，流域重点水功能区达标率呈明显上升趋势，但缓冲区达标率仍处于较低水平。具体见图 5-4、图 5-5。

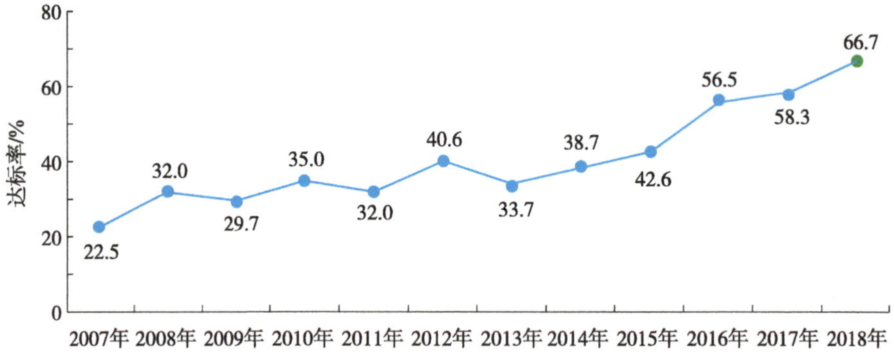

图 5-4　2007—2018 年太湖流域重点水功能区达标率变化

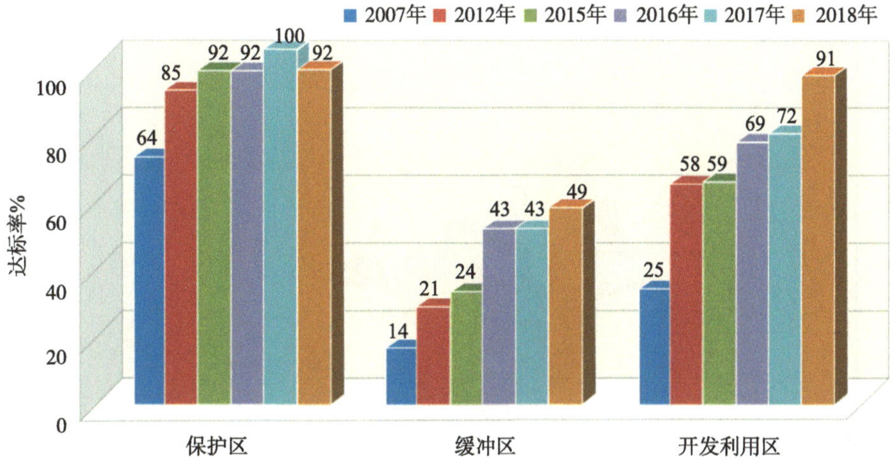

图 5-5 近年来太湖流域重点水功能区（分区）水质达标率变化

（2）河流水质

根据《2018 年太湖流域水资源公报》，太湖流域河流水质评价总河长 6 219.3 km，比 2017 年减少了 121.6 km。全年期水质达到或优于Ⅲ类的河长比例为 42.5%（2 642.8 km），未达到Ⅲ类标准的项目为氨氮、总磷、五日生化需氧量、高锰酸盐指数和石油类等。水质状况优于 2017 年，非汛期水质优于汛期。具体见图 5-6、图 5-7。

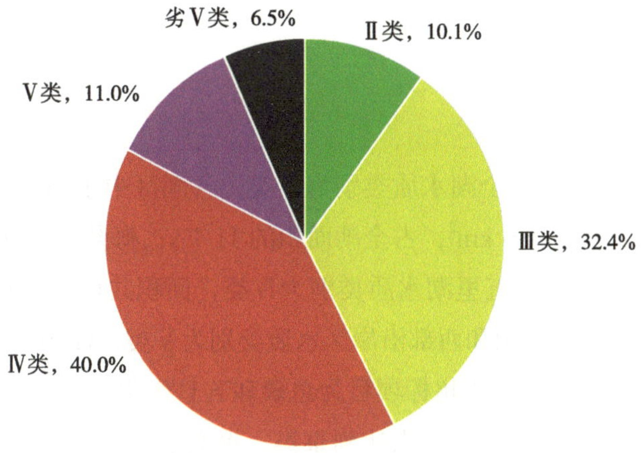

图 5-6 2018 年太湖流域河流水质类别比例分布

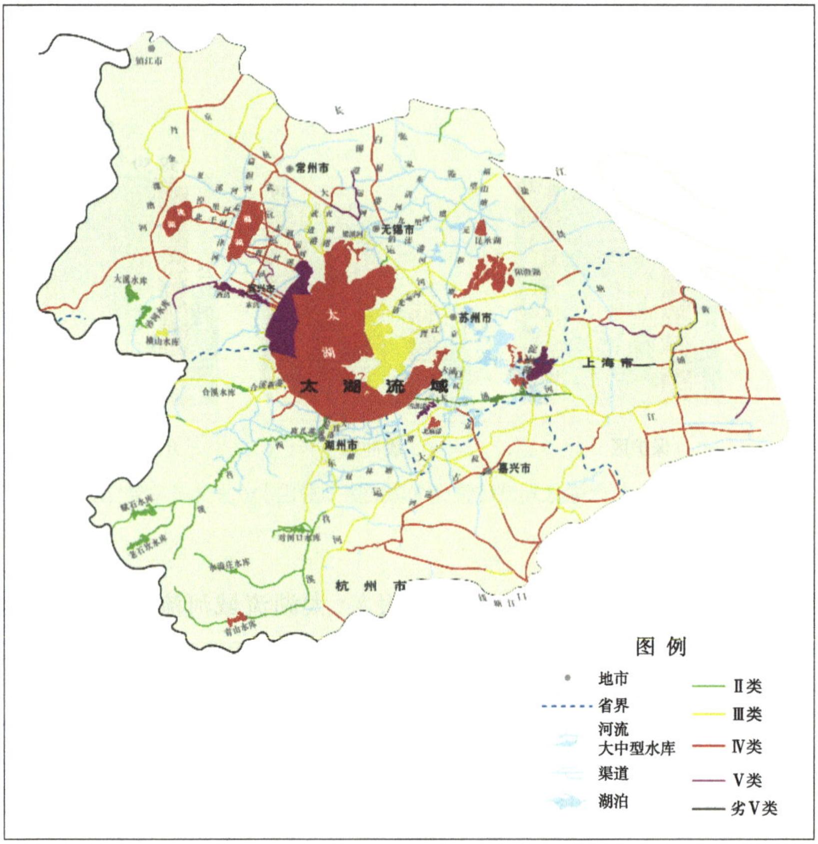

图 5-7　2018 年太湖流域河流水质分布

（3）重点湖泊水质

1）太湖

2018 年全年期太湖全湖水质类别为Ⅳ类，各湖区中东部沿岸区水质类别为Ⅲ类，面积共计 268.0 km^2，占全湖面积的 11.4%；梅梁湖、贡湖、东太湖、湖心区、南部沿岸区和五里湖水质类别为Ⅳ类，面积共计 1 801.9 km^2，占全湖面积的 77.1%；竺山湖和西部沿岸区水质类别为Ⅴ类，面积共计 268.1 km^2，占全湖面积的 11.5%。主要超标项目为总磷和五日生化需氧量。若总氮参评，则全年期太湖所有水域水质均未达到Ⅲ类，Ⅳ类水体占比为 26.1%，Ⅴ类水体占比为 62.4%，劣Ⅴ类水体占比为 11.5%。具体见图 5-8、图 5-9。

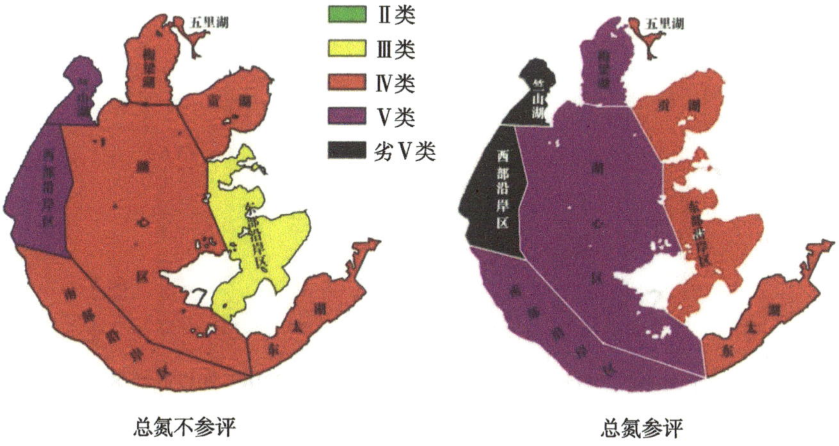

图 5-8　2018 年太湖水质评价结果

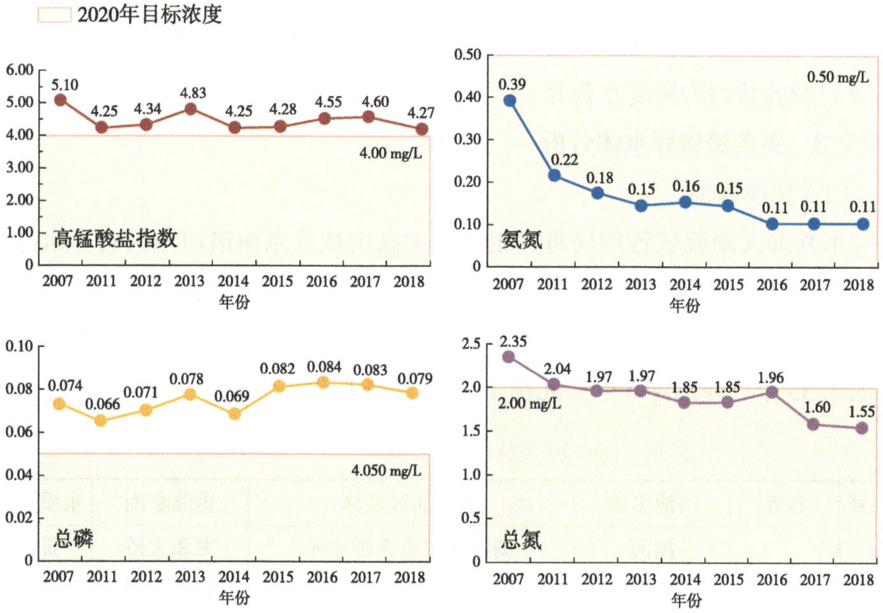

图 5-9　2007—2008 年太湖主要水质指标浓度变化

2018 年全年期太湖营养指数为 60.3，状态为中度富营养，各湖区中五里湖、贡湖、东太湖和东部沿岸区为轻度富营养，占湖区面积的 26.1%；梅梁湖、竺山湖、湖心区西部沿岸区和南部沿岸区为中度富营养，占湖区面积的 73.9%。具体见图 5-10。

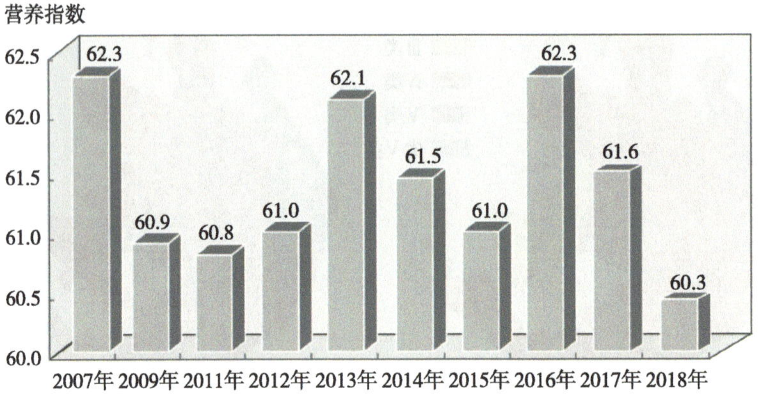

图 5-10 2007—2018 年太湖营养指数变化

2）淀山湖

2018 年淀山湖全年期水质为Ⅴ类，主要超标项目为总磷；汛期水质与全年期相同，非汛期水质为Ⅳ类。若总氮参评，则全年期淀山湖水质为劣Ⅴ类。4—9 月营养状态为轻度富营养。

5.2.2.3 主要跨省界水体分析

（1）监测断面

水利部太湖流域管理局每月组织对太湖流域及东南诸河地区省界水体进行水资源质量监测，并发布通报。太湖流域跨省界水体包括江苏、浙江、上海和安徽 4 省（市）的省界河流 34 个监测断面，省界湖泊 37 个监测点（其中太湖 33 个、淀山湖 3 个、元荡 1 个）。具体见表 5-4。

表 5-4 太湖流域跨省界河流及 34 个监测断面清单

编号	省界	河流名称	水功能区名称	监测断面	水质目标
1	苏沪边界	浏河	浏河苏沪边界缓冲区	太和大桥	Ⅲ类
2		吴淞江	吴淞江苏沪边界缓冲区	石浦大桥	Ⅲ类
3		大、小朱库港	大、小朱库港苏沪边界缓冲区	珠砂港大桥	Ⅲ类
4		急水港	急水港苏沪边界缓冲区	周庄大桥	Ⅲ类
5		千灯浦	千灯浦苏沪边界缓冲区	千灯浦桥	Ⅲ类
6		盐铁塘	盐铁塘苏沪边界缓冲区	新兴镇桥	Ⅲ类
7	苏浙边界	芦墟塘	芦墟塘苏浙缓冲区	陶庄枢纽	Ⅲ类
8		斜路港	斜路港嘉兴缓冲区	章湾圩公路桥	Ⅲ类
9		南横塘	南横塘苏浙边界缓冲区	长村桥	Ⅲ类

续表

编号	省界	河流名称	水功能区名称	监测断面	水质目标
10	苏浙边界	北横塘	北横塘苏浙边界缓冲区	漾西桥	Ⅲ类
11		长三港	长三港苏浙边界缓冲区	升罗桥	Ⅲ类
12		大德塘（严墓塘）	大德塘苏浙边界缓冲区	思源大桥	Ⅲ类
13		頔塘	頔塘苏浙边界缓冲区	頔塘苏浙交界处	Ⅲ类
14		江南运河（京杭古运河）	江南运河（京杭古运河）浙苏缓冲区	北虹大桥	Ⅲ类
15		麻溪（后市河）	麻溪（后市河）苏浙边界缓冲区	太平桥	Ⅲ类
16		双林港 弯里塘 史家浜	双林塘苏浙边界缓冲区 弯里塘苏浙边界缓冲区 史家浜苏浙边界缓冲区	双林桥	Ⅲ类
17		新塍塘	新塍塘北支浙苏缓冲区	圣塘桥	Ⅲ类
18			新塍塘西支浙苏缓冲区	洛东大桥	Ⅲ类
19		上塔庙港	上塔庙港苏浙缓冲区	乌桥	Ⅲ类
20		澜溪塘	江南运河（含澜溪塘、白马塘）浙苏缓冲区	太师桥	Ⅲ类
21	浙沪边界	丁栅港	丁栅港浙沪缓冲区	丁栅枢纽	Ⅲ类
22		红旗塘 大蒸塘	红旗塘浙沪缓冲区 大蒸塘浙沪边界缓冲区	横港大桥	Ⅲ类
23		坟头港	坟头港浙沪缓冲区	大舜枢纽	Ⅲ类
24		七仙泾 秀州塘 枫泾塘	七仙泾浙沪边界缓冲区 秀州塘浙沪边界缓冲区 枫泾塘浙沪缓冲区	枫南大桥	Ⅲ类
25		蒲泽塘 清凉港	蒲泽塘浙沪边界缓冲区 清凉港浙沪缓冲区	清凉大桥	Ⅲ类
26		面杖港 嘉善塘	面杖港浙沪边界缓冲区 嘉善塘浙沪缓冲区	东海桥	Ⅲ类
27		黄姑塘	黄姑塘浙沪边界缓冲区	金丝娘桥	Ⅲ类
28		惠高泾	惠高泾浙沪边界缓冲区	新风路桥	Ⅲ类
29		六里塘	六里塘浙沪缓冲区	六里塘大桥	Ⅲ类
30		上海塘 胥浦塘	上海塘浙沪缓冲区 胥浦塘浙沪边界缓冲区	青阳汇桥	Ⅲ类

续表

编号	省界	河流名称	水功能区名称	监测断面	水质目标
31	浙沪边界	俞汇塘	俞汇塘浙沪边界缓冲区	俞汇北大桥	Ⅲ类
32		范塘和尚泾	范塘和尚泾浙沪边界缓冲区	朱枫公路和尚泾桥	Ⅲ类
33	苏浙沪边界	太浦河	太浦河苏浙沪调水保护区	金泽	Ⅲ类
34	浙皖边界	泗安塘	泗安塘长兴浙皖缓冲区	杨桥	Ⅱ～Ⅲ类

（2）断面水质

2018 年 34 个太湖流域全年期省界河流监测断面监测结果显示，55.9% 的断面水质达到或优于Ⅲ类，Ⅳ类水质占比为 41.2%，Ⅴ类水质占比为 2.9%。其中，苏浙沪和浙皖省界断面水质均达标；苏沪、苏浙、浙沪省界分别有 33.3%、57.1%、58.3% 的断面水质达到或优于Ⅲ类。未达到Ⅲ类标准的项目为五日生化需氧量、溶解氧、总磷、氨氮和石油类等。非汛期水质优于汛期。具体见图 5-11、图 5-12。

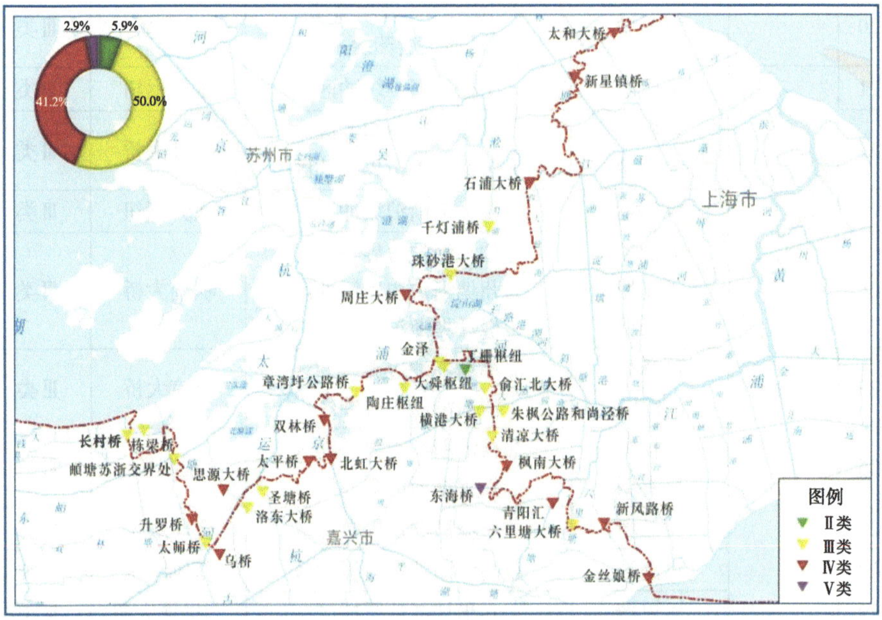

注：图中未包括浙皖边界泗安塘杨桥断面（Ⅲ类）。

图 5-11　2018 年太湖流域省界断面水质类别

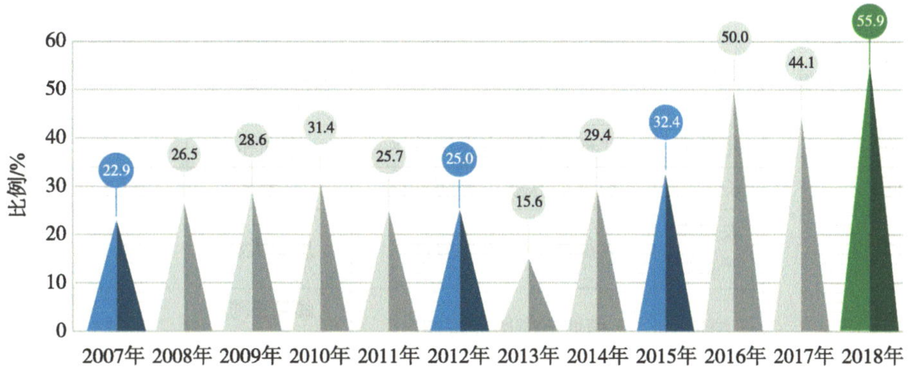

图 5-12 2007—2018 年太湖流域省界河流水质达到或优于Ⅲ类比例情况

[水质评价标准采用《地表水环境质量标准》(GB 3838—2002),评价项目为水温、pH、溶解氧、高锰酸盐指数、化学需氧量、五日生化需氧量、氨氮、总磷、总氮(仅湖库)、铜、锌、氟化物、硒、砷、汞、镉、铬(六价)、铅、氰化物、挥发酚、石油类、阴离子表面活性剂和硫化物共 23 项。湖泊营养状况评价采用《地表水资源质量评价技术规程》(SL 395—2007),评价指标为总磷、总氮、叶绿素 a、高锰酸盐指数和透明度共 5 项。省界缓冲区水质达标情况按照水功能区水质目标进行达标评价。]

(3)断面流量

从太湖流域主要 34 个跨省界河流(断面)年均流量来看,2018 年,太浦河金泽断面(376.50 m^3/s)、胥浦塘青阳汇桥断面(138.53 m^3/s)、大蒸塘横港大桥断面(94.07 m^3/s)流量相对较大,流向均为流向上海。具体见表 5-5。

表 5-5 2018 年太湖流域主要跨省界河流(断面)年均流量情况

编号	省界	河流或湖泊	水功能区名称	监测断面 / 点	年均流量 / (m^3/s)	流向
1	苏沪边界	浏河	浏河苏沪边界缓冲区	太和大桥	53.44	上海
2		吴淞江	吴淞江苏沪边界缓冲区	石浦大桥	27.13	上海
3		大、小朱库港	大、小朱库苏沪边界缓冲区	珠砂港大桥	39.01	上海
4		急水港	急水港苏沪边界缓冲	周庄大桥	54.98	上海
5		千灯浦	千灯浦苏沪边界缓冲区	千灯浦桥	10.38	上海
6		盐铁塘	盐铁塘苏沪边界缓冲区	新星镇桥	3.04	上海
7	苏浙边界	芦墟塘	芦墟塘苏浙缓冲区	陶庄枢纽	3.75	浙江
8		斜路港	斜路港嘉兴缓冲区	章湾圩公路桥	-16.69	江苏
9		南横塘	南横塘苏浙边界缓冲区	长村桥	-13.80	江苏

续表

编号	省界	河流或湖泊	水功能区名称	监测断面 / 点	年均流量 / （m^3/s）	流向
10	苏浙边界	北横塘	北横塘苏浙边界缓冲区	漾西桥	−0.27	江苏
11		长三港	长三港苏浙边界缓冲区	升罗桥	0.00	滞留
12		大德塘（严墓塘）	大德塘苏浙边界缓冲区	思源大桥	1.54	浙江
13		頔塘	頔塘苏浙边界缓冲区	頔塘苏浙交界处	−40.73	江苏
14		江南运河（京杭古运河）	江南运河（京杭古运河）浙苏缓冲区	北虹大桥	36.98	浙江
15		麻溪（后市河）	麻溪（后市河）苏浙边界缓冲区	太平桥	10.60	浙江
16		双林港 弯里塘 史家浜	双林塘苏浙边界缓冲区 弯里塘苏浙边界缓冲区 史家浜苏浙边界缓冲区	双林桥	2.13	浙江
17		新塍塘	新塍塘北支浙苏缓冲区	圣塘桥	6.08	浙江
18			新塍塘西支浙苏缓冲区	洛东大桥	3.50	浙江
19		上塔庙港	上塔庙港苏浙缓冲区	乌桥	0.09	浙江
20		澜溪塘	江南运河（含澜溪塘、白马塘）浙苏缓冲区	太师桥	−46.79	江苏
21	浙沪边界	丁栅港	丁栅港浙沪缓冲区	丁栅枢纽	5.68	上海
22		红旗塘 大蒸塘	红旗塘浙沪缓冲区 大蒸塘浙沪边界缓冲区	横港大桥	94.07	上海
23		坟头港	坟头港浙沪缓冲区	大舜枢纽	13.84	上海
24		七仙泾 秀州塘 枫泾塘	七仙泾浙沪边界缓冲区 秀州塘浙沪边界缓冲区 枫泾塘浙沪缓冲区	枫南大桥	22.28	上海
25		蒲泽塘 清凉港	蒲泽塘浙沪边界缓冲区 清凉港浙沪缓冲区	清凉大桥	31.68	上海
26		面杖港 嘉善塘	面杖港浙沪边界缓冲区 嘉善塘浙沪缓冲区	东海桥	0.23	上海
27		黄姑塘	黄姑塘浙沪边界缓冲区	金丝娘桥	4.38	上海
28		惠高泾	惠高泾浙沪边界缓冲区	新风路桥	6.60	上海
29		六里塘	六里塘浙沪缓冲区	六里塘大桥	54.92	上海

续表

编号	省界	河流或湖泊	水功能区名称	监测断面 / 点	年均流量 /（m^3/s）	流向
30	浙沪边界	上海塘 胥浦塘	上海塘浙沪缓冲区 胥浦塘浙沪边界缓冲区	青阳汇桥	138.53	上海
31	浙沪边界	俞汇塘	俞汇塘浙沪边界缓冲区	俞汇北大桥	37.06	上海
32	浙沪边界	范塘和尚泾	范塘和尚泾浙沪边界缓冲区	朱枫公路和尚泾桥	25.40	上海
33	苏浙沪边界	太浦河	太浦河苏浙沪调水保护区	金泽	376.50	上海
34	浙皖边界	泗安塘	泗安塘长兴浙皖缓冲区	杨桥	—	—

注：苏沪边界，负值表示流向江苏；苏浙边界，负值表示流向江苏；浙沪边界，负值表示流向浙江；苏浙沪边界，负值表示流向江苏。

5.2.2.4 长三角流域生态环境问题特征分析

（1）流域水质总体欠佳，区域一体化特征明显

目前长三角流域水环境质量总体一般，且以氮磷污染为主，呈现较明显的富营养化特征。2018 年，太湖流域 108 个重点水功能区达标率为 66.7%，其中 34 个跨省界河流断面达标率为 55.9%（Ⅲ类）。而入上海的 16 个跨省河流水质达标率只有 37.5%。相关研究表明，长三角地区小城镇河流 85% 以上存在不同程度的富营养化现象。上海周边小城镇河流富营养现象也较为严重，全年河流氮、磷平均含量处在劣Ⅴ类水的水平，已经严重影响到河道周围人们的生活和工作。太湖、淀山湖等太湖流域主要湖泊也长期处于富营养化水平（中度）。

同时，长三角流域自然地理条件接近，生态结构与功能特征相似，且区域内河网密布、相互交错，生态环境状况是唇齿相依，污染跨界输送明显，使长三角区域环境问题呈现一体化特征，特别当流域水环境污染物的承载量超出环境容量时，流域总体水环境质量便会恶化，出现“一损俱损”现象。

（2）流域水质改善趋势明显，但个别因子有波动

自 2013 年以来，太湖流域水质总体呈改善趋势，断面水质达标率逐年提升。但是改善过程中也存在一些不稳定因素，如总磷等个别因子的有反复，同时局部水体改善不明显，甚至恶化。

（3）流域河湖水系持续萎缩，水生态功能有所退化

流域河湖水系持续萎缩、湿地退化，防洪调蓄、生物栖息地等生态服务

功能有所下降。相关研究表明，由于长三角地区剧烈的人类活动，长三角流域内陆河湖湿地数量、面积正在减少，河网水系呈现主干化、结构简单化趋势。根据历史数据，环太湖河流数量不足20世纪初的45%；而根据遥感数据，2000—2018年，长三角地区都市圈陆域湿地水面共减少约787 km^2，减少幅度达到8.2%。近15年，长三角地区沿海城市围垦区域总面积共计1 244 km^2，占区域滩涂资源的30.29%。

（4）跨界水源地多，水源安全保障是重中之重

水是长三角地区的生态之魂。长三角地区人口密集、产业集聚，而发达的水系、非常丰富的水资源为长三角地区人类生活、社会生产提供了最基本的保障，生态调节、渔业生产、航运、休闲娱乐等水生态服务功能重要性突出，特别是饮用水供给是区域人居生态安全的基本保障。长三角地区人口集中、经济发达，饮用水安全重要性突出。长三角地区饮用水水源主要为长江、太湖、黄浦江、新安江等跨界流域水体，而流域的环境污染排放和跨界间输送会对区域水源地安全造成风险。情况比较突出的是太浦河，自东太湖流经江苏、浙江与上海，下游浙江与上海分别在太浦河三省交界处建设集中式饮用水水源地，设置了饮用水水源保护区，太浦河的来水水质直接影响浙江、上海的供水安全。

（5）河流"往复流"普遍，上下游污染责任关系复杂

长三角地区地处长江下游，水系发达，特别是涉及上海、浙北、江苏的长三角平原感潮河网地区，区域内河道纵横、湖泊密布，往复流现象普遍，这给跨界河流上下游的污染责任判定造成困难。地处流域末端的上海市尤为突出，首先，区内河流纵横交错，水质各河道、各区间相互影响；其次，受潮汐影响，全市河流普查呈现往复流状态，相邻区界断面无明显的上下游关系；再次，全市河网受水动力人工干涉（闸门、泵站等）控制影响情况较多；最后，黄浦江、苏州河等重要河道往往是各区行政边界等因素，上海市的跨界河流断面污染责任难以通过简单的由上下游关系判定。

（6）跨界水体功能目标不衔接、管理不统一

目前存在一些主要的跨界河流上下游省份的水环境功能区目标和管理要求不一致的情况。例如，苏浙沪交界的太浦河在浙江省、上海市一侧，太浦河是各自的水源地供水来源，作为水源地保护区来管控；而在江苏省，太浦河按照农用水和泄洪通道的功能区要求实施管控，其周边有纺织、印染、化

工等工业企业集聚，畜禽业存栏规模数十万头标准猪、水产养殖约 30 万亩。同时，太浦河是长湖申线的三级航道，由交通运输部管辖，靠地方政府难以实施危化品船舶禁航等措施；太浦河作为太湖重要的泄洪通道，水资源调度和洪涝防汛由水利部太湖流域管理局管控，当太湖下游地区饮用水水源地水质恶化时需要进一步加强协调沟通。

（7）区域分割管理，跨省多部门协调难度大

长三角地区水环境问题的凸显，尤其是跨界水体污染与矛盾纠纷，既有各自水环境保护和治理上的原因，也与流域缺乏有效的协调管理有关。一方面，长三角流域水环境管理机构仍难以发挥监督监管、统筹协调的作用。尽管设置了流域管理机构——太湖流域管理局，但是由于在流域管理上尚缺乏法律法规支撑，流域管理机构难以有效介入地方政府决策过程、发挥监督监管和统筹协调作用，地区之间跨界水污染纠纷和矛盾难以协调。另一方面，长三角流域各地方政府间缺乏有效协调合作机制。目前，长三角地区的水环境管理仍以行政辖区为界，呈现地方政府分割管理、各自为政的状况。因此，在对待具有公共属性的流域问题时，往往从其自身利益出发，而忽略了流域上游或下游在经济发展和环境保护上的统筹协调，从而形成流域上游和下游地区之间在水资源利用、水环境功能划分等问题上的差异，导致流域内跨界水体问题的矛盾和纠纷。

构建长三角流域生态补偿机制，不仅需要协调推动上下游水环境功能区统一、实现监测断面和数据互任互信，还要推动流域层面的污染源信息共享、治理措施联动和执法联动等工作。而要在这些领域建立有效的协作共享机制，凭借长三角地区各省（市）间协调协商难度较大。

5.3 长三角流域生态补偿政策工具与工作基础

5.3.1 长三角流域生态补偿的政策工具

5.3.1.1 环境财政政策

环境财政政策是当前我国流域生态补偿制度的重要政策工具，主要有政府财政转移支付和政府财政奖补激励两种方式。

政府财政转移支付是指国家在保证稳定发展的前提下，为维护各地区公共服务供给水平的均等性而实行的一种调节政府各级财力差异的措施，表现形式为中央财政资金向地方政府的转移。浙江省政府2008年出台了《浙江省生态环保财力转移支付试行办法》，对全省八大水系源头地区45个市、县（市）实施生态环保财力转移支付政策。上海市2009年出台了《生态补偿转移支付办法》，对全市基本农田、林地、水源地实施转移支付。2017年上海市修订《生态补偿转移支付办法》，进一步将“湿地等重要生态区”纳入补偿范围。2018年安徽省出台《安徽省重点生态功能区转移支付办法》，对全省重点生态功能区、湿地洪水调蓄重要区等地区实施财政转移支付补偿。

政府财政奖补激励则是以奖励或补贴的形式将政府财政资金发放给生态环境保护贡献者或生态环境利益受损方。浙江省的生态环境财政奖惩机制起步较早，2017年出台了《关于建立健全绿色发展财政奖补机制的若干意见》，实施与污染物排放总量挂钩的财政收费制度以及出境水质和森林质量财政奖惩制度，建立实施单位生产总值能耗财政奖惩制度，启动实行了“两山”建设财政专项激励政策。安徽省于2016年出台了《安徽省国有林场改革实施方案》，针对森林资源提出加强对国有林场的财政金融支持。自2017年以来，安徽省出台了省级大气污染防治综合奖补资金政策。

5.3.1.2 环境价格与税费政策

环境价格与税费政策主要是指通过调控资源环境的价格或资源环境税收科目与税率，以促进资源生态环境保护的经济政策。其中水资源价格（水费）、水污染物排放税是流域生态补偿制度的重要政策工具。

长三角地区各省（市）在环境价格方面的政策主要体现在对资源价格、污染治理费用的差别化、阶梯化价格制度。近年来，浙江省全面推行居民用电、用水、用气阶梯价格制度，完善水资源费、污水处理费、垃圾处理费政策，积极推进资源环境价格改革。2014年，浙江省出台《关于调整浙江省水资源费分类和征收标准的通知》，调整了水资源费标准，实施了水资源费超计划累进加价制度；2015年，浙江省出台了《关于加快推进分类分档及多因子计收工业污水处理费的指导意见》，在全省范围推行污水处理差别化收费政策，2016年8月又发布《关于总装机容量30万千瓦以上燃煤发电企业“十三五”初始排污权有偿使用费征收标准的通知》，核定总装机容量30万kW以上燃煤发电企业“十三五”初始排污权有偿使用费征收标准为：二氧化硫每年每吨1 000元，氮氧化物每年每吨1 000元，化学需氧量每年每吨4 000元，氨氮每年每吨4 000元。2017年，安徽省针对能源消耗“双控”目标完成情况出台了差别电价和惩罚性电价相关政策。

长三角地区的环境税费政策主要围绕自2018年起实施的国家环境保护税改革推进工作展开。《中华人民共和国环境保护税法》自2018年1月1日起施行以来，长三角地区各省（市）纷纷进一步明确本省（市）的环境税费政策，其中上海市出台了《关于本市应税大气污染物和水污染物环境保护税适用税额标准等有关问题的通知》（沪财发〔2017〕8号），明确了二氧化硫、氮氧化物、化学需氧量、氨氮等污染物的本地执行每污染当量的税额价格标准。

5.3.1.3 环境权益交易政策

环境权益交易是指涉及环境类一切权益的交易活动。主要包括排污权交易、碳排放交易、资源环境使用权交易、环境技术与设备交易等。其中水污染物排污权交易、水资源使用权交易（水权交易）是制定流域生态补偿制度的重要政策工具。

排污权交易是指在污染物排放总量符合允许排放范围的情况下，内部污染排放单位或企业通过货币交换的形式互相调剂排污量，从而达到各企业单位环保达标、减少排污量的目的。长三角地区“三省一市”对排污权交易的实践探索较早。20世纪80年代，上海市成为排污许可证制度试点省份之一，1987年开展了我国第一例企业之间水污染物排放指标有偿转让的实践行动，是国内最早开展排污权交易试点的城市，到2002年，已经有60多家企业开展了排污权交易。浙江省和江苏省的排污权交易探索进展较为同步：浙江省于2009年纳入全国首批排污权交易试点省份，试点工作取得了显著成绩；江苏省于2007年在太湖流域开展水污染物排放指标有偿使用和交易试点工作。经过十多年的试点探索，浙江省和江苏省陆续建立起排污权有偿使用和交易工作的政策体系。安徽省近年来也积极推进排污权交易相关政策研究制定与试点实施。

水权交易是指通过市场机制，使水资源使用权成为一种具有市场价值的流动性资源，用水效率低的水权人可以将部分水权转让给用水边际效益大的水权人，合理分配水资源，达到提升社会用水总效率的目的。自2014年起，浙江省杭州市临安区成为全省首个水权改革试点。试点过程中确定了权属人、用途、水资源使用权量等，为经营主体获得流转使用权提供保障。临安区东天目村、亭口村分别与一家企业达成山塘使用权转让协议，标志着在全省率先成功试点制度性的山塘水库水权交易。

5.3.1.4 绿色金融政策

绿色金融是指为支持生态环境改善、应对气候变化和资源节约高效利用而提供投融资、项目运营与风险管理等金融服务的经济活动，如绿色信贷、绿色证券、绿色保险、绿色采购、绿色 PPP、绿色债券等。

长三角地区各省（市）都非常重视绿色金融的作用，近年来纷纷出台相关促进政策。浙江省 2010 年印发《关于开展环境污染责任保险试点工作的意见》、2011 年印发《关于推进绿色信贷工作的实施意见》，开始推进绿色保险、绿色信贷等工作，并于 2017 年经国务院批准在全国设立了湖州和衢州首批国家绿色金融改革创新试验区。安徽省于 2016 年 12 月出台了《安徽省绿色金融体系实施方案》以推动全省的绿色金融发展。江苏省 2018 年 9 月出台了《关于深入推进绿色金融服务生态环境高质量发展的实施意见》，提出 33 条可操作性强、激励力度大的绿色金融支持措施，称为“绿色金融 33 条”，内容涵盖支持和发展绿色信贷、绿色债券、绿色担保、绿色发展基金、绿色 PPP、绿色保险等。上海市作为全国金融中心，也不断推出绿色金融创新政策。2016 年金砖国家新开发银行在上海发行了 30 亿元绿色金融债券，2017 年上海证券交易所和中证指数推出了上证绿色公司债指数和上证绿色债券指数，2016 年，上海市相关政府部门搭建平台、提出绿色供应链“100+ 链动计划”，在全国率先实施绿色供应链政策。

5.3.2 长三角流域生态补偿工作进展

5.3.2.1 江苏省

江苏省从 2007 年开始实施水环境区域补偿工作，印发了《江苏省环境资源区域补偿办法（试行）》，分 3 个阶段重点推进水环境补偿工作：第一阶段（2007—2010 年），太湖流域按水污染物通量区域补偿阶段。2007 年年底，江苏省制定《太湖流域环境资源区域补偿试点方案》，自 2009 年开始正式实施。第二阶段（2010—2014 年），通榆河流域按水环境质量区域补偿阶段。第三阶段（2014 年至今），全省全流域按水质目标改善双向补偿阶段。

可以看出，江苏省的流域环境补偿主要分为 3 个阶段：第一阶段主要是针对太湖地区的流域环境治理和补偿。第二阶段是通榆河附近流域的环境补偿，经过前两个阶段的实践和治理行动之后，江苏省逐渐建立起属于自己的关于流域环境的检测办法和检测标准，以及流域环境补偿的金额以及具体措施，并且掌握了丰富的实践经验和教训。2014 年进入第三阶段，江苏省对省内所有流域用同样的方法进行流域生态治理和补偿，并且在补偿的过程中逐渐提高标准。江苏省的流域环境补偿工作有条不紊地进行，由特殊到一般，通过补偿试点河流积累经验总结方法，使水质有明显提高，取得了显著的效果，并且在积累的经验基础上扩大规模，这对于其他地区十分有借鉴意义。

5.3.2.2 浙江省

浙江省对流域生态补偿额实践具有多元化、市场化特征，目前，已初步形成了以政府为主导的省对市县财力转移支付和财政奖补政策、全国首个跨省流域生态补偿政策、市县横向生态补偿政策，以及以市场为主体的资源环境有偿使用、水权交易、排污权交易以及异地开发等多元化生态补偿制度体系。

首先，浙江省通过长期实践建立了符合浙江省实际的生态补偿政策制度体系。自 2005 年浙江省政府出台《关于进一步完善生态补偿机制的若干意见》以来，先后又出台了《钱塘江源头地区生态环境保护省级财政专项补助暂行办法》（2006 年）、《浙江省生态环保财力转移支付试行办法》（2008 年出台）、《浙江省跨行政区域河流交接断面水质保护管理考核办法》（2009 年试行），浙江省政府办公厅出台了《关于推进国家主体功能区建设试点示范工作的指导意见》（2015 年）、《关于全面推广实施与污染物排放总量挂钩财政收费制度的通知》（2015 年）等政策文件，一些市县也在积极出台政策措施，探索开展以促进饮用水水源保护等为重点的生态补偿机制。

其次，浙江省重点推进了省内流域上下游横向生态补偿。2017 年 12 月，省财政厅、省环境保护厅、省发展改革委和省水利厅 4 部门出台了《关于建立省内流域上下游横向生态保护补偿机制的实施意见》，提出自 2018 年起，在省内流域上下游县（市、区）探索实施自主协商横向生态保护补偿机制，到 2020 年基本建成。2018 年率先在钱塘江干流、浦阳江流域实施上下游横向生态保护补偿，鼓励其他饮用水水源保护等受益对象明确、双方补偿意愿强烈的相邻县（市、区）同时开展。目前，浙江省内流域上下游横向生态补偿总体进展顺利，开化县和常山县率先签订了全国首个县级层面横向生态补偿协议，金华市制定了全市流域水质生态补偿实施办法，钱塘江干流、浦阳江流域上下游地区、金华市全域以及湖州市、台州市、丽水市的部分县（市、区）已建立了横向生态补偿机制，占浙江省八大水系干流和一级支流流经县（市）的 60% 以上。

综上所述，浙江省依据自身的情况建立了流域环境补偿的措施和办法，不仅进一步落实了省内横向补偿的措施和方法，还开创性地设立了多种跨省流域生态补偿的实践，如新安江流域的流域生态补偿等，并且在市场交易模式下的流域环境补偿作出了示范，取得了较好的效果。

5.3.2.3 安徽省

目前安徽省内的流域生态补偿实践也不断推进，除了受到广泛关注的浙江—安徽跨省新安江流域生态补偿案例，还有纵向与横向补偿模式结合的大别山区水环境生态补偿实践，以及安徽省地表水断面横向生态补偿。

（1）大别山区水环境生态补偿

2014 年，安徽省财政厅和环境保护厅联合印发《安徽省大别山区水环境生态补偿办法》（财建〔2014〕1713 号）。2015 年，出台《安徽省大别山区水环境生态补偿资金管理办法》（财建〔2015〕426 号）和《进一步完善大别山区水环境生态补偿机制的通知》（财建〔2016〕1913 号），开始了省内大别山区水环境生态补偿工作，并在新安江生态补偿试点经验的基础上，完善了大别山区水环境生态补偿机制，在合肥市、六安市和岳西县实现了下游受益地区（合肥）和上游大别山生态良好地区之间的横向生态补偿。相关要求规定，自 2014 年起安徽省级设立大别山区水环境生态补偿资金 2 亿元，其中省财政出资 1.2 亿元，合肥市出资 0.4 亿元，六安市出资 0.4 亿元。

（2）安徽省地表水断面横向生态补偿

安徽省政府办公厅于 2017 年 12 月 30 日正式印发《安徽省地表水断面生态补偿暂行办法》（以下简称《办法》），自 2018 年 1 月 1 日起正式实施。《办法》以市级横向补偿为主，省级纵向补偿为辅，遵循“谁超标、谁赔付，谁受益、谁补偿”的原则，河流、湖泊跨市界断面水质未达到年度目标，造成污染的上游地区政府要支付下游被影响地区政府一定的污染赔付金；对断面水质提升的地区，下游受益方政府要支付一定的生态补偿金给上游。列入

《办法》的断面共计 121 个，其中国家考核断面 105 个（考核断面中的新安江街口断面未列入，105 个断面中有 18 个跨市界断面、9 个出省界断面）、跨市界断面 10 个、出省界断面 2 个、左右岸断面 4 个，涵盖安徽省淮河、长江、新安江干流及重要支流以及重要湖泊。根据《办法》计算，2018 年全省因断面水质超标共产生污染赔付金 1.58 亿元，因断面水质提升共产生生态补偿金 2.46 亿元，合计 4.04 亿元。

5.3.2.4 上海市

上海市于 2009 年正式出台了基于财政转移支付的全市生态补偿制度，其中以黄浦江上游水源保护区为重点的水源地作为一种流域生态补偿被纳入补偿范围。上海市内流域横向生态补偿机制推出相对较晚，基于上海特殊的流域环境特点，上海市于 2019 年年底发布了《上海市流域横向生态补偿实施方案（试行）》，提出了“各区参与、多点互补”的市内流域横向生态补偿机制（详见第 4 章）。

5.3.3 诉求与争议

（1）补偿力度小、资金来源单一

在新安江流域生态补偿机制实施过程中，黄山市针对新安江综合治理、城乡污水治理、农村垃圾与河道整治等一批项目，截至 2018 年年底已累计投入 109 亿元，但补偿资金只有 30 亿元。因此，调研中，安徽省认为下游地区对上游地区的补偿资金投入力度仍严重不足，希望下游提高补偿力度。

（2）跨区域补偿机制落地协调难

调研中，安徽、浙江、上海等省份均认为，由于各省间支流众多，互有流入和流出水量，水量受水利工程调度影响较大，一些地区上下游间污染责任难以厘清，且各自对水质功能定位不一致。因此，各省份在开展跨省补偿磋商并涉及具体补偿机制落地时，对于补偿关系界定、补偿断面选取和目标设定、补偿标准与补偿条件设定等具体条款，还往往存在较多分歧，协调统一难度较大。

（3）补偿核算与分配机制还可优化

调研中，一些省份认为，目前实施的基于政府财政纵向转移支付的补偿实践中，补偿资金核算和分配是通过决策层基于全市财政和形势发展需求统筹分析后，以行政指令式进行划拨和分配，这可能导致补偿金额与生态保护区的利益损失不匹配，从而无法完全起到调节区域公平发展的目的。从长远来看，应逐步加强生态成本与损失核算、生态服务功能评估等方法的研究和引入。

此外，在补偿资金分配和使用方面，一些流域上游省份认为，补偿资金的使用分配没有更多惠及当地居民，当地居民得不到合理补偿，导致生态补偿政策成果不稳定、易反复。

5.4 长三角流域生态补偿机制框架构建

5.4.1 基本思路

围绕长三角流域水生态文明建设需要，基于长三角流域生态环境特征与区域社会经济发展趋势，从流域生态系统整体性、流域发展差异性和流域生态服务供给不均衡性出发，统筹考虑流域各方利益诉求，以促进水环境质量改善、水生态系统健康、水资源利用安全为目标，坚持多元化、市场化导向，充分创新运用多种补偿方式，合理弥补环境保护较好区域和企业为保护流域环境而损失的机会成本，逐步实现流域上下游公平、科学、合理、高效利用流域水资源，合理分担流域在各段区域内的水环境保护责任，促进建立一种长效的跨省份流域水环境共同治理机制，实现长三角流域各方和谐、可持续发展。

5.4.2 总体原则

（1）受益补偿、污染付费的原则

即按照“谁开发、谁保护，谁破坏、谁恢复，谁受益、谁补偿，谁污染、谁付费”的原则。一方面，环境和自然资源的开发利用者要承担资源环境成本，履行生态环境恢复责任，当造成超出阈值的环境污染时，应赔偿相关损失，支付占用环境容量的费用；另一方面，生态保护的受益者有责任向生态保护者支付适当的补偿费用。

（2）地方为主、国家指导的原则

充分发挥地方政府的主导作用。地方政府作为生态补偿机制的实施者，应在国家指导下，完善工作机制，并建立相应的资金的投入和运作渠道，积极开展各项具体工作，使生态补偿机制不断完善并发挥应有效应。积极发挥国家的指导、协调作用。国家层面在长三角地区流域生态补偿机制建立过程中的引导作用，在生态补偿机制的政策制定、体系建设等方面为地方政府提供具体指导，同时在一些跨省界的污染纠纷、补偿纠纷等问题发挥协调和仲裁的作用。

（3）共建共享、多赢发展的原则

长三角地区生态环境保护的各利益相关者应加强在流域生态保护和环境治理方面的互动配合，通过建立合作平台和工作机制，落实任务分工，实现长三角流域生态补偿机制的共建共享。同时，长三角流域生态补偿机制要充分考虑长三角地区各省（市）的利益协调和均衡，对流域上游和下游实现合理的约束和管理，从而促进区域可持续发展，最终实现多方共赢的发展格局。

（4）因地制宜、易于操作的原则

长三角流域生态补偿机制的建立，既要积极总结借鉴国内外经验，科学论证、积极创新，探索建立多样化生态补偿方式，为加快推进建立生态环境机制提供新方法、新经验，也要充分结合长三角地区在地理、政治、环境、文化等方面的特点，形成易于操作、科学合理的实施途径和措施。

（5）市场参与、多元补偿的原则

长三角流域生态补偿机制应重视市场对流域资源的配置功能，积极发挥政府和市场的互补作用，从排污权和水权的优化配置、补偿资金的市场化运作等方面，建立市场参与机制。同时，要积极构建包括资金、政策、产业等方式在内的多元补偿方式，并形成包括政府、社会、企业等流域多方利益主体的多元参与模式。

（6）统筹协调、一体化推进原则

长三角一体化发展已上升为国家战略，尤其苏浙沪交界处作为一体化示范区，对流域生态环境提出了协同保护的要求。实施长三角流域生态补偿要立足流域环境一体化特征，更要从区域一体化发展要求出发，建立流域各方共同参与、补偿措施统筹协调的一体化协同推进机制，促进流域环境质量总体改善、区域一体化融合发展。

（7）试点先行、分步实施的原则

率先要在重点领域和地区开展生态补偿机制试点，通过试点总结经验，以点带面实现全方位跟进。同时，长三角流域生态补偿机制要循序渐进，分步实施。

5.4.3 制度框架体系

长三角流域生态补偿制度体系的构建，主要从制度的设计目标、运作机制、配套机制与支持体系等方面落实。具体的制度设计，要从长三角流域的政府与市场、中央与地方、生态付费与破坏补偿、流域上游与下游责任等各方面关系出发，研究构建长三角流域跨省界生态补偿机制框架。具体见图 5-13。

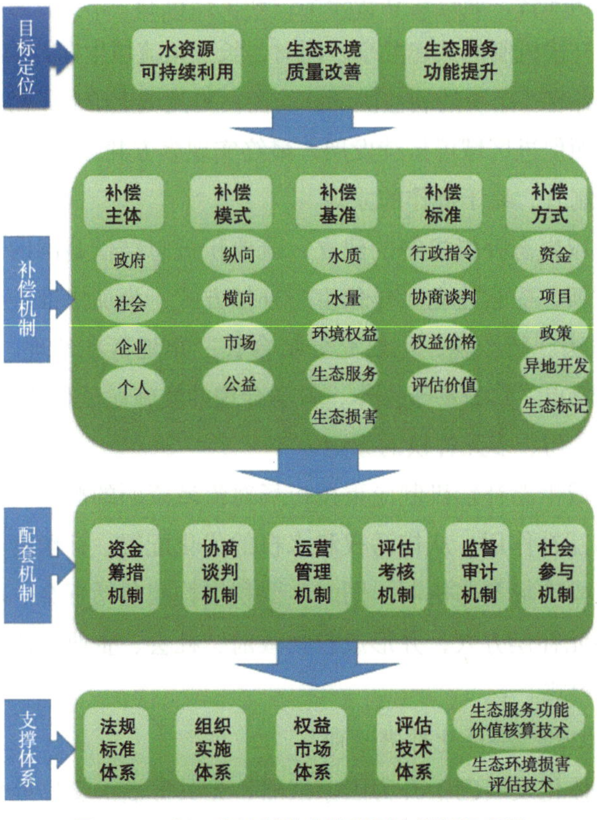

图 5-13 长三角流域生态补偿制度框架示意图

5.4.4 典型制度的框架设计方案

根据总体原则及制度框架体系，结合长三角流域的基本特点和需求，提出 4 种适用于长三角流域的典型制度框架方案，分别为基于断面考核的双向补偿模式、基于协商谈判的单向补偿模式、基于共筹基金的多元补偿模式、基于水权 / 排污权交易的市场补偿模式。具体制度框架设计方案见表 5-6。

表 5-6　4 种流域跨界水体生态补偿制度框架设计方案

	基于断面考核的双向补偿模式	基于协商谈判的单向补偿模式	基于共筹基金的多元补偿模式	基于水权 / 排污权交易的市场补偿模式
补偿目标	改善流域水质、保证水资源量	获取更优流域生态服务	改善流域生态环境质量、促进区域公平发展	优化流域环境权益资源区域配置
基本模式	流域上下游政府基于选定的跨界断面和水质 / 水量考核因子，明确补偿或赔偿的基准条件，商定补偿标准、方式，实现上下游横向双向互补	流域环境服务受益方（如下游水资源开发使用方）对流域环境服务提供方（如上游水源保护区、涵养区），基于协商谈判，明确补偿条件、标准、方式等，实现单向补偿	流域内相关各方（政府）共同出资建立流域生态补偿基金，对流域环境治理者、流域生态建设者、流域生态利益受损者实施补偿	建立统一的流域水权、排污权制度，构建排污权、水权流域跨区流通机制，搭建流域水权、排污权交易市场，实现流域内水权、排污权跨区交易
适宜条件	上下游责任清晰、流域受益方与受损方易变化的跨界水体	流域生态服务供给与生态服务受纳主体明确	涉及主体多（3 个或以上）、流域各方生态目标与需求一致	具备环境权益交易条件的流域
组织实施	政府	政府	政府为主、社会参与	市场主导、政府引导
参与主体	流域上下游政府	流域上下游政府或直接利益主体	流域相关政府、社会组织、企业、个人等	市场交易主体
补偿方向	横向、两方双向互补	横向、两方单向补偿	横向 / 纵向、多方互补	横向、多点互补
补偿基准	水质、水量	流域生态服务供给	流域生态服务供给、流域生态环境投入	水权、排污权
补偿标准	基于协商谈判的双方需求与利益平衡点	基于生态服务供给评估价值	基于保护与建设的成本、流域生态服务价值评估	基于市场定价的环境权益价格

续表

	基于断面考核的双向补偿模式	基于协商谈判的单向补偿模式	基于共筹基金的多元补偿模式	基于水权／排污权交易的市场补偿模式
补偿方式	政府财政资金支付	资金、政策、项目、异地开发等	资金、项目、投融资等	资金交易
资金来源	政府	政府	政府、社会	交易主体（政府、企业）
关键技术	考核因子与标准的设定、补偿标准的设定	服务价值的评估	补偿基金的管理与运作；基金筹措、运作与监督管理机制	流域统一的环境权益初始权分配机制、流通机制与交易制度构建
其他建议	补偿因子综合考虑主要污染因子和特征因子	建立流域生态服务功能价值评估技术体系	各方基金出资分担比例可按照以下原则协商谈判：①基于流域内的水环境税收入；②基于排污量；③基于水质；④基于水资源取水量；⑤基于流域生态服务功能价值核算	建议长三角先行示范区率优先试点排污权跨省交易

5.5 长三角流域生态补偿试点对象选择及其现状特征

5.5.1 补偿对象选择

重点流域的选择，主要考虑流域对区域生态环境质量改善、区域饮用水安全保障和流域生态服务功能供给等方面的因素。选择试点河流时，主要遵循以下原则：

①流域服务功能重要性。优先选择对区域饮用水安全保障和流域生态服务功能供给具有重要意义的河流水体。

②监测考核的可操作性。从监测数据的全面性、可得性和权威性，现阶段可优先选择具有国控跨界断面的河流。

③上下游关系特征清晰。来水污染责任易分，能够代表上游来水水质，优先选择来水水体上下游明显、互流影响较小的河流。

④跨界水体流量不宜过小。若河流跨境水量过小可能导致重要性不够，优先选水量稳定且比较大的河流。

⑤跨界水体具有流域代表性。主要考虑社会、公众及相关利益方对河流的关注度，以及该河流在整个流域中的水生态环境、水生态文化的代表性等。例如，优先选择跨界污染问题较多、社会比较关注、跨境 2 个或 2 个以上、具有江南水乡文化底蕴的省份的跨界河流水体。

根据上述原则，结合上海市情况，围绕苏沪和浙沪主要跨境水体（目前，上海市跨省界上游来水水量主要集中在太浦河、急水港、胥浦塘、大蒸港、六里塘、苏州河等河流），建立流域生态补偿机制试点水体重要性打分表，筛选出优先试点河流。

设计打分表，从重要性、可操作性、上下游责任、跨境水量、流域代表性 5 个方面因素进行打分。每个因素以 5 分为满分打分（分越高代表优先度越高），分值通过初拟的试点水体两两比较确定。

根据试点水体对象打分结果，建议：①优先开展苏浙沪、苏沪交界的水体和断面；②太浦河为优先试点水体，其次为吴淞江—苏州河。

就太浦河而言，太浦河在生态服务功能重要性（浙江省、上海市的重要饮用水水源）、操作性（有国控监测断面）、上下游特征（江苏省为浙江省、上海市的上游）、跨境水量（跨境水量在太湖流域居前列，2018 年金泽断面年均流量达到 376.5 m^3/s）、流域代表性（沪苏浙交界，关注度高）等方面，与其他跨界水体相比更突出，是近期开展流域生态补偿机制的优先试点对象。具体见表 5-7。

表 5-7 长三角流域生态补偿机制试点水体对象打分

	跨界水	重要性	可操作性	上下游关系	跨境水量	流域代表性	总分
苏浙沪	太浦河	5	5	5	5	5	25
苏沪	吴淞江—苏州河	4	5	5	2	4	20
	急水港	4	4	5	3	3	19
浙沪	上海塘—胥浦塘	3	4	4	4	3	18
	红旗塘—大蒸港	2	4	4	4	2	16
	六里塘	2	4	4	3	2	15

5.5.2 太浦河流域特征分析

5.5.2.1 生态环境基本特征

（1）基本情况

太浦河是在天然湖荡基础上于 1958 年开挖的人工河流，西起东太湖（江苏省吴江区七都镇），东至上海市南大港接西泖河入黄浦江，全长 57.6 km，其中江苏省吴江区内 40.4 km，浙江省嘉善县内 2.0 km，上海市青浦区内 15.2 km。

太浦河是太湖流域的重要河流，也是上海市西南部的大河，流经江、浙、沪 3 省份 15 个乡镇。因沟通太湖和黄浦江而故名，为太湖入黄浦江的人工河道，全长 57.5 km，河宽约 200 m。西起江苏省吴江区庙港镇太湖东岸，东至上海市青浦区金泽镇池家港村入上海市内，在练塘镇南大港处与西泖河相接。太浦河沿线地势平坦，太浦河中段，河湖众多，大小湖荡共 205 个，自西往东穿越 20 多个湖泊荡漾。底宽 110～150 m，面宽 200 m，底高最深处在南大港 -4.9 m，承泄太湖流域的 2/5 洪涝水量，可通航 60～80 吨级船只，沿河连接桃花漾、汾湖等十多个大小湖荡，串江南运河，河口建有太浦闸。具体见图 5-14。

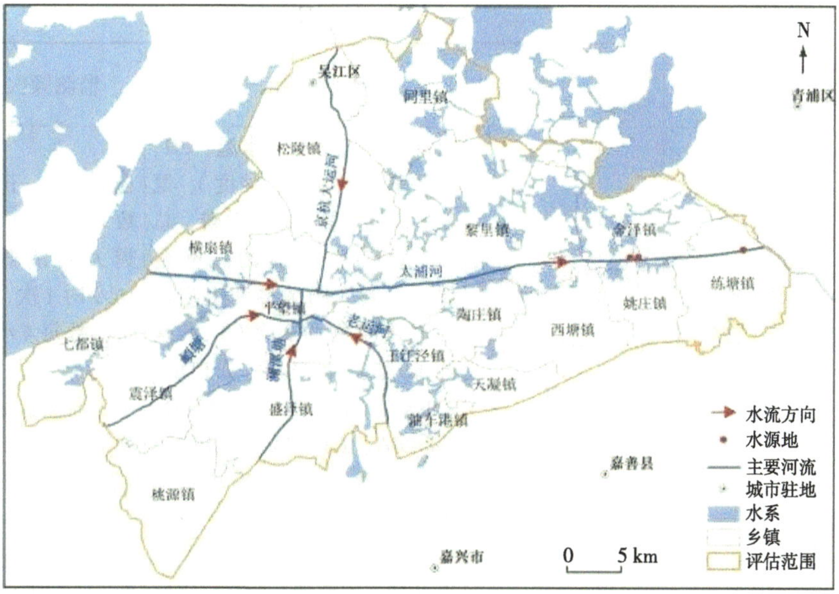

图 5-14　太浦河及周边流域情况

（2）太浦河省界断面监测分布

太浦河三省份省界附近主要监测点位有：①太浦河—汾湖大桥断面，位于江苏省距离上海省界约 2.78 km 处，为江苏省国控点位、长三角一体化手工联合监测点位，由国家委托第三方手工监测；②太浦河—金泽水文站断面，位于上海市与江苏省界附近，上海市控省界预警监控断面，属于自动监测站；③太浦河—金泽断面，位于上海市与江苏省界附近，为水利部太湖流域管理局设置的苏浙沪跨省界常规监测断面，属于手工监测；④上海在太浦河下游 4.5 km 附近金泽水源湖的入水口和出水口分别设置了金泽水源湖进水口断面（手工 + 自动）、金泽水源湖断面（手工），用以监测水源地水质。具体见表 5-8。

表 5-8　太浦河省界附近水质监测断面建设情况

权属	断面名称	属性	监测方式	位置	主要监测因子	监测频次
江苏省	汾湖大桥	江苏出省断面（国考）	国家事权	位于太浦河上江苏省内，距离上海省界约 2.78 km	地表水 24 项基本项目，按照国家监测方案执行	每月 1 次

续表

权属	断面名称	属性	监测方式	位置	主要监测因子	监测频次
上海市	金泽水文站	省界监控断面（区级）	自动站+手工监测	位于太浦河上海与江苏省界附近约50 m	自动站：五参数（水温、pH、溶解氧、电导率、浊度）、氨氮、高锰酸盐指数、总磷、总氮、VOCs、挥发酚、重金属锑、粪大肠菌群和生物毒性。致嗅物质9项（2-甲基异莰醇、土臭素、2-EDD、2-EMD、1,3-DIL、2-MTD、1,4-DIA、1,3-DIA、DCIP）。手工监测：24项地表水基本项目	自动站：五参数每小时1次，粪大肠菌群每16小时1次，其余参数每4小时1次 手工监测：重点项目每月1次，7月全项目
	金泽水源湖进水口	水源地进水口断面（市级）	自动站+手工监测	位于太浦河上海市内，距离省界4.45 km	自动站：五参数、氨氮、高锰酸盐指数、总磷、总氮、石油类、总有机碳、VOCs、挥发酚、氯化物、重金属锑、重金属六价铬、重金属镍、粪大肠菌群和生物毒性； 手工监测：24项地表水基本项目、5项水源地补充项目、80项水源地特定项目	自动站：五参数每小时1次，粪大肠菌群每16小时1次，其余参数每4小时1次。 手工监测：基本项目、补充项目每月1次；80项特定项目全年监测3次
水利部太湖流域管理局	金泽	太湖流域苏浙沪跨省界断面	手工监测+自动站	位于太浦河上海与江苏省界附近约50 m	pH、溶解氧、高锰酸盐指数、化学需氧量、五日生化需氧量、氨氮、总磷、铜、锌、氟化物、硒、砷、汞、镉、铬（六价）、铅、氰化物、挥发酚、石油类、阴离子表面活性剂和硫化物共21项	手工每周监测2次

（3）水环境质量及其影响因素

按年均数据评价，2015年、2016年、2017年太浦河—汾湖大桥手工监测断面水质类别均为Ⅲ类，2018年、2019年（1—11月）为Ⅱ类。从主要污染因子看，氨氮从2015年以来浓度逐年降低，已基本实现Ⅱ类水质稳定达标；总磷近几年浓度在0.1 mg/L附近，处于Ⅱ—Ⅲ类水质临界水平。具体见图5-15、

图 5-16。

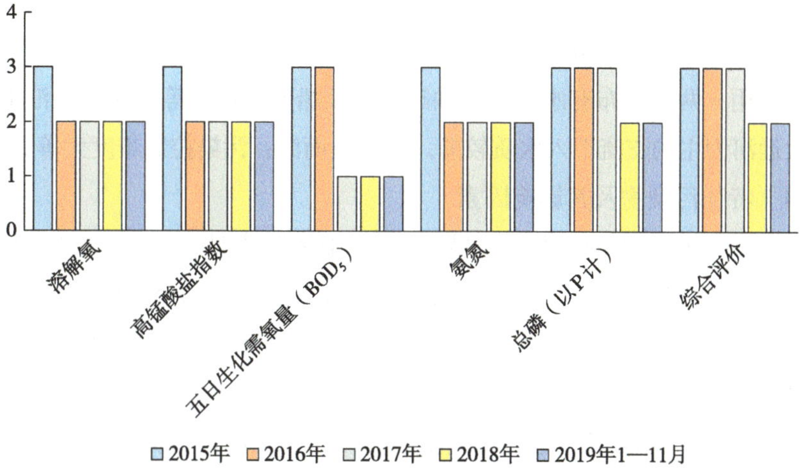

图 5-15　2015—2019 年太浦河—汾湖大桥断面水质类别评价结果

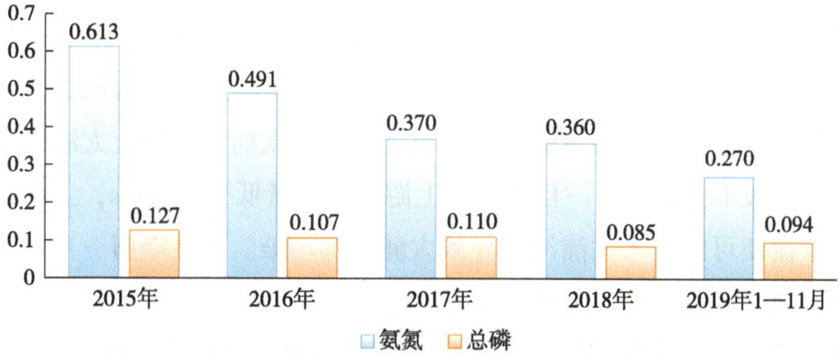

图 5-16　2015—2019 年太浦河—汾湖大桥断面氨氮和总磷浓度

按月度数据评价，2017 年水质类别为Ⅱ～Ⅳ类，其中 2017 年 6 月、7 月、9 月溶解氧为Ⅳ类，其他指标均达到Ⅱ～Ⅲ类。2018 年水质类别为Ⅱ～Ⅳ类，其中 2018 年 7 月、8 月、9 月溶解氧为Ⅳ类，其他指标均达到Ⅱ～Ⅲ类。

总体来看，近两年太浦河来水水质已基本实现稳定达标。2018 年太浦河—金泽断面水质为Ⅲ类（太湖局），汾湖大桥断面水质为Ⅱ类（上海市）。

太浦河干流水质受多方面因素影响。吴江地区的社会经济发展现状带来了多种因素影响太浦河干流水质，对下游水源地取水安全造成了显著的影响。水质影响因素主要包括：①工业企业：吴江区是中国重要的纺织行业集聚地，太浦河沿线区域共有 483 家工业企业，其中，江苏吴江地区分布有 335 家，区域内纺织印染企业366家，约占太浦河沿线区域工业企业的75%。太浦河沿线区域共有41座污水处理厂，累计工业废水年排放总量约为1.5亿t。②航运：航运业繁忙，运输货物含化学品、砂石等，并存在油类污染及船舶侧翻的风险。③岸线利用：两岸分布有水泥厂、油罐仓储及船舶加油站等。④支流汇水：以京杭大运河为主的支流汇入水质较差。⑤农业面源：污染控制难度大等方面。

（4）特征污染物及其影响因素

此外，近年来太浦河发生过数次锑污染风险事件，锑是太浦河上游来水污染风险的特征因子。2014年以来，太浦河已先后发生锑污染超标7次（2014—2017年，其中2017年4次），直接影响了浙江省和上海市饮用水水源地取水安全。为此，上海市与江苏省还建立了锑污染应急联动响应机制。

根据调查，太浦河锑污染产生主要和以下3个因素有关：一是上游污染物排放。上游吴江地区的印染产业发达，其中需要用到含有锑的催化剂，且不易在工业污水处理环节过程中去除，当这些含锑工业废水排入环境，由于本地区水网特征，导致对下游的污染物迁移。二是太浦河上游来水水量与水位。根据相关调查，当太浦河上游太浦闸下泄流量大于90 m^3/s时，由于太浦河水位抬升，一些含有锑污染物的支流无法汇入太浦河，加上太浦河水量稀释作用，一般不会超标。一旦太浦河上游下泄流量低于90 m^3/s，上游含锑污染物的支流便可能汇入太浦河，导致太浦河锑污染。三是降雨。当太浦河上游南岸出现强降雨，杭嘉湖区2天雨量达50 mm以上时，太浦河南岸河网水位快速上涨，导致含锑河网水进入太浦河，同时太浦闸会出现倒流而关闭，若不采取相应调水措施，可能导致下游锑污染。

由此可见，太湖闸的流量会影响太浦河水位，进而影响周边支流的汇入及太浦河水质（太湖闸由上海市投资建设、水利部太湖流域管理局负责运营管理）。

因此，太浦河的防治和风险管控治理需要上下游协同，既要推进上游产业结构调整与污染防治，也要加强太浦河流量（水位）调控。目前太浦河锑污染的应急响应机制主要基于流量调控。

5.5.2.2 水量与水质的联动变化关系

太湖太浦闸流量目前年均在100 m^3/s左右。根据太湖局2018年数据，太湖出太浦河年水量为34.1亿m^3，折合年均流量为108.1 m^3/s。

太浦河入沪流量则要高得多。2018 年太浦河入上海的金泽断面 12 个月平均流量为 376.6 m^3/s（数据来源：水利部太湖流域管理局）。

太浦闸下泄量与太浦河流量、水质存在一定关系。根据 2014 年，上海市水务局针对出太湖的太浦河水闸调水实验，分析太浦河水闸不同下泄流量下入上海的流量变化情况。调水实验结果显示：①当太浦闸下泄流量低于 80 m^3/s 时，沿途支流对太浦河水量影响显著，其中受京杭运河（位于平望与黎里之间）影响最大（汇入流量为 110～130 m^3/s），其次为平望上游（汇入流量为 40～50 m^3/s）。②当太浦闸流量达到 200 m^3/s 时，沿途支流影响相对较小，入上海金泽断面时沿途支流汇入流量约为 55 m^3/s。③沿途支流的汇入量对太浦河水质影响明显。一是太浦河主要汇入支流——京杭运河，水质常年劣于太浦河上游来水；二是太浦河上游江苏吴江段为其纺织、印染产业集聚区，加上人口密集，支流水质总体较差，还存在锑（Sb）这一特殊因子的污染风险。具体见图 5-17。

图 5-17　2014 年调水实验结果示意图

综合来看，一是太浦闸的下泄水量对沿途支流水量的汇入有显著影响；二是太浦河沿途支流汇入对省界断面水量、水质影响明显，其中京杭运河影响最大。

当前太浦闸设计流量为 784 m^3/s。根据太浦闸的流量调度方案，为保障太浦河下游地区供水安全，原则上太浦闸下泄流量不低于 50 m^3/s。当下游地区发生饮用水水源地水质恶化或突发水污染事件、太湖水位较低、太浦闸自流引水量较小时，可加大太浦闸供水流量，必要时启用太浦河泵站抽取太湖水经太浦河补充入黄浦江，以改善太浦河干流水质，提升上海市的供水水质和供水保证率。当太湖流域下游地区遭遇台风暴潮或区域洪水时，可减小太浦闸供水流量，必要时关闭太浦闸。

5.5.2.3 流域突发水污染风险评估

周宏伟等（2019）对太湖流域太浦河周边区域突发水污染潜在风险评估研究结果表明：

①从风险因素来说，太浦河污染风险评估范围内，油品、危险化学品、化学需氧量、氨氮、锑、重金属铬是该流域突发水污染主要风险因素。

②从综合风险评估来看，Ⅳ级与Ⅴ级突发水污染综合风险区域（高风险、较高风险区）面积共22 km^2，集中于盛泽镇，零星分布于同里镇东部、平望镇局部和黎里镇沿太浦河岸区域。盛泽镇有大型的纺织印染与助剂企业和污水处理厂，涉锑生产单位众多，且沿澜溪塘分布有危险化学品仓库和码头，使多种污染物的源强较大，对下游的风险受体潜在损失度大，成为突发水污染的高风险区域。黎里镇在沿太浦河岸区域有密集的加油站和危险化学品仓库及专用码头分布，并布局有涉铬排放工业企业，因距离太浦河和水源地较近，可对太浦河及其下游造成直接的污染危害，是突发水污染高风险发生区。同里镇东部分布有大型的危险化学品仓库、工业企业和污水处理厂，其重金属铬源强较高，下游经济潜在损失度高，是风险防控的重点区域。具体见图5-18、图5-19。

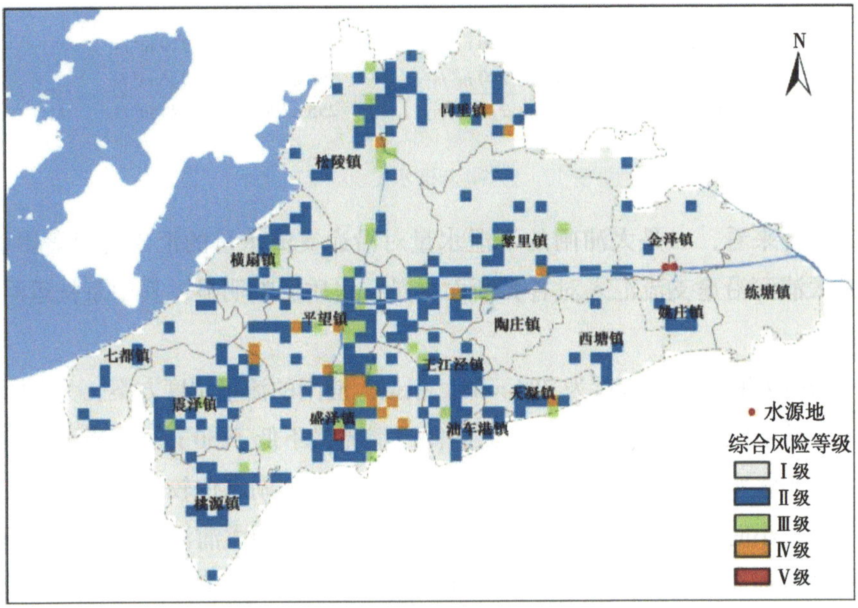

图5-18 太浦河污染源综合风险评估等级分布

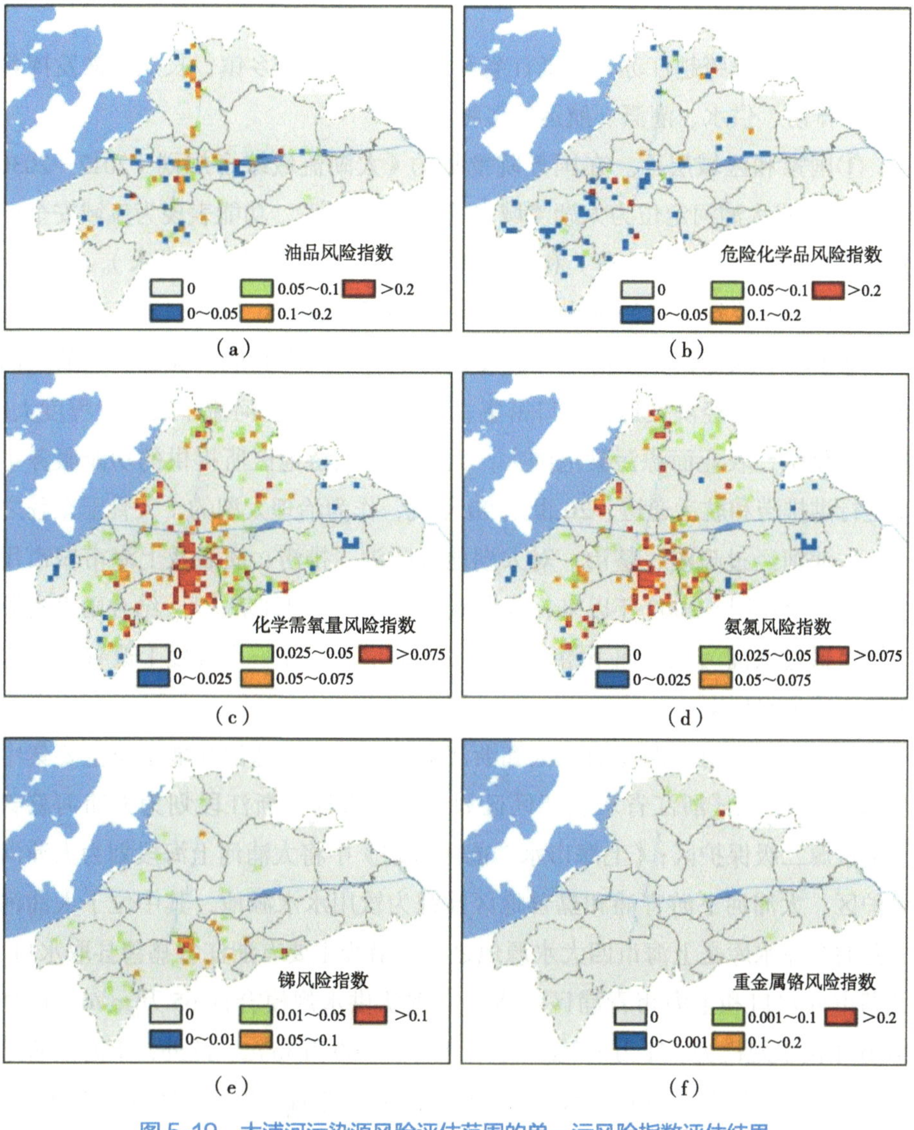

图 5-19　太浦河污染源风险评估范围的单一污风险指数评估结果

资料来源：太湖流域太浦河周边区域突发水污染潜在风险评估（2019 年）。

5.5.2.4　流域上下游关系分析

太浦河流域涉及江苏省、浙江省和上海市两省一市，沿线利益相关方众多，实行行政管理和流域管理相结合的水资源管理制度。结合太浦河流域现状，选取地方政府、地方产业（企业）、公众、流域管理机构作为主要的利益相关方代表。

（1）流域生态功能定位分析

太浦河沿途跨越江苏省、浙江省和上海市的15个乡镇，长期以来发挥着防洪、排涝、供水、灌溉、航运等多种功能。

①国家和区域层面。在国务院批复的《太湖流域综合规划（2012—2030年）》中，将太浦河定位为太湖流域内的“清水走廊”，功能表现为流域安全行洪“高速通道”（泄洪排涝）和水资源配置的“清水走廊”（供水）。2016年长三角地区主要省（市）领导座谈会上也明确了太浦河“清水走廊”的地位。

②上游。太浦河是上游地区重要的行洪排涝通道和航运通道。当前太浦河上游吴江地区经济发达，人口密集、纺织企业众多，河流岸线开发程度大，航运业繁忙，农业面源污染范围大，太浦河为上游地区所提供的功能服务主要是行洪排涝和航运通道。20世纪90年代，作为治理太湖的十大骨干工程之一，太浦河经过疏浚、整治，对太湖地区防洪、排涝、灌溉及上海市城市用水起着重要作用。2002年以来，太湖流域实施了“引江济太”，结合雨洪资源利用，通过太浦河工程向下游和黄浦江增加供水，在一定程度上改善了受水区的水质和水环境。

③下游。下游上海青浦地区和浙江嘉善地区对太浦河功能定位主要集中在水资源供给。《浙江省水功能区区划》中将太浦河浙江段划为太浦河嘉善饮用水源二级保护区；《上海市水功能区区划》中将太浦河上海段划为太浦河保护区。太浦河下游青浦和嘉善地区被视为饮用水水源地，其中位于太浦河下游的金泽水库是上海市四大水源地之一。沿线主要有浙江省嘉善县取水口、平湖市取水口和上海市青浦区取水口，现状供水规模合计65万 m^3/d，规划2020年供水规模为351万 m^3/d，2030年将达500万 m^3/d。此外，下游嘉善地区地势低洼，汛期太浦河也承担着杭嘉湖区域排涝的任务。具体见表5-9。

表5-9 太浦河取水口布局及取水规模

行政区	取水口名称	取水规模/（万 m^3/d）		
		现状水平年	2020年	2030年
嘉兴	平湖市城镇自来水厂	35	50	50
	嘉善县城镇自来水厂	30	45	45
上海	金泽水库	—	351	500

资料来源：太湖流域水资源保护局。

④太浦河上下游对太浦河功能定位差异性明显。上游对太浦河功能定位主要集中在泄洪和航运，而下游地区的河流功能定位集中在水源供给。此外，国务院批复的《太湖流域综合规划（2012—2030 年）》中，将太浦河定义为太湖流域重要的“清水走廊”，但上下游功能定位需求差异性较大，与太浦河“清水走廊”定位有一定差距，如图 5-20 所示。

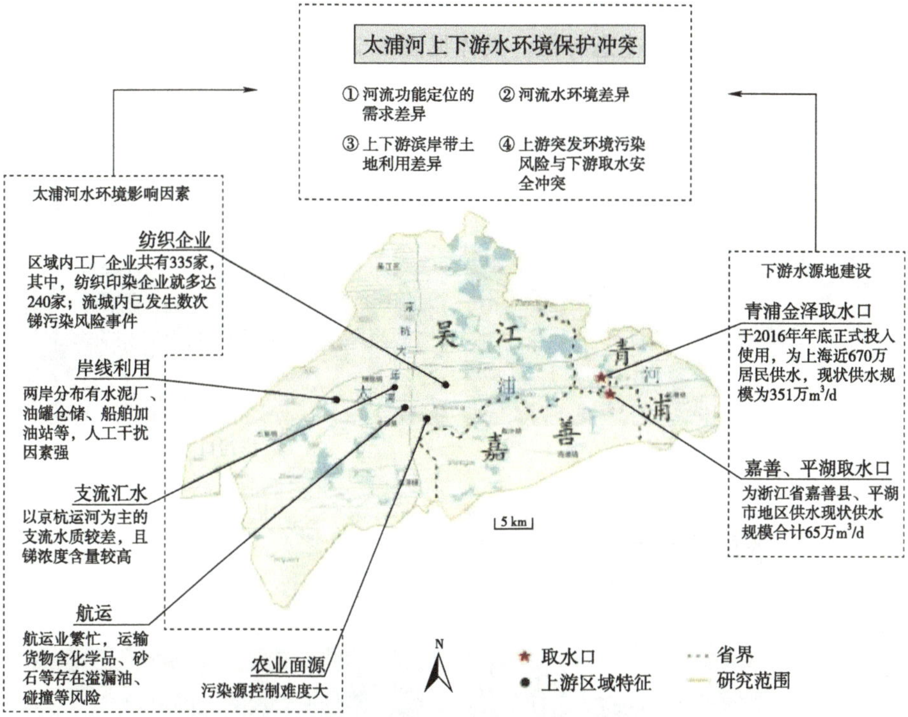

图 5-20 太浦河流域上下游水环境保护冲突示意图

（2）社会经济发展特征分析

①上游江苏吴江。上游吴江地区纺织印染行业集聚并形成了完整的产业链，生产规模大，经济效益显著。上游吴江地区经济发达，人均 GDP 居三区之首。而吴江地区纺织印染行业的发展需要直接或间接从太浦河获取大量的水资源，并将污染物排放至太浦河水体，部分纺织印染企业侵占太浦河吴江段岸线。

此外，作为吴江地区重要的航运通道，太浦河航运业繁忙，且运输的货物种类繁多，包括砂石、建材、化学品、建筑垃圾、煤炭等。吴江地区产业发展对太浦河岸线利用程度较高，沿线土地利用类型主要有工业用地、仓储用地、农业用地等，其中工业用地主要为水泥厂、纺织印染厂、加油站、码头、船舶交易维修等。由于这些企业沿太浦河而建，形成了生产到运输、船运到维修的产业链条。但是这类零散企业生产较为粗放，缺乏相应的环保处理设施，部分工业产区污水直排进入太浦河，污染负荷大。为了保证下游地区供水安全，上游地区现有的岸线利用模式与产业结构势必会受到限制，上游的公众期待开展省际生态补偿。具体见图 5-21。

加油站

排污口

船舶维修

码头

图 5-21　吴江地区太浦河岸线利用现状（2019 年）

②下游浙江嘉善和上海青浦。嘉善地区岸线利用程度相对较低，主要的利用形式为农业种植和水产养殖。青浦地区为上海市水源保护区，太浦河两岸限制工业发展和畜禽养殖，且禁运危险化学品，并建设有防护林和景观廊道。在提出清洁、安全的水资源需求的同时，由于水源地保护限制开发，经济发展受到制约，因此两地同样期待政府在当地开展生态补偿。具体见图 5-22、图 5-23 和表 5-10。

（a）防护林　　（b）景观廊道

图 5-22　青浦区岸线利用现状（2019 年）

（a）围湖养殖　　（b）农业种植

图 5-23　嘉善县岸线利用现状（2019 年）

表 5-10　太浦河上下游地区基本现状

地区	河流功能定位	岸线开发利用程度	主要产业
上游地区	吴江	高	纺织印染业、农业
下游地区	嘉善	较低	农业
	青浦	低	涵养林

（3）规划与管理分析

①在流域机构管理方面。对太浦河“清水走廊”的配置既是流域综合水资源管理的需要，也是水源地供水安全的需要。《太湖流域水功能区区划（2010—2030 年）》中将太浦河整体划为江浙沪调水保护区，水质保护目标为Ⅱ～Ⅲ类。水利部太湖流域管理局依托《太湖流域管理条例》的实施，对太浦河沿线各区域提出相应的水资源保护要求。在产业布局方面，限制在太浦

河沿线设置造纸、冶金、制革、印染、酒精、淀粉、酿造、电镀等高耗水、高污染的生产项目，现有的生产项目不能达标排放的，应该依法关闭。在岸线开发利用方面，限制在太浦河岸线内和岸线两侧各 1 000 m 范围内设置剧毒物质、危险化学品的贮存、输送设施和废物回收场，且对新建畜禽养殖、化工、医疗等生产项目予以禁止。在航运业发展方面，流域管理机构要求太浦河上过往的航运船只需要配备污水、废油、垃圾、废弃物、粪便等污染物收集设备，且船只需要持有防止水域水环境污染证书。太浦河沿线港口、码头、装卸站以及船舶修造厂等航运附加业应该配备船舶污染物、废弃物接收设备和水污染应急设备。此外，流域管理机构要求地方政府应加大对农业种植和水产养殖业规模的控制，并制定太浦河取水总量控制制度和污染物排放总量控制制度。

②上游江苏省方面。为了应对太浦河“清水走廊”的建设，江苏省颁布了《江苏省太湖流域管理条例》，其中对地区纺织产业的发展提出更加严格的要求。吴江地区为确保金泽水库供水安全，要求对纺织企业末端处理设施进行提标改造。在岸线管理方面，江苏省政府规定太浦河及其两岸 50 m 范围内（不包括汾湖部分）为生态红线区域范围，将太浦河划为“清水通道维护区”。

③下游浙江省方面。浙江省将太浦河流域规划为太浦河—长白荡饮用水源保护生态环境功能区，《浙江省水功能区区划》中将太浦河浙江段划为太浦河嘉善饮用水源区（饮用水源二级保护区），并将太浦河沿线纳入浙江省生态保护红线区域。

④下游上海市方面。《上海市水功能区区划》中将太浦河上海段划为太浦河保护区。下游青浦地区为了保证区域供水安全，将青西地区划为水源涵养地区，限制太浦河上海段的开发利用与农业、畜禽养殖，并种植涵养林，禁止在太浦河运输危险化学品。在岸线开发方面，上海规定太浦河两侧 1 km 范围禁止布局化工、印染、造纸等重污染企业，沿岸 5 km 控制工业、畜禽养殖规模。

（4）综合分析

综合来看，太浦河流域具有以下几个方面特点，应在流域生态补偿机制设计时予以考虑。

一是涉及省级多方主体，包括江苏省、浙江省、上海市。

二是流域各方生态保护目标总体一致。江苏省、浙江省与上海市都有保护流域生态环境质量、改善流域水质、建设“清水总廊”的基本需求。

三是流域上下游生态服务功能需求不一。上游希望提供流域防洪调蓄为主的生态服务功能，下游则以优质水源供给为主要需求。

四是太浦河跨省界断面水质近年来总体保持良好，达到Ⅱ～Ⅲ类水质标准。

五是太浦河特征污染因子、主要风险因子是锑。锑污染受流域上游排污、降水及太湖下泄水量综合影响。

六是下游锑污染的防控需要上下游协同。锑污染措施目前最要有效的应急防控措施是从上游调水。目前江苏省、浙江省与上海市已经就锑污染风险达成了应急响应机制。自 2017 年该机制实施以来，下游跨界断面锑因子未曾超标。

5.6 长三角地区典型跨省流域（太浦河）生态补偿制度设计方案

基于长三角地区跨省流域生态环境现状特征，结合流域上下游的生态补偿需求，选择实施意义重大、可操作性强的典型跨省界河流断面作为先行试点，提出相应的跨省流域生态补偿机制试点方案建议。

5.6.1 补偿模式选择

根据选定的补偿试点水体——太浦河，鉴于其复杂地理、行政和管理现状，现阶段在建立流域生态补偿机制时既要充分借鉴国内外成功经验，又必须符合流域实际情况，选择最适合长三角流域现实环境的生态补偿机制模式。

首先，由于我国目前资源价格体系和产权交易市场的不完善，因此采用产权交易模式的条件还不成熟。具体来说，一是针对流域的生态环境服务价值缺乏统一的权属划分与价值评估标准，因此基于生态环境服务交易的市场模式难以推行；二是基于水权、排污权的跨区交易，目前在缺乏区域（各省份之间）统一的初始权分配机制和跨区流通交易平台，如各省排污权初始权分配标准差异明显、范围不一。

其次，太浦河流域地区经济发达且发展相对平衡（江苏省苏州市、浙江省嘉兴市、上海市青浦区），且以平原河网为主，流域的主要问题是污染物的跨界输送导致的跨界污染问题（主要是锑污染风险）。而基于国家财政纵向转移支付的流域生态补偿机制无法解决上下游流域跨界污染问题。因此，在长三角太浦河流域缺乏建立基于国家财政纵向转移支付的流域生态补偿机制的紧迫性与必要性，不建议采用依赖公共支付的纵向补偿模式。

再次，基于协商谈判的流域上下游横向补偿模式，尤其是基于上下游双方的责任判定机制的双向补偿模式，由于能够准确判定流域内各方生态补偿责任和义务，较好地体现了上下游地区公平发展的原则，达到跨界环境污染外部效应内部化的目的，更适用长三角太浦河流域目前跨界水体的现状。此外，太浦河目前流量充沛稳定、水质有波动但总体向好，并已部署国考水质监测断面，明确了跨界断面水质目标，上下游签订了水污染应急响应机制，具备实施基于跨界断面水质考核的流域横向生态补偿机制的客观条件。

最后，太浦河跨省区域上下游关系较为特殊，为“一上两下”格局。“一上”是指上游为江苏省苏州市吴江区，“两下”是指下游包括浙江省嘉兴市嘉善县和上海市青浦区。按照“统筹协调、一体化推进”原则，应统筹协调浙江省、上海市和江苏省三方，共同构建流域生态补偿机制，建立多方参与的流域生态补偿机制。

综上所述，从流域环境特点和可操作性角度考虑，现阶段的长三角太浦河流域生态补偿机制适宜建立基于水质考核的上下游横向补偿模式；从统筹江苏省、浙江省、上海市三方主体角度出发，适宜建立江苏省、浙江省、上海市三方参与，基于共筹基金的多元互补流域生态补偿模式。综合而言，建议建立由江苏省、浙江省、上海市三方参与，基于共筹基金和跨界断面水质考核相结合的流域生态补偿机制。

具体制度设计和操作层面，要结合流域及上下游地区的特点实施。

此外，关于开展基于跨界断面水质考核，而不考虑水量的横向生态补偿模式的原因说明：①流域上下游水质有法定的标准（功能区水质标准、太湖流域规划），具有法律效力，考核依据充分，而水量没有；②太浦河三方边界已设有国考水质断面，水质数据具有可得性、权威性；③太浦河流量受太湖局太浦河闸调控影响，而太湖局主体为国家下设机构，无法作为补偿主体参与；④目前太浦河水量常年满足下游取水水量要求，下游的核心关切是来水的水质优劣；⑤太浦河上游流量与下游水质存在相互影响关系，下游希望提高流量的诉求，本质上是希望通过提高流量保障水质、防范（锑）污染风险，因此对水质实施考核，实际隐含了对水量的要求。

5.6.2 设计思路与制度框架

本研究针对太浦河流域，提出构建由“基于共筹基金的流域生态补偿基本制度”和“基于断面水质考核的流域生态补偿调节机制”共同组成的太浦河流域生态补偿制度体系。主要包含以下几个方面的制度内容设计：

一是建立基于共筹的流域多元补偿基本制度。建议由江苏省、浙江省、上海市三方共同成立太浦河流域生态补偿领导小组和太浦河流域生态补偿工作委员会，作为太浦河流域生态补偿的领导、实施主体，承担补偿工作的统筹管理、组织协调与推进实施。建议建立由江苏省、浙江省、上海市三方共建共筹、多方社会主体共参与的太浦河流域生态补偿基金，作为太浦河流域生态补偿资金的运作主体，承担补偿资金的筹措、管理和使用，并通过第三方专业机构独立运营，以项目投资、资金补偿等方式对太浦河流域生态环境受损方、保护方、修复与建设方实施补偿，促使流域生态环境不断改善、水资源安全有效保障。

二是建立基于断面水质考核的流域补偿调节机制。建议通过江苏省、上海市、浙江省三方共签或两两互签的形式，建立基于断面水质考核的上下游水质对赌协议和奖惩机制，并通过制度设计，将奖惩机制与基于共筹基金的流域生态补偿基本制度衔接，使考核结果对流域上下游筹措补偿资金的起到调节作用。具体调节方式考虑为两种方案：①建立基于水质考核的流域生态补偿资金奖惩机制，并将产生的奖惩资金纳入太浦河流域生态补偿基金；②建立基于水质考核的基金筹措比例调节机制，直接对太浦河流域生态补偿基金的三方筹措比例进行调节。具体见图 5-24。

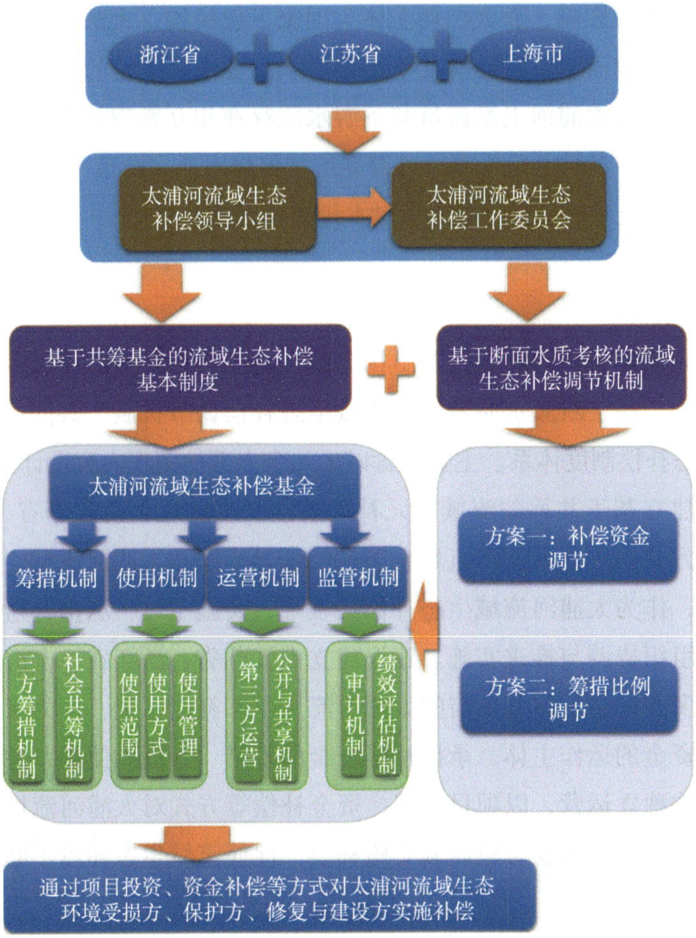

图 5-24　太浦河流域生态补偿制度框架体系

5.6.3　基于共筹基金的流域生态补偿基本制度构建方案

主要是明确基金管理运作的主体、职责、内容，明确基金来源、运作模式、使用方式、使用原则等内容。

（1）基金筹措机制

1）资金来源

共筹基金的资金主要来自 3 部分，分别是三省（市）众筹资金、基于流域水质生态补偿资金、社会公益资金。

①三省（市）众筹资金。三省（市）众筹资金来自苏、浙、沪三省（市）

的政府财政注资。三省（市）的众筹资金可以作为基金启动运作资金和年度资金。基金募集资金规模和分配比例建议由“二省一市”协商确定。各省（市）可以通过水资源价格调整、收取水污染税费等多元化方式，筹措资金的来源。

②基于流域水质生态补偿资金。流域生态补偿资金来自基于太浦河跨界断面水质考核产生的流域生态补偿调节资金，该资金经考核核算后产生，可以作为共筹基金的常规补充来源。

③社会公益资金。社会公益资金主要来自社会捐赠各类慈善公益资金，包括来自 NGO、慈善组织、企业、个人等方面的捐赠资金，该资金可以作为基金的有益补充。

2）众筹规模

基金应明确就基金募集资金规模而言，建议综合参考未来 5 年（考虑到补偿机制的时效性）太浦河流域生态建设与环境保护总体资金需求来确定，建议考虑太浦河清水走廊建设、百里绿廊建设、周边水系治理、流域污染企业整治与产业升级等近期流域治理资金需求规模。

3）众筹比例分配

就众筹资金的筹措分配比例而言，本研究提出了 3 种不同方案，分别是：①三方均摊方案，考虑到太浦河流域正处长三角一体化示范区，可以按照联防共治、成本均摊原则分配，即江苏省、浙江省、上海市按照 1 : 1 : 1 的比例众筹；②受益者补偿方案，下游上海市与浙江省为主要水质改善受益方，也是流域生态环境建设与保护的积极推动方，但建设内容更多地处上游，因此按照“受益补偿”原则，建议下游承担更高的众筹资金比例，如按照 1（江苏省）: 2（浙江省）: 2（上海市）；③污染者付费方案，按照“污染者付费”原则，参考太浦河流域污染物排污量负荷比例进行分配，估测江苏省占比较大，故提出 2 : 1 : 1 筹措比例方案。

总体上，考虑到长三角一体化示范区建设原则，且补偿资金主要使用于上游地区的生态环境建设，本研究建议采取方案 1。具体见表 5-11。

表 5-11 基金筹措情景设计方案

	高方案	中方案	低方案	说明
众筹资金规模	30 亿元	20 亿元	10 亿元	建议参考未来 5 年太浦河流域生态建设与环境保护实际资金需求量作为主要依据研究确定
共筹比例分配	江苏省	上海市	浙江省	
方案 1：三方均摊	1	1	1	按照“一体化”原则，地处长三角一体化示范区，按照联防共治、成本均摊原则分配
方案 2：受益方主筹	1	2	2	参考“受益者补偿”原则，下游为主要水质改善受益方，上游为流域生态服务功能的主要提供方，且若不考虑上海市与浙江省的取水量、服务人口差异
	1	2	3	若考虑上海市与浙江省的取水量、服务人口差异，上海市取水量远大于浙江省，享受更多流域生态服务
方案 3：排污方主筹	2	1	1	参考“污染者付费”原则，按照太浦河流域污染物排污量负荷比例进行分配，考虑到上游为主要污染物排放方，江苏省占比较大

4）分步筹措机制

此外，三省（市）的众筹资金，还可以在确定好规模后进一步提出分阶段筹措比例，并按年度分步筹措，建立分阶段筹措机制。例如，建立 5 年分步筹措机制，并逐年按照 30%、20%、20%、15%、15% 的比例进行筹措。

（2）基金使用机制

1）基金适用范围

要明确基金使用范围与条件，以及各领域投资的分配比例和预算总额，建立预算分配机制。未来太浦河流域生态补偿基金的主要使用范围方向建议：

一是流域生态保护与建设领域，包括流域生态保护、生态建设、生态修复等方向，如涵养林建设、湿地建设、生态廊道建设项目投资；

二是流域环境污染防治领域，包括流域污染治理、基础设施建设等方向，如河道整治、面源污染治理、污水管网、污水厂建设等项目投资、运营；

三是流域绿色发展与产业升级领域，包括污染产业结构调整、绿色技术改造等方向，如畜禽养殖场关停、上游印染企业关停、企业减排技术升级等资金投资；

四是因生态环境保护造成的利益受损者补偿。例如，由于污染企业、养殖场关停、散养户取缔等污染治理引起的相关主体经济利益损失，或由于生态廊道、生态林建设等生态建设引起的相关主体经济利益损失，考虑实施一定比例的补偿。

五是科技支撑、宣传教育与环境公益领域，每年可以设置一定比例资金，用于流域生态环境方面的科技研究、宣传教育、环境公益活动等项目。

2）基金使用方式

要明确多元化的资金使用方式。从多元化补偿思路出发，建立灵活、多样的基金资金的使用方式。包括：

项目投资。如流域环境污染治理项目、生态建设项目投资。

股权投资。如流域生态环境治理运营、建设开发项目或公司的股权投资。

金融信贷。如对从事流域生态环境保护项目的企业提供贷款。

直接补偿。如对因流域环境保护而关停的养殖场、企业实施补偿。

激励资助。如对流域生态环境科普宣传 NGO 机构的资助；对企业实施绿色技术改造进行资助。

3）基金使用管理

建立流域生态补偿基金的使用管理机制，包括基金使用申请机制、投资项目遴选机制、资金发放机制、项目跟踪评估机制、项目绩效考核机制等。

（3）基金运作机制

1）第三方市场化运营机制

在基金运作层面，建议由太浦河流域生态补偿工作委员会通过遴选，委托第三方专业金融机构，对基金开展市场化独立运营。

运营机构应建立基金运作的具体运行机制，保证资金的高效、合理、透明、可持续使用，并使之产生最大生态环境效益和生态服务功能。

2）公开与共享机制

基金管理机构应建立基金运行的信息动态更新与共享机制，对投资项目应建立资金使用、项目进度信息的定期更新、实时共享与公示机制，确保资金运作的公开、透明。

（4）基金监管机制

基金的监管是以太浦河流域生态补偿工作委员会为主体，通过制定《太浦河流域生态补偿基金管理办法》，建立基金管理机制、监督审计机制和绩效评估机制等基本制度，对基金行使管理与监督职责。

1）监督审计机制

主要是明确基金日常监督制度、财务审计制度等内容。

2）绩效评估机制

主要是明确基金绩效评估的内容、方式、节点、奖惩机制等内容。要从生态效益、环境效益、经济效益和社会效益等方面出发，对基金使用成效进行科学、全面、连续的评估，并根据评估结果对后续资金使用提出制度建议。

5.6.4 基于断面水质考核的流域生态补偿调节机制构建方案

建议由上游江苏省和下游的上海市、浙江省在同一补偿制度框架下，谈判协商并签订基于跨界断面水质考核的流域上下游生态补偿调节机制。具体建议方案如下：

（1）水质考核方案

1）考核对象

太浦河为涉及苏浙沪三省（市）的跨省水体，建议考核对象为流域上下游省级政府。其中上游为江苏省，下游为浙江省、上海市。

2）考核断面

考核断面应由上下游政府协商确定，原则上优先选择国考、自动站。监测数据应实现双方互通、互认。

本研究建议选太浦河汾湖大桥断面（江苏省）或太浦河—界标（江苏省）断面。

3）考核因子

考核因子应选择具有流域代表性、体现各自功能需求、涵盖特征污染物的因子。

考虑到太浦河流域的实际情况，建议将考核因子分为常规因子和特征因子。

常规因子建议对 5 项主要水质污染因子进行考核，具体为溶解氧、高锰酸盐指数、BOD_5、氨氮、总磷。

特征因子建议为锑（Sb）。

4）监测评价

常规因子根据现有自动站开展监测。常规因子采用各因子的月均浓度值按照单因子法评价考核断面月均水质类别及年均水类别。

特征因子建议日常每周监测 1 次，若出现预警（浓度达到 0.004 mg/L 以上），则实施加密监测（建议每天 4 次），直至浓度降至预警值以下，恢复日常监测频次。若有超标，基于日均浓度评价当日超标倍数，并统计超标日数。

评价标准以《地表水环境质量标准》（GB 3838—2002）为准。

监测主体建议以下优先次序：①国家监测机构，如国家自动或手工监测站；②三方互认的第三方独立监测机构；③三方互认的某一方监测机构。

5）考核标准

常规因子按照太湖流域省界Ⅲ类水质功能区规划要求进行考核，具体以《地表水环境质量标准》（GB 3838—2002）地表水Ⅲ类水水质标准为补偿考核标准。

特征因子（锑）按照《地表水环境质量标准》（GB 3838—2002）中集中式生活饮用水地表水源地特定项目标准限值作为考核标准。

具体各因子的标准值见表 5-12。

表 5-12　太浦河流域生态补偿因子考核标准参考值　　单位：mg/L

序号	项目		Ⅰ类	Ⅱ类	Ⅲ类	Ⅳ类	Ⅴ类
1	溶解氧	≥	饱和率 90%（或 7.5）	6	5	3	2
2	高锰酸盐指数	≤	2	4	6	10	15
3	五日生化需氧量（BOD_5）	≤	3	3	4	6	10
4	氨氮（NH_3-N）	≤	0.15	0.5	1.0	1.5	2.0
5	总磷（以 P 计）	≤	0.02	0.1	0.2	0.3	0.4
6	锑（Sb）	≤		0.005			

（2）补偿调节机制 1：补偿资金调节

基于断面水质的考核结果，通过协商设定一定的补偿资金调节条件、标准、核算方法，让流域生态受益方、污染者缴纳一定补偿调节资金，实现流域上下游间的横向补偿调节。补偿调节资金并入太浦河流域生态补偿基金统筹管理和使用。

1）调节条件

①常规因子。

当考核断面上游来水水质处于约定水质类别范围内（处于Ⅲ类水水质），上下游间不实施补偿。

当考核断面上游来水水质优于考核标准（Ⅲ类水质）一个类别或以上，由下游政府（浙江或上海）应实施补偿资金调节。

当考核断面上游来水水质劣于考核标准（Ⅲ类水质）一个类别或以上，由上游政府实施补偿资金调节。

②特征因子。

基于特征因子水质评价结果，建立上下游单向补偿机制。即

当考核断面上游来水特征因子（锑）浓度未超过约定浓度标准（0.005 mg/L），上下游间不实施补偿。

当考核断面上游来水特征因子（锑）浓度超过约定浓度标准（0.005 mg/L），上游对下游实施补偿。

2）调节方案

方案基于上下游政府协商谈判确定。参考国内目前其他地区的实践经验，结合长三角地区的现实特征，提出高、中、低 3 个不同的补偿调节方案。具体见表 5-13。

表 5-13 补偿标准方案

	高方案	中方案	低方案	备注
常规因子补偿标准	5 000 万 /1 个类别	3 000 万 /1 个类别	1 000 万 /1 个类别	双向补偿，按月考核
锑因子补偿标准	5 000 万 / 单位超标倍数	2 000 万 / 单位超标倍数	1 000 万 / 单位超标倍数	单向补偿，按日考核，单日补偿上限设定为超标 5 倍

3）资金核算

①核算主体。建议由太浦河流域生态补偿工作委员会组织核算。

②核算节点。建议实施按月核算。可以每月上旬由太浦河流域生态补偿工作委员会基于水质考核评价结果，实施上月的流域生态补偿资金核算。

③核算方法。基于水质考核结果与补偿标准实施。其中基于常规因子的

双向补偿，依据每月断面水质类别评价结果实施考核与补偿核算；基于特征因子的单向补偿，依据考核月度内，特征因子锑的超标日数及超标倍数评价结果实施考核与补偿核算。具体核算方法如下：

月常规因子补偿调节金额 = 常规因子补偿调节标准 × 需补偿类别

其中，需补偿类别数 = 断面水质评价类别取值 -3；劣Ⅴ类水质类别取值取“6”。

月特征因子补偿调节金额 =$\sum n$ 特征因子补偿标准 × 日均浓度超标倍数

其中，当实际日均浓度超标倍数超过 5 倍时，按 5 倍进行核算，n 为考核月度内特征因子的超标日数。

4）资金结算

按年结算。太浦河流域生态补偿工作委员会在每年 12 月考核结果出来后，开展年度水质补偿调节资金的核算与结算。应缴纳水质补偿调节资金的省财政部门，应于年度补偿调节资金核算结束后 1 个月内通过划拨方式将补偿调节资金缴纳并入太浦河流域生态补偿基金。

（3）补偿调节机制 2：共筹比例调节

根据断面水质评价结果，对江苏省、浙江省、上海市三方共筹基金的筹措比例实施调节。

1）调节条件

原则上，基于常规因子考核评价结果实施上下游双向调节；基于特征因子评价结果对上游实施单向调节。具体条件为：

①常规因子。

当考核断面上游来水水质处于约定水质类别范围内，上下游间不实施共筹比例调节。

当考核断面上游来水水质优于考核标准一个类别或以上，对下游政府实施共筹比例调节。

当考核断面上游来水水质劣于考核标准一个类别或以上，对上游政府实施共筹比例调节。

②特征因子。

上游来水特征因子（锑）浓度未超标，上下游间不实施共筹比例调节。

当考核断面上游来水特征因子（锑）浓度超标，对上游实施共筹比例调节。

2）调节方案

假设江苏省、浙江省、上海市三方约定当年共筹基金规模为 Q，三方初始筹措比例系数为 $a:b:c$、当年三方初始筹措金额分别为 A、B、C，基于月均水质评价结果，分别针对筹措比例系数和筹措分配金额设计调节方案，具体方案见表 5-14。

表 5-14　基于水质考核的共筹比例调节方案

	江苏省	浙江省	上海市	说明
初始筹措比例系数	a	b	c	基于比例系数调节，则每年基金筹措总额不变
年度初始筹措金额	A	B	C	基于年度出资金额调节，则每年基金筹措总额会有上浮
方案 1：筹措比例系数调节	$a\times(1+0.1x+0.2y+0.3z+10\times m/365)$	$b\times(1+0.1\times u+0.2v)$	$c\times(1+0.1\times u+0.2v)$	x：月均水质类别为Ⅳ类的月数； y：月均水质类别为Ⅴ类的月数； z：月均水质类别为劣Ⅴ类的月数； u：月均水质类别为Ⅱ类的月数； v：月均水质类别为Ⅰ类的月数； m：年内锑超标的日数
方案 2：筹措分配金额调节	$A\times(1+0.1x+0.2y+0.3z+10\times m/365)$	$B\times(1+0.1\times u+0.2v)$	$C\times(1+0.1\times u+0.2v)$	

3）资金核算

①核算主体。建议由太浦河流域生态补偿工作委员会组织核算。

②核算节点。按年核算。每年年初、年度共筹基金缴纳前，完成对上下游开展共筹比例调节核算。形成本年度各省（市）调节后的共筹比例系数。

4）资金缴纳

各省（市）基于调节后的共筹比例系数缴纳当年补偿基金额度，具体见表 5-15。

表 5-15　基于跨界断面水质考核的流域生态补偿调节机制方案

	原则	建议方案
考核对象	上下游省级政府	江苏省、浙江省、上海市人民政府
考核断面	优先选择国考、自动站。监测数据应实现双方互通、互认	太浦河—汾湖大桥断面（上海市）、太浦河—界标断面（江苏省）或其他三方认可的跨省界监测断面

续表

	原则	建议方案
考核因子	常规因子+特征因子	溶解氧、高锰酸盐指数、BOD_5、氨氮、总磷+锑
监测评价	常规因子采用各因子的月均浓度值按照单因子法评价每月水质类别及年均水类别； 特征因子日常每周监测 1 次，若出现预警（浓度达到 0.004 mg/L 以上），则实施加密监测（建议每天 4 次），直至浓度降至预警值以下；若有超标，评价当日超标倍数，并统计超标日数	
考核标准	评价标准：《地表水环境质量标准》（GB 3838—2002）。 常规因子按照太湖流域省界Ⅲ类水质功能区规划要求进行考核； 特征因子（锑）按照《地表水环境质量标准》（GB 3838—2002）集中式生活饮用水地表水源地特定项目标准限值（0.005 mg/L）作为考核标准	
方案一：调节条件	补偿资金调节机制 常规因子实施上下游双向补偿调节 特征因子对上游实施单向补偿调节	常规因子： 当考核断面上游来水水质处于约定水质类别范围内（处于Ⅲ类水质），上下游间不实施补偿资金调节。 当考核断面上游来水水质优于考核标准（Ⅲ类水质）一个类别或以上，对下游政府实施补偿资金调节。 当考核断面上游来水水质劣于考核标准（Ⅲ类水质）一个类别或以上，对上游政府实施补偿资金调节。 特征因子： 上游来水特征因子（锑）浓度未超标，上下游间不实施补偿资金调节。 当考核断面上游来水特征因子（锑）浓度超标，对上游实施补偿资金调节
调节标准资金核算	基于上下游政府协商谈判确定 常规因子按月核算 特征因子按日核算	高、中、低建议方案，建议江苏—浙江、江苏—上海分别协商确定上下游间的补偿资金调节标准。 常规因子补偿调节金额 $=\sum n$ 常规因子补偿标准 × 需补偿类别数（n 为需要调节的月数）； 特征因子补偿调节金额 $=\sum m$ 特征因子补偿标准 × 日均浓度超标倍数（m 为需要调节的日数）
资金结算	按年结算	每年年初对上一年补偿调节资金实施年度结算。上一年补偿调节资金应与本年度补偿分配资金一并结算。应缴纳补偿调节资金的省财政部门通过划拨方式将补偿资金缴纳入太浦河流域生态补偿基金

续表

	原则	建议方案
方案二：调节条件	共筹比例调节机制常规因子实施上下游双向调节特征因子对上游实施单向调节	常规因子： 当考核断面上游来水水质处于约定水质类别范围内，上下游间不实施共筹比例调节； 当考核断面上游来水水质优于考核标准一个类别或以上，对下游政府实施共筹比例调节； 当考核断面上游来水水质劣于考核标准一个类别或以上，对上游政府实施共筹比例调节。 特征因子： 上游来水特征因子（锑）浓度未超标，上下游间不实施共筹比例调节； 当考核断面上游来水特征因子（锑）浓度超标，对上游实施共筹比例调节
调节方案	基于上下游三方政府协商谈判确定	见表 5-14
资金核算	按年核算	每年年初、年度共筹基金缴纳前，完成对上下游开展共筹比例调节核算，形成本年度各省（市）调节后的共筹比例系数
资金缴纳	按年缴纳	各省（市）基于调节后的共筹比例系数缴纳当年补偿基金额度

5.6.5 组织实施建议

针对重点河流，根据长三角流域生态补偿机制框架，形成试点实施方案，并从法规制度、协商协调、共同治污、监督执法、应急响应等方面提出配套政策建议。

5.6.5.1 组织实施架构和任务分工

从国家、区域、省级和第三方机构 4 个不同层面，建立太浦河流域生态补偿机制的组织实施机构体系，并明确各自任务分工。具体见表 5-16。

表 5-16 太浦河流域生态补偿机制组织实施机构体系与分工

层次	机构组织	任务分工
国家层面	原环境保护部 水利部 财政部	生态补偿相关政策引导、工作指导、区域协调，跨界断面水质数据共享； 跨界水务相关事宜的协调与工作指导； 政府财政相关工作的指导、协调与监督

续表

层次	机构组织	任务分工
区域层面	水利部太湖流域管理局	太湖流域区域协调、流域规划、太浦河水量调节
	生态环境部太湖流域东海海域生态环境监督管理局	流域水环境监测、评估、考核等；组织编制、实施流域相关规划、功能区划、机制政策；流域污染纠纷调处等
	长三角生态绿色一体化发展示范区执委会	提供区域协作与工作推进平台及机制
	太浦河流域生态补偿工作领导小组	总体组织、策划、协调
	太浦河流域生态补偿工作委员会	工作机制建立、工作推进实施
省级层面	省级政府	省内工作的组织、协调、配合
	各省相关委办局	根据行政职能分工，负责流域生态补偿机制各相关内容
第三方机构	基金管理机构	按照市场化操作模式，负责流域生态补偿基金的运作、管理
	监测、检测、评估等技术服务机构	提供流域生态环境监测、检测、评估等配套服务

5.6.5.2 工作实施运行机制

区域层面，要建立太浦河流域生态补偿领导小组和工作委员会的联席会议机制、民主协商机制、信息共享机制等工作机制、任务分工机制、目标推进机、制监督管理机制、审计核查机制。

补偿机制实施层面，要建立监测考核机制、核算分配机制、资金运作机制等。

第三方基金管理机构层面，则要建立基金管理与运作机制，包括资金使用申请、审核、跟踪评估，以及项目招投标等一系列机制。

5.6.5.3 资金保障与运作

水质生态补偿调节资金，建议由省一级财政部门每月、每年核算，每年根据核算结果进行年度结算与流转。

共筹基金建议由省一级财政部门根据分配额度每年在规定时间进行划拨。

其他公益捐赠资金，由具体捐赠主体划转。

所有的流域生态补偿资金，全部归入太浦河流域生态补偿基金进行使用管理运作。

5.6.5.4 实施时限与分步推进安排

按照分步推进、试点先行原则，建议太浦河流域生态补偿机制设立一个试运行期限和分步实施计划。一是考虑到当前长三角一体化示范区建设进程的目标、任务及诸多不确定性，结合太浦河流域环境保护与山下游利益需求，建议本制度体系设置5年的试行期，即“十四五”期间作为现行试点期；二是在试行期内可以建立分步实施计划，如众筹资金，在确定总额和分配规则前提下，进一步制定分布筹措的机制，考核标准也可以设置不同阶段的不同标准方案，从而为机制的运行提供更好的缓冲。

5.6.5.5 动态调整与完善机制

考虑到本机制为创新的流域生态补偿机制，实施过程中面临诸多不确定性，建议机制运行过程中建立动态更新与调整机制，如每年定期由基金管理委员会举行一次专题讨论会议，对机制的优化改进提出建议，并实施动态调整。

5.6.6 配套政策建议

（1）开展流域生态服务价值评估研究

目前，我国流域生态服务价值评估机制尚未建立，流域生态补偿的试点工作中缺乏相应的生态价值数量技术化的支持，补偿标准以及补偿金额的确定主要取决于地方政府多方力量博弈并通过行政协调来决定。在市场经济条件下，补偿数量的计算和测定是流域生态区际补偿的前提，也是决定能否公平、公正顺利进行的关键环节，区际补偿应当尽可能地以流域生态价值为依据制定补偿标准。因此，必须加强对流域生态进行实物和价值两个方面的核算研究，为制定生态补偿标准，开展流域生态区际补偿提供理论基础。

（2）建立流域污染共同监督、联合执法机制

要建立上下游断面水质联合监督监测制度。长三角流域上下游各方首先可以共同建立水质自动监测站，并请国家或第三方机构进行水质监测，由上下游共同监督，并对数据进行互通、互认，这样可以避免上下游间对断面设置、监测结果等方面的纠纷；其次要建立跨界污染的联合执法制度，针对跨界环境污染等环境纠纷事件，双方共同成立由执法、环保、水利、农经、渔政等相关部门人员组成的联合执法队伍，当发现重大污染事故，及时赶赴现

场分析问题，追查污染源头，明确污染责任，并以就近原则，快速处理污染事故造成的各项环境影响。

（3）深化流域污染协同治理机制

基于长三角水污染协同防治平台，结合流域生态补偿基金运作，进一步强化流域污染协同治理，明确各自责任权利、任务分工，将流域协同治理工作与流域生态基金深度联结，建立流域治理与投入协同机制，推动流域一体化治理与保护。

（4）形成流域信息共享和沟通机制

由流域机构统一开展省界断面水质的监测，并运用GIS技术，建立包括水质、水文、污染源、气象、生态等信息的水环境综合信息数据库，建立包括基础数据库、水质模型数据库、水质评价方法库等内容的水环境综合决策支持系统，以及水环境自动监测监控数据采集、发布系统，环境影响评价管理系统等；同时，应进一步完善和规范流域水环境统一、权威的信息收集和发布程序，实现水文信息数字化、互相传输网络化、信息发布规范化、信息资源共享、先进技术共用的流域协作目标；当出现突发水污染事件时，能够加强信息沟通协调，将损失降低到最低限度。

（5）构建流域跨界污染预警与应急响应机制

针对长三角流域跨省界水体污染问题，应当在建立生态补偿机制的基础上，进一步加强跨界污染的防范，建立长三角流域跨省界水体污染预警与应急机制，以尽量避免和减少因重大跨界污染事件带来的损失和纠纷。

（6）探索多元化、市场化生态补偿机制

在补偿模式方面，加快推进水权、排污权的区域一体化优化配置，积极建立区域一体化交易平台和机制，尝试结合市场化的水资源定价等方式，拓展流域生态补偿资金来源。

在补偿方式方面，积极拓展项目补偿、政策优惠、异地开发、人才补偿等多元化补偿方式。

5.6.7 补偿模拟测算

5.6.7.1 模拟情景设定

若根据本研究提出的，实施由江苏省、浙江省、上海市三方共同参与，构建基于共筹基金的流域生态补偿基本制度和基于跨界断面水质考核的流域补偿调节机制。拟考虑共筹基金总规模 30 亿元，按筹 5 年的措期筹措。具体模拟测算的情景设定见表 5-17。

表 5-17　基于共筹基金的流域生态补偿模拟情景设定

	江苏省	浙江省	上海市
5 年分阶段筹措比例	30%、20%、20%、15%、15%		
初始筹措比例系数	1	1	1
第一年筹措分配金额 / 亿元	3	3	3
第二年筹措分配金额 / 亿元	2	2	2
第三年筹措分配金额 / 亿元	2	2	2
第四年筹措分配金额 / 亿元	1.5	1.5	1.5
第五年筹措分配金额 / 亿元	1.5	1.5	1.5
跨界考核断面	太浦河—汾湖大桥断面		
水质数据采集年	2017 年、2018 年、2019 年		
补偿实施测算年	2018 年、2019 年、2020 年		

5.6.7.2　跨省界断面水质评价

（1）常规因子评价结果

按照太浦河—汾湖大桥断面的近 3 年监测数据进行评价，评价结果见表 5-18、表 5-19。

表 5-18　太浦河—汾湖断面水质评价结果

监测年份	核算月份	水质类别					
		溶解氧	COD_{Mn}	BOD_5	氨氮	总磷	综合评价
2017	1	Ⅰ	Ⅱ	Ⅰ	Ⅱ	Ⅱ	Ⅱ
	2	Ⅰ	Ⅱ	Ⅰ	Ⅱ	Ⅱ	Ⅱ
	3	Ⅰ	Ⅱ	Ⅰ	Ⅱ	Ⅲ	Ⅲ
	4	Ⅰ	Ⅱ	Ⅰ	Ⅱ	Ⅲ	Ⅲ
	5	Ⅱ	Ⅱ	Ⅰ	Ⅱ	Ⅱ	Ⅱ
	6	Ⅳ	Ⅱ	Ⅰ	Ⅲ	Ⅲ	Ⅳ
	7	Ⅳ	Ⅲ	Ⅰ	Ⅱ	Ⅱ	Ⅳ

续表

监测年份	核算月份	水质类别					
		溶解氧	COD_{Mn}	BOD_5	氨氮	总磷	综合评价
2017	8	Ⅲ	Ⅲ	Ⅰ	Ⅱ	Ⅲ	Ⅲ
	9	Ⅳ	Ⅲ	Ⅰ	Ⅰ	Ⅱ	Ⅳ
	10	Ⅱ	Ⅲ	Ⅰ	Ⅱ	Ⅱ	Ⅲ
	11	Ⅰ	Ⅲ	Ⅰ	Ⅱ	Ⅱ	Ⅲ
	12	Ⅰ	Ⅱ	Ⅰ	Ⅱ	Ⅱ	Ⅱ
年合计		Ⅲ					
2018	1	Ⅰ	Ⅱ	Ⅲ	Ⅲ	Ⅱ	Ⅲ
	2	Ⅰ	Ⅲ	Ⅰ	Ⅲ	Ⅱ	Ⅲ
	3	Ⅰ	Ⅲ	Ⅰ	Ⅱ	Ⅱ	Ⅲ
	4	Ⅱ	Ⅱ	Ⅰ	Ⅱ	Ⅱ	Ⅱ
	5	Ⅲ	Ⅲ	Ⅰ	Ⅱ	Ⅲ	Ⅲ
	6	Ⅲ	Ⅱ	Ⅰ	Ⅱ	Ⅱ	Ⅲ
	7	Ⅳ	Ⅲ	Ⅰ	Ⅱ	Ⅱ	Ⅳ
	8	Ⅳ	Ⅱ	Ⅰ	Ⅰ	Ⅱ	Ⅳ
	9	Ⅳ	Ⅱ	Ⅰ	Ⅰ	Ⅱ	Ⅳ
	10	Ⅱ	Ⅱ	Ⅰ	Ⅱ	Ⅱ	Ⅱ
	11	Ⅱ	Ⅱ	Ⅰ	Ⅱ	Ⅱ	Ⅱ
	12	Ⅰ	Ⅱ	Ⅰ	Ⅱ	Ⅱ	Ⅱ
年合计		Ⅱ					
2019	1	Ⅰ	Ⅱ	Ⅰ	Ⅱ	Ⅱ	Ⅱ
	2	Ⅰ	Ⅱ	Ⅰ	Ⅱ	Ⅱ	Ⅱ
	3	Ⅰ	Ⅱ	Ⅰ	Ⅱ	Ⅱ	Ⅱ
	4	Ⅰ	Ⅱ	Ⅰ	Ⅱ	Ⅱ	Ⅱ
	5	Ⅰ	Ⅱ	Ⅰ	Ⅱ	Ⅱ	Ⅱ
	6	Ⅲ	Ⅱ	Ⅰ	Ⅱ	Ⅱ	Ⅲ
	7	Ⅳ	Ⅱ	Ⅰ	Ⅱ	Ⅲ	Ⅳ
	8	Ⅲ	Ⅱ	Ⅰ	Ⅱ	Ⅲ	Ⅲ
	9	Ⅳ	Ⅲ	Ⅰ	Ⅱ	Ⅲ	Ⅳ

续表

监测年份	核算月份	水质类别					
		溶解氧	COD_{Mn}	BOD_5	氨氮	总磷	综合评价
2019	10	Ⅲ	Ⅲ	Ⅰ	Ⅱ	Ⅱ	Ⅲ
	11	Ⅱ	Ⅲ	Ⅰ	Ⅱ	Ⅱ	Ⅲ
	12	Ⅰ	Ⅱ	Ⅰ	Ⅱ	Ⅱ	Ⅱ
年合计		Ⅱ					

表 5-19 太浦河—汾湖断面水质评价结果统计

年份	年均水质类别	水质类别为Ⅱ类的月数	水质类别Ⅲ类的月数	水质类别Ⅳ类的月数
2017	Ⅲ	4	5	3
2018	Ⅱ	4	5	3
2019	Ⅱ	6	4	2

（2）特征因子评价结果

特征因子补偿，基于锑因子监测结果，按日进行评价，按月实施补偿核算。相关监测结果显示，自 2017 年以来，未出现锑因子超标污染情况。

5.6.7.3 补偿资金调节方案测算

根据近 3 年的评价结果，基于上文的调节方案与情景条件设定，则补偿参与三方的年度补偿资金调节金额的测算结果见表 5-20。

表 5-20 补偿资金调节的金额测算结果 单位：万元

年份	月份	综合评价	下游应缴纳补偿调节资金			上游应缴纳补偿调节资金		
			高	中	低	高	中	低
2017	1	Ⅱ	5 000	3 000	1 000	0	0	0
	2	Ⅱ	5 000	3 000	1 000	0	0	0
	3	Ⅲ	0	0	0	0	0	0
	4	Ⅲ	5 000	3 000	1 000	0	0	0
	5	Ⅱ	0	0	0	0	0	0
	6	Ⅳ	0	0	0	5 000	3 000	1 000
	7	Ⅳ	0	0	0	5 000	3 000	1 000

续表

年份	月份	综合评价	下游应缴纳补偿调节资金			上游应缴纳补偿调节资金		
			高	中	低	高	中	低
2017	8	Ⅲ	0	0	0	0	0	0
	9	Ⅳ	0	0	0	5 000	3 000	1 000
	10	Ⅲ	0	0	0	0	0	0
	11	Ⅲ	0	0	0	0	0	0
	12	Ⅱ	5 000	3 000	1 000	0	0	0
	年合计	Ⅲ	20 000	12 000	4 000	15 000	9 000	3 000
2018	1	Ⅲ	0	0	0	0	0	0
	2	Ⅲ	0	0	0	0	0	0
	3	Ⅲ	0	0	0	0	0	0
	4	Ⅱ	5 000	300	1 000	0	0	0
	5	Ⅲ	0	0	0	0	0	0
	6	Ⅲ	0	0	0	0	0	0
	7	Ⅳ	0	0	0	5 000	3 000	1 000
	8	Ⅳ	0	0	0	5 000	3 000	1 000
	9	Ⅳ	0	0	0	5 000	3 000	1 000
	10	Ⅱ	5 000	300	1 000	0	0	0
	11	Ⅱ	5 000	300	1 000	0	0	0
	12	Ⅱ	5 000	300	1 000	0	0	0
	年合计	Ⅱ	20 000	1 200	4 000	15 000	9 000	3 000
2019	1	Ⅱ	5 000	3 000	1 000	0	0	0
	2	Ⅱ	5 000	3 000	1 000	0	0	0
	3	Ⅱ	5 000	3 000	1 000	0	0	0
	4	Ⅱ	5 000	3 000	1 000	0	0	0
	5	Ⅱ	5 000	3 000	1 000	0	0	0
	6	Ⅲ	0	0	0	0	0	0
	7	Ⅳ	0	0	0	5 000	3 000	1 000
	8	Ⅲ	0	0	0	0	0	0
	9	Ⅳ	0	0	0	5 000	3 000	1 000

续表

年份	月份	综合评价	下游应缴纳补偿调节资金			上游应缴纳补偿调节资金		
			高	中	低	高	中	低
2019	10	Ⅲ	0	0	0	0	0	0
	11	Ⅲ	0	0	0	0	0	0
	12	Ⅱ	5 000	3 000	1 000	0	0	0
	年合计	Ⅱ	30 000	18 000	6 000	10 000	6 000	2 000

考虑到数据采集年为 2017 年、2018 年、2019 年，假设补偿机制实施初始年设定在 2018 年，实施年份为 2018 年、2019 年、2020 年，选择以中方案为最终结算方案，则各年度各省（市）的实际补偿资金缴纳情况见表 5-21。

表 5-21　基于补偿资金调节方案的长三角各省（市）流域生态补偿资金实际年度缴纳情况 *

单位：亿元

补偿实施年份	分类	江苏省	浙江省	上海市	合计
2018	共筹金额	3	3	3	9
	调节资金	0.9	1.2	1.2	3.3
	年度合计	3.9	4.2	4.2	12.3
2019	共筹金额	2	2	2	6
	调节资金	0.9	1.2	1.2	3.3
	年度合计	2.9	3.2	3.2	9.3
2020	共筹金额	2	2	2	6
	调节资金	0.6	1.8	1.8	4.2
	年度合计	2.6	3.8	3.8	10.2

注：* 假设选择中方案实施模拟结算。

5.6.7.4　共筹比例调节方案测算

若按照共筹比例调节方案，基于跨界断面监测的月均值评价结果，分别针对共筹比例系数和共筹比例金额进行调节结果（表 5-22）。根据共筹比例调节结果测算，进一步测算各省（市）年度实际流域生态补偿资金的缴纳额，具体见表 5-23。

表 5-22 共筹比例系数调节测算

评价年份	年均水质类别	月均水质类别			共筹比例系数调节结果		
		Ⅱ类月数	Ⅲ类月数	Ⅳ类月数	江苏省	浙江省	上海市
2017	Ⅲ	4	5	3	1.3	1.4	1.4
2018	Ⅱ	4	5	3	1.3	1.4	1.4
2019	Ⅱ	6	4	2	1.2	1.6	1.6

表 5-23 基于共筹比例调节的各省（市）流域补偿资金实际年度缴纳额测算

单位：亿元

补偿年份	方案	江苏省	浙江省	上海市	合计
2018	比例系数调节方案	2.85	3.07	3.07	9.00
	分配金额调节方案	3.90	4.20	4.20	12.30
2019	比例系数调节方案	1.90	2.05	2.05	6.00
	分配金额调节方案	2.78	2.80	2.80	8.38
2020	比例系数调节方案	1.64	2.18	2.18	6.00
	分配金额调节方案	2.40	3.20	3.20	8.80

5.7 分析与讨论

5.7.1 特点与优势

（1）体现多元化、市场化的补偿制度创新

①补偿模式创新。本试点方案是针对太浦河流域提出的生态补偿制度，由水质考核双向补偿与共筹基金多元补偿两项机制共同组成，并在资金管理和使用这一层面进行有机衔接与统筹考虑。这一制度构想在我国尚未有案例。

②多元化创新。本试点方案提出建立的补偿基金由江苏省、浙江省、上海市及社会各方共同筹资建立，突破现行其他补偿实践案例制度，有利于公益组织、企业、社区等其他社会主体共同参与，资金来源多元化。此外，基于共筹基金的资金使用方式也可以。实现灵活多元，在明确补偿资金的使用

范围前提下，可以通过项目投资、股权投资、金融信贷、直接资助等多种方式实现多元化补偿。

③市场化创新。本试点方案提出补偿资金由第三方金融机构按照相关管理办法，以市场化模式独立运营，体现了补偿制度与金融创新的结合，并具有市场化特点。

（2）有利于发挥资金使用效率

本研究提出由第三方独立金融机构按照市场化原则对生态补充基金实施运营，结合资金使用绩效跟踪评估机制，有利于优化资金使用配置，提高使用效率，发挥补偿资金的综合绩效。

（3）更多体现下游对上游的补偿

本研究提出生态补偿资金的使用范围及以项目投资为主的方式，将促使补偿资金更多使用于上游的保护与治理。由于太浦河 70% 以上的河段长度位于上游江苏省内，各项生态建设、环境污染治理的项目也将主要集中于江苏省，这意味着补偿资金将更多使用于上游江苏省的太浦河流域生态环境保护，体现了下游（浙江省与上海市）对上游（江苏省）的生态补偿。

（4）有助于切实改善流域生态环境质量

本试点方案提出的补偿制度，一方面通过第三方运作提升资金使用效率，另一方面明确了补偿资金的使用范围，确保资金使用的针对性，即主要用于太浦河流域的污染治理和生态建设，随着相关资金与项目的良性耦合，将切实、高效地提升流域生态环境质量，保障下游水源安全。

（5）共筹补偿基金内涵具有可扩展性

本方案提出建立由政府主导的共筹补偿基金，并作为太浦河流域生态补偿的基本制度。该共筹基金使用上类似流域环保专项基金，其内涵除了生态补偿，也可以涵盖区域污染协同治理、生态共建共保、区域联合监测监管等其他所有生态环境区域合作的事项。因此，该基金的建立，有助于在流域范畴拓展各方在生态环境方面的多领域合作，而并不仅仅局限于生态补偿。

5.7.2 问题与难点

（1）共筹基金与其他各类资金的功能与关系处理

本研究提出的共筹基金是由政府、社会共同出资，市场化运作的一项基金制度，可能与其他各类资金在功能上重合交叉。例如，国家下发重点功能区生态补偿资金、水污染防治专项资金、长江经济带流域生态补偿奖励资金、各省环保专项基金、流域生态环境建设资金等。这对资金使用过程中，如何界定、梳理及处理各方资金关系可能会产生一些问题，对补偿资金的使用和监管造成一定难度。

此外，共筹基金的属性及其运作模式也需要一定的法规予以保障。共筹基金属于政府专项基金、政府投资基金还是其他类型的基金，需要进一步通过协商和研究确定。

（2）共筹基金的筹措分配机制可能会有争议

本方案提出了共筹基金的筹措分配机制的可选方案，并涉及基于跨省断面水质考核调节机制。理论上，筹措比例上，根据流域污染排放负荷或流域生态服务功能提供比例具有较科学的依据。但两者实际核算时，会出现矛盾，即流域主要的污染者同时可能是流域生态服务功能的主要提供者。因此，在多方协商谈判时，可能各方会存在较大争议，难以达成各方满意的协议。研究提出的调节机制属于创新制度安排，在缺少可参照案例和法规依据的情况下，流域各方取得一致也存在难度。

此外，在筹措规模、资金使用机制方面，各省（市）由于不同的利益考量，要想达成一致可能需要深入谈判协商。

（3）考核因子、考核标准等方面存在争议

在考核因子方面，本方案提出将锑作为特征因子进行考核。理由是下游是饮用水水源保护区，该因子作为集中式生活饮用水水源地特点项目纳入监测和考核，且该因子是近年来太浦河下游主要风险因子。但调研过程中，上游地区也曾提出，太浦河上游区域并非水源保护区，锑并未纳入常规监测考核体系，缺乏作为对上游进行考核的法律基础。

在考核标准方面，常规指标以水质类别评价结果实施考核补偿，国内较多的案例则采用主要污染物浓度作为考核标准。相对来说，基于水质类别实施补偿更简单些，但是补偿资金梯度分级较少，操作简单，且具有更强的法规依据；后者则相对复杂，但是可以细化补偿资金的梯度分级。

6 上海市流域生态保护补偿政策后评估方法研究与实践

自 2009 年上海市出台水源地生态补偿制度以来，其制度实施的效益一直备受关注。2012—2013 年，受世界自然基金会（WWF）和上海市环境保护局的委托，作者团队开展了“黄浦江上游水源地生态补偿效益评估”和“上海市饮用水水源地生态补偿实施效益评估及对策”研究。2021 年，作者团队进一步开展了该项政策效益评估的更新研究。本章内容主要来自上述两个项目及更新研究的成果。

6.1 环境政策评估的方法研究

6.1.1 环境政策评估的基本认识

开展流域生态保护补偿实施效益评估，本质上属于环境政策后评估。环境政策是公共政策的一部分。公共政策是由政府或其他权威人士所制定的计划、规划或所采取的行动环境政策是环境保护公共政策的简称。我国的环境政策评估源于公共政策评估，但是公共政策评估作为一门独立的研究领域在我国也仅开始于 20 世纪 80 年代。其中，各类公共政策专著和文献对政策评估的定义、目的、意义、内涵、范畴、思路及标准、模式、方法进行阐述，这构成了公共政策评估理论基础，也是环境政策评估的理论研究的基础。

环境政策评估是指依据一定的标准和程序，对环境政策的效益、效率、效果及价值进行判断的一种制度行为（王金南，2007）。环境政策评估是一个动态过程，是一种有计划、按步骤进行的活动，一般都要经过准备、实施和结束 3 个阶段。环境政策评估包括预评估和后评估。环境政策评估是环境政策执行完成以后对环境政策效果进行的评估，旨在鉴定人们执行的环境政策对所确认问题确定达到的解决程度和影响程度，辨识环境政策效果成因，以求通过优化环境政策运行机制的方式，强化和扩大环境政策效果的一种行为。

环境政策评估的作用是总结过去的经验，指导将来的工作。政策评估还关系到政府部门的工作质量和价值导向，并最终影响公共资源的配置方向和公共部门的社会形象。因此，环境政策评估是一项基础工作，也应是例行工作。

环境政策评估的主要服务对象是决策者和公众。决策者可以根据评估的结果进一步修改、制定环境政策，协调其他相关政策。而公众是环境问题的主要受体，是环境政策保护的最终目标，公众可以通过政策评估报告了解环境问题并参与环境保护的监督管理工作。

环境政策评估主要内容一般包括效果评估、效率评估和影响评估、综合评估等几个方面。效果评估也称结果评估或者目标评估，是指对政策制定时原来预定的目标的实现程度进行评估，并对政策原定决策目标的正确性、合理性和实践性进行分析；政策效率评估是对环境政策结果和政策投入之间的关系所做的评估。在可能的情况下，最好要对环境政策的各个方案都进行效率上的评估；环境政策的影响评估，需要特别关注环境政策对环境、社会、经济方面的影响评估系统的影响。

环境政策评估的标准是不断优化的。环境政策评估活动实质上是一种价值判断，要想进行价值判断，必须有一定的价值尺度，这个价值尺度就是评估标准。环境政策评估标准决定于评估目的，与评估者和评估方案密切相关。但它又具有客观性，不是评估者可以随意设定和废除的，它必须客观地反映社会对环境政策的要求。早期的政策评估仅根据效果、效率、效能和充分性为标准，后来适当性、公平性和反应度等社会衡量标准也被纳入评估范畴。例如，威廉·N. 邓恩将政策评估标准归纳为效益、效率、充足性、公平性、回应性、适宜性 6 项。如荷兰学者 Arts 等提出政策三角形，将政策目标分解为司法理性、政治理性、经济理性 3 个维度，分别对应原则性、可靠性、回应性、优先性、参与性、灵活性 6 个政策评估标准。王金南（2007）认为，一般而言，环境政策评估标准应包含环境政策投入、环境政策效益、环境政策效率、环境政策公平性和环境政策回应度。

环境政策评估具有不同于其他公共政策的特性。环境政策评估除了具有公共政策评估的一般共性，还具有不同于其他公共政策的特性。一是公众参与的广泛性；二是评估的复杂性和不确定性；三是评估方法的多样性。

6.1.2 环境政策评估的一般程序

环境政策评估过程主要是利用各种研究方法和技术，有系统地收集环境政策的制定、执行、结果等方面的信息，依据既定的标准，按照公认的逻辑框架，对政策的效果、效率、公平性和回应等进行评价，给出评估结论和建议。一项环境政策是一项很烦琐复杂的工作，需要有计划、有步骤地进行。逻辑上，正式的环境政策评估包括评估设计、实施评估、评估结束 3 个阶段。具体见图 6-1。

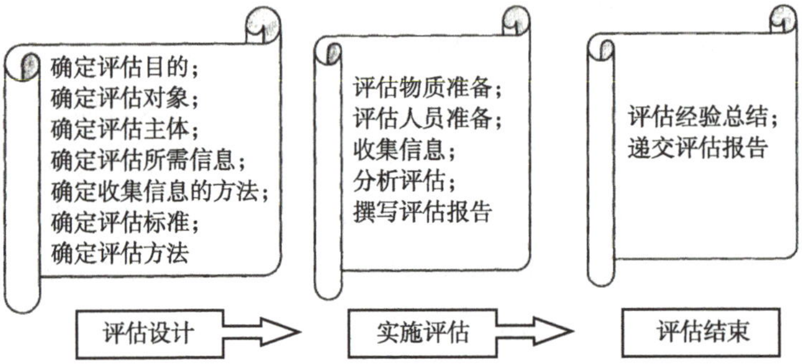

图 6-1 环境政策评估一般程序流程

根据国内外实践经验，具体实施环境政策评估时，一般按照以下几个步骤：

政策描述。政策描述需要指出制定该政策的社会背景，特别是对政策目标的描述，在评估中被考虑的各种因素、指标和应用方法往往要依据政策目标而定。在有些情况下，有关政策的基本情况非常清楚，而在另外一些情况下，特别是在政策制定的早期阶段，有关政策的基本情况不是让人一目了然，需要进行调查。

政策方案识别。政策方案描述了达到政策目标的不同途径，或者是实施政策目标的行动计划。这些行动计划将对环境—社会—经济系统产生影响，可能会或者实际上引起一些变化。正是这些变化或影响将被评估（预评估或后评估），以确定最佳的政策方案，或者是确定已实施政策的真正效果。

分析范围的界定。分析范围的界定包括识别环境政策对环境—社会—经济系统的影响，确定被选择来评估政策方案影响效果的关键指标。而这些指标能够用来度量环境质量改善的程度、社会经济方面的费用以及政策实施的成本等。分析范围的界定还包括定义政策方案的空间范围（如实施区域）和时间长短（如执行时间）。实际上，这些因素也将影响对关键指标的定义。

评估方法的选择。环境政策评估方法是环境政策评估过程中所用方法的总称。由于评估对象往往涉及很多的因素，复杂程度也较高，因此，要想环境政策评估按照严格、精确的方法进行还有不少困难。同时，我们很难确切地区分哪些方法适用于政策效果评估，哪些方法适用于政策效率评估，以及哪些方法适用于政策影响评估。某些方法同时可适用于这 3 个方面的政策评估，而某一方面的政策评估同时需要多种方法的配合。总体来说，所选择的（一组）评估方法应尽量具备以下特点：能够识别政策方案的影响，能够度量政策方案的影响效果，能够度量政策方案的效率。

政策方案结果预测。在预评估中，预测政策的影响效果常常是最困难的一步。评估方法也决定了如何选择评估指标。当然，评估方法必须能够预测这些指标将随着不同的政策方案而改变的情况。

政策方案的比较。得到每个政策方案的预测结果后需要进行比较。一些评估方法将对若干方案的预测结果进行大小比较，或者是全面的等级排列，如效益 / 费用比的排列。

最佳方案的选择。最佳方案根据比较结果确定。相对而言，这样的方案本身能够体现基本国策的精神，符合国家总体发展战略目标；能最大限度地实现政策目标；消耗的政策资源较少；实现政策目标的风险程度较小；实施过程中产生的副作用较小。

6.1.3 环境政策评估的常用方法

环境政策学是一个边缘交叉学科，是建立在环境学、政策学和社会学、人类学等学科的理论和方法论基础上的综合学科。因此，其评估技术方法也是多学科的理论与方法的应用或集成应用。

常用的环境政策实施效果或效益评估方法有定性评估法和定量评估法，

定性评估法主要是基于对具体评估内容的总结、归纳和分析，最后得出环境政策实施效果额定性评估结论。但由于定性评估方法主观性较强，且长期动态跟踪精度较差，因此通常采用定性与定量相结合的方法进行评估。主要的评估方法主要包括以下几种。

6.1.3.1 社会学评估方法

环境政策评估中应用社会科学主要是社会学的理论和方法的评估模式称为社会学评估方法。其包括目标评估方法、利益相关者方法、SWOT 分析、参与性环境监测评估、第三方评估、环境政策执行力评估等多种评估方法。例如，目标评估方法是针对环境政策目标进行评估的方法，包括两个层次，即对环境政策目标的合理性和实现程度的评估，评估方法分别为 SMART 原则评估和目标与现实差异对比评估；SWOT 分析也称优劣势分析，SWOT 是 4 个英文单词首字母组合，即优势（Strength）、劣势（Weakness）、机遇（Opportunity）、风险（Threats），是战略管理学中的一种分析方法，后来应用范围扩大到区域发展决策，而就在进行环境政策评估方法的研究时，发现对一个较小的区域做 SWOT 分析，可以判断出环境政策对该区域发展的影响及是否有必要继续该政策。

6.1.3.2 经济学评估方法

成本收益分析是环境经济学在环境政策评估中的主要应用方法。成本收益分析技术应用始于美国，20 世纪 50 年代，成本收益分析在理论和实践方面都发展成了一套完整的体系。20 世纪 70 年代，西方国家已将成本收益分析当作公共政策方案决策的基本方法。成本收益分析要求在政策效果相同的情况下，选择成本最小、效果最好的方案；存在成本和收益均有差别的方案时，应选择收益成本比最大的方案。

环境政策作为公共政策的一种，进行成本收益评估，将生态效益或环境效益量化、转化成货币，是许多环境经济研究者的梦想之一。因此，通过各种方法对环境政策实际运行产生的成本和生态、环境效益进行核算，与政策方案作比较进行政策评估。这种评估方法的标准就是政策方案，通过对比，找出现实与方案的差异，并判断这种差异对政策效果的影响及其产生的原因，总结经验和教训，提出建议。

环境政策成本和收益的货币计量常用的核算方法有消费者剩余法、房地产价值法、影子价格法、补偿成本法等。需要说明的是，影子价格法较多地采用询问公众的支付意愿。

在成本效益分析中，通常通过环境政策的成本收益对比进行分析。环境政策收益大于成本是每项环境政策所期望的。采用成本收益方法进行评估需要大量人力进行调查以求证环境的价值，评估人员要有专业技能才能从事这项工作，需要的数据资料非常详尽，数据处理复杂，因此只有政府或专门的政策分析机构才有足够经费进行此类评估。

20世纪60年代由挪威经济学家L. Johanson开发的可计算的一般均衡（Computable General Equilibrium，CGE）模型也可以作为精确评估环境政策社会成本的分析手段，其在环境政策分析领域的应用则是始于20世纪80年代末期，主要用于分析环境政策的社会成本及其分配的公平问题，但也仅限于理论研究，目前还未有CGE模型在环境政策评估中应用的先例。

6.1.3.3 数学评估方法

数学评估方法是将数学分析方法或数学模型应用于环境政策评估的方法。用定量方法对环境政策进行评估是环境政策评估的又一个发展趋势。能够用于环境政策评估的数学定量方法会随着研究的深入越来越多，其中应用最多的是模糊评价法和层次分析法。

模糊评价法就是利用模糊数学，对受多个因素影响的事物，按照一定的评判标准给出事物获得某个评语的可能性。将模糊评价法用于环境政策评价可以综合考虑环境政策的众多因素，根据各因素的重要程度和评价结果将原来的定性评价定量化，较好地处理环境政策多因素、模糊性及主观判断等问题，是要确定环境政策实施后，特定区域的各项指标在国际或国家范围内所处的水平。

层次分析法（Analytical Hierarchy Process，AHP）是由美国运筹学家、匹兹堡大学教授T. L. Saaty于20世纪70年代初提出的，是一种将定性与定量分析相结合的多目标决策方法，已被较多应用在环境政策方案选择中，也可用于对环境政策的不同区域内政策效果的评比，相较于简单的比较方法更科学、更准确。另外，模糊评价法和层次分析法也可根据评估需要加以综合应用。

6.1.4 我国环境政策评估实践进展

1988 年，武汉大学教授蔡守秋在其专著《中国环境政策概论》的后记中首次提出我国需要开展环境政策学的研究。至今，仅李康在其专著《环境政策学》中对环境政策评估的对象和内容、作用、标准、方法、步骤进行了系统的理论探索，但没有采用公共政策评估理论中通常涉及的模式问题，同时给出的环境政策评估研究领域仍然局限于环境政策的公共政策属性，如“政策目标的不确定性、政策资源投入及政策行为的交叉重叠、政策评估的外部干扰、评估结果的价值体现”等，并未突出政策评估在“环境”定语语境下的特殊性，这一点在介绍评估方法时尤为明显。

随着 20 世纪 90 年代太湖流域“零点行动”的失效，环境政策评估的重要意义逐渐引起了环境研究者和媒体的关注，环境政策评估这一名词越来越多地出现在环境研究者的言论中，对环境政策评估的理论研究也以论文的形式出现在学术期刊和报刊杂志中，但这种成果为数甚少，能够侧面反映我国环境政策评估理论研究的现状。例如，2003 年 12 月宋国君等在《环境保护》上发表《环境政策评估及对中国环境保护的意义》一文，对环境政策评估的定义、内容、标准、过程和步骤、方法进行了系统的简单论述，并分析了环境政策评估面临的障碍，同时给出了完善的对策；2007 年 6 月 22 日《中国环境报》刊登了中国环境规划院王金南题为《环境政策评估推动战略环评实施》的文章，其中简要介绍了环境政策评估的定义、作用和意义，以及环境政策评估与战略环境评价（包含政策环评、规划环评与项目环评环境政策评价）的关系，随后《中国环境报》于 2007 年 11 月 14 日再次刊登王金南研究员的《为什么要对环境政策进行评估——关于环境政策评估九大问题解答》一文，对环境政策评估的基础理论的要点加以介绍，但仅给出评估方法选择的要点，并未详细说明。

在实践应用研究方面，我国环境政策评估的应用研究是与理论研究同步的，也处在初级阶段。目前主要包括对生态建设与保护政策、污染防治政策、环境经济政策的效果、效益、成本、公平性的评估，也有对环境政策方案的评估，此外，还有对环境政策的总体评述，指出了环境政策存在的问题，但数量仍非常有限。比较有代表性的应用研究主要有：①王金南的《环境政策后评估案例：中国关闭小造纸政策评估》（2001），是在对环境政策、环境政策评估概念的研究基础上，提出了一套完整的环境政策评估方法和程序，并运用于我国“关停小造纸企业”政策的评估中；②宋国君等的《中国淮河流域水环境保护政策评估》（2007），对淮河流域的水污染控制和防治政策进行了评估，以水环境保护的最终目标为评估的起点，根据污染物产生、排放、扩散到最终影响水质保护目标的逻辑主线向上反推，通过水质评估、排放评估、污染控制行动评估分析环境政策和环境管理存在的问题；评估中国水环境保护政策和管理的效果，分析影响政策效果的因素。

6.2 上海市水源地生态补偿机制后评估思路

6.2.1 基本原则

（1）系统性

对上海市水源地生态补偿机制实施效益评估应系统、全面，评估内容上既应包括政策实施带来的直接生态环境效益，又应包括政策实施带来的间接社会环境效益，如政策实施影响力所带来的群众生态环境意识提升；评估标准体系中，既要包括效益指标，也要有反映效率和公平性等方面的指标；此外，在评估对象上，既要对从全市层面对政策实施的宏观面进行全面评估，也要对具体执行实施政策的区县政府开展执行力考核评估。

（2）客观性

对上海市水源地生态补偿机制实施效益评估应做到客观、公平。一方面，在评估内容、评估数据获取、评估结果应客观准确；另一方面，对各区县生态补偿工作考核应做到公平、合理。

（3）合理性

上海市水源地生态补偿机制实施效益评估在评估方法、评估指标体系构建、评估标准制定及具体的效益核算模型选择上应尽量做到科学合理。既要符合生态学、经济学、管理学等科学原理，也必须从上海市自身实际情况出发，选择最合理的方案。

（4）动态性

一方面，上海市水源地生态补偿机制实施效益的评估体系，应该是一套基于政策实施可以实现长期跟踪评估的评估体系，可以长期对政策实施效益进行评估，并提出对策建议；另一方面，评估体系自身应是随着政策实施的不同阶段而动态更新的，确保评估体系的科学性、合理性。

（5）可行性

开展上海市水源地生态补偿机制实施效益评估方案应建立在切实可行的基础上，具有现实可操作性。一是所选评估方法应是可行的，适用于上海水源地地区，并能实现评估意图和目的；二是评估所选的指标应是可获取的。

（6）指导性

开展上海市水源地生态补偿机制实施效益评估的主要目的是检验政策的效果，并为未来政策实施提出合理建议。因此，该评估体系应具有良好的指导性，能够准确反映出现行政策的不足与问题，为提出合理对策建议提供依据和支撑。

6.2.2 基本思路

基于上海市水源地生态补偿政策实施现状和基本特点，开展水源地生态补偿机制实施效益评估。基本思路为：通过构建科学合理的评估方法体系，从政策实施效益、政策实施效率、政策影响力、政策公平性等方面出发，以生态补偿资金的使用管理为重点关注对象，从全市政策实施层面出发，定量与定性相结合，对上海市水源地生态补偿政策实施进行全面评估，从而了解现行该政策的实施现状特点及存在的问题，以促进上海市水源地生态补偿政策更好实施。

同时，从该政策的具体实施层面出发，以各区县政府为对象，在现行的《上海市水源地生态补偿工作考核办法》基础上，通过优化调整，针对各执行该项政策的区县政府建立政策执行力的考核评估机制，以促进该项政策更好地执行实施，并带动区县政府的水源地生态保护工作。具体见图 6-2。

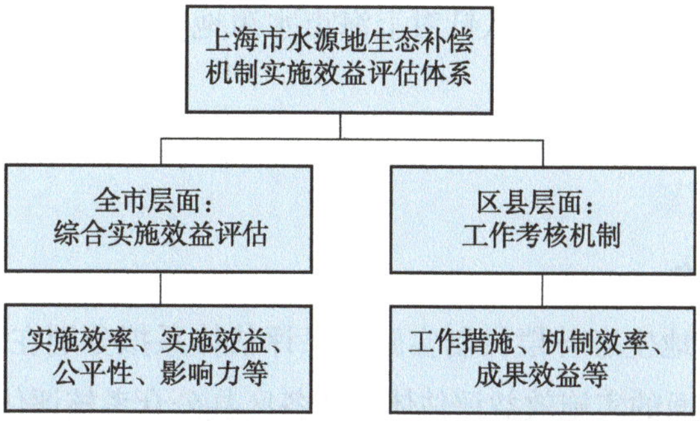

图 6-2　上海市水源地生态补偿机制实施效益评估思路框架

上海市试行的《上海市水源地生态补偿工作办法（2011 年修订版）》采用的是百分制打分法考核水源地各区县年度工作。该方法具有简单、高效、易于调整等优点。通过考核，对资金的使用、管理起到了积极的引导作用，同时与水源地保护重点工作相结合，使生态补偿资金能更好地发挥效益。但通过几年的实际工作考核也暴露出一些问题，需要对目前的考核办法进一步进行优化。

首先，考核组织实施方式还可优化。原考核方案主要由区县环境保护局牵头组织实施，考核结果对区县政府的影响力相对较弱。建议后续水源地生态补偿工作考核由市级主管部门组织对整个区县政府进行统一考核，将考核成绩予以公布或将考核结果向区县政府通报。

其次，考核内容还可优化。原考核办法以工作措施考核为主，而对资金使用效率、产生的成果效益考虑较少，区县的一些特色、亮点工作也没有纳入考核，无法全面反映区县水源地保护工作及水源地政策实施情况。建议不断优化和调整考核指标体系，加强对补偿资金的使用管理方面的考核指标设置，并通过设置动态奖惩指标的方式，将区县的特色亮点工作、水源地环境事故等指标纳入考核，形成奖惩机制。

最后，考核与管理的结合还可强化。市级主管部门要充分利用好工作考核这一抓手，充分结合年度重点工作，并将其纳入考核要求。此外，考核结果应尽量体现区县政府水源地保护工作不同投入程度的梯度分级，避免各区县成绩趋同化现象，从而有效将考核成绩与下一年补偿资金量挂钩，促进区县政府重视度和工作积极性，有利于补偿分配的公平合理。

基于上述思考，作者团队针对上海市水源地生态补偿工作考核方案提出了优化方案。

6.2.3 体系框架

（1）评估对象

上海市水源地生态补偿机制实施效果评估体系拟分别在全市层面和区县层面分别建立全面的实施效益评估体系和各区县公众考核评估体系。

因此，全市层面政策实施效益评估对象为上海市水源地生态补偿机制。

区县层面工作考核评估对象为获得上海市水源地生态补偿资金的区县政府。

（2）评估范围

全市层面的政策实施效益评估范围为上海市水源地生态补偿资金所涉及的全部区县范围。

区县层面工作考核评估范围为获得上海市水源地生态补偿资金的各区县。

（3）评估内容

从上海市水源地生态补偿政策实施效益评估来看，主要评估内容应包括以下几个方面：①该政策实施所产生的效益。主要是指该政策对社会、环境和经济上的直接效益，如群众环境意识提升效益、环境改善效益、经济资本效益等。②该政策实施对水源地保护各项工作的推动情况。主要包括饮用水水源地的污染源治理与监管、环保基础建设的建设与运行维护、河道整治等方面。③水源地补偿资金的使用与管理情况。主要是评估该补偿资金的管理水平、使用效率、分配公平性等内容。

对各区县的工作考核主要内容应包括本地区水源地水质情况、水源地保护工作情况和水源地生态补偿资金的使用与管理情况等。

（4）评估标准

根据环境政策评估的一般标准，结合上海市水源地生态补偿机制特点，提出上海市水源地生态补偿机制实施效益评估的标准。

主要包括：①效益性标准。主要评估该政策实施对水源地区域产生的主要社会效益、环境效益和经济效益。②效率标准。主要评估该政策实施过程中，下级政府的工作推进效率、资金使用效率和政策执行效率。③公平性标准。主要评估上海市水源地生态补偿资金额度发放的公平合理性，以及资金再分配的公平合理性。④影响力标准。主要评估该项政策实施对全社会产生的积极影响力。

（5）评估方法

目前，环境政策评估实施效益评估多采用定性与定量相结合的评估方法体系，其中成本效益分析法、基于指标体系的模糊评价法是比较常用的方法。但是，由于成本效益分析法中的生态效益核算方法还有较多争议，目前仍处于不断完善的研究过程中；此外，基于指标体系的模糊评价法能更好地起到长期动态跟踪评估的作用，因此，本研究采用基于指标体系的模糊评价法。

其中，针对上海市的政策实施效益评估，采用指数评估法。主要是基于评估标准和评估内容，运用逻辑框架法搭建指标体系框架，并通过模糊定量化技术，以多级指数形式得到评估结果，并进行动态比较。

针对区县的工作考核评估方法，则基于考核内容，运用逻辑框架法搭建指标体系框架，并采用打分法，以百分制成绩的形式，得到评估结果。

6.3 上海市水源地生态补偿机制后评估方法体系构建

6.3.1 上海市水源地生态补偿机制实施效益评估方法体系构建

6.3.1.1 构建指标体系

（1）标体系结构及指标筛选

基于目前上海市实施的水源地生态补偿机制特点，借鉴国内外的研究经验，提出上海市水源地生态补偿机制实施效益评估体系。该体系将重点围绕补偿资金的使用管理、生态补偿工作实施进展、水源地环境质量改善等方面，以效益、效率、公平性和影响力为评估标准，按照科学性、典型性、适用性、可得性等原则构建。

上海市水源地生态补偿机制实施效益指标筛选理由与指标体系构建见表 6-1。

表 6-1 上海市水源地生态补偿机制实施效益指标筛选理由与指标体系构建

评估标准	评估内容	序号	评估指标	指标解释	筛选理由
政策实施的效益	社会效益	1	水源地居民环保关注度	指水源地居民经常参与环境保护活动、进行环保社会监督、关注环保实事的群众比例，一般通过问卷调查得出	反映水源地地区的居民环保意识
	生态效益	2	水源地来水水质改善率	补偿水源地地区的出水水质比入水水质的改善度	反映水源地地区通过环境保护取得的生态效益
	经济效益	3	补偿资金占当地 GDP 比重	水源地补偿资金占水源地所在各区县当年 GDP 的比重	比重越高，对当地经济推动作用越大
政策实施的效率	政府工作效率	4	区县考核成绩平均得分	指各水源地各区县年度水源地生态补偿工作考核成绩的平均分	反映各区县对该政策的总体执行效率
	资金使用效率	5	补偿资金有效使用比例	用于水源地污染源治理监管、环保设施建设维护、河道整治等环境保护相关项目或用于水源地居民补偿的资金，占水源地补偿资金的比例	反映水源地生态补偿资金有效利用的比例
	政策执行效率	6	区县政府政策有效执行率	配套出台本区县水源地生态补偿工作机制的区县级政府比例	体现政府执行该项政策的效率
政策实施的公平性	补偿额度的公平性	7	补偿资金与当地水源地保护总投入资金比	指年度水源地生态补偿资金总额占水源地区县当年用于水源地生态环境保护投入总金额的比例	反映水源地生态补偿资金额度的合理性和公平性
	资金分配的公平性	8	补偿给水源地所在乡镇/村/居民/生产单位的资金比例	指通过各区县进一步将补偿资金下发到水源地所在乡镇/村/居民/生产单位的水源地生态补偿资金比例	说明水源地地区实际获得的利益补偿，体系补偿资金分配的公平性
政策实施的影响力	社会影响力	9	水源地生态补偿政策群众知晓率	指水源地居民对上海市水源地生态补偿政策的知晓率	反映政策在公众中的影响力
	政府影响力	10	区县政府生态补偿资金配套比例	进行配套水源地生态补偿资金的区县政府比例	反映该政策对区县政府决策的影响力

（2）指标值统计方法

为统一评估口径，提出各评估指标的统计评估方法。具体见表 6-2。

表 6-2 上海市水源地生态补偿机制实施效益评估指标统计方法

评估标准	评估内容	序号	评估指标	单位	统计方法
政策实施的效益	社会效益	1	水源地居民环保关注度	%	各区县问卷调查后综合统计得到
	生态效益	2	水源地来水水质改善率	%	计算河流型水源地上游来水断面与下游出水断面水质主要 5 项指标平均改善率获得
	经济效益	3	补偿资金占当地 GDP 比重	%	直接统计计算
政策实施的效率	政府工作效率	4	区县考核成绩平均得分	—	各区县年度工作考核成绩平均计算得到
	资金使用效率	5	补偿资金有效使用比例	%	各区县分别统计后，汇总计算
	政策执行效率	6	区县政府政策有效执行率	%	直接统计计算
政策实施的公平性	补偿额度的公平性	7	补偿资金与当地水源地保护总投入资金比	%	直接统计计算
	补偿资金分配的公平性	8	补偿给水源地所在乡镇/村/居民/生产单位的资金比例	%	各区县分别统计后，汇总计算得到
政策实施的影响力	社会影响力	9	水源地生态补偿政策群众知晓率	%	各区县问卷调查后综合统计得到
	政府影响力	10	区县政府生态补偿资金配套比例	%	各区县分别统计后，汇总计算得到

6.3.1.2 计算方法

基于评估指标体系，通过模糊定量化计算方法，采用多级指数评估法到评估结果，并以此结果进行动态比较。具体方法如下。

（1）指数设计

为更好地对该项政策实施进行跟踪评估和动态比较，本研究设计提出上海市水源地生态补偿机制实施效益评估综合指数，简称政策综合效益指数（PBI），作为总指数来综合反映上海市饮用水水源地生态补偿政策的运作状态和总体实施效益。

根据指标体系的 4 个评估标准层，将各评估标准设计为分级指数（A_i），分级指数通过加权计算可以得到综合指数。分级具体包括效益指数（A_1）、效率指数（A_2）、公平性指数（A_3）、影响力指数（A_4）。

根据指标体系各评估内容及对应的指标（I_i），通过设置权重后，加权计算可以得到分级指数。

（2）指数计算方法

1）指标归一化

根据具体指标的现状值、最差值（指区域发展可接受的最低值，可以参照可比区域的最差值确定）与最优值（指按照生态文明建设要求提出的理想目标值，可以参考可比区域的最优值确定），对各指标进行数据归一化处理，归一计算方法如下：

$$C_i = 1 - \frac{R_g - R_i}{R_g - R_b}，如 C>1，令 C=1，如 C<0，令 C=0$$

式中，R_g、R_b、R_i——分别为指标的最优值（理想值）、最差值（最低可接受值）和现状值；

C_i——指标的归一化值，并作为三级指数。

2）分级指数计算

$$A_i = \sum_{k=1}^{n} B_{i,k} V_{i,k}$$

式中，A_i——第 i 个分级指数值；

n——该分级层领域下的指标个数；

$B_{i,k}$——该分级层领域下的指标归一化值；

$V_{i,k}$——该层领域下的指标权重值。

3）综合指数计算

上海市水源地生态补偿机制实施效益评估综合指数，即政策综合效益指数为

$$\text{PBI} = \sum_{l=1}^{4} A_l U_l$$

式中，U_l——目标层第 l 项一级指数的权重。

（3）指标限值确定

根据具体指标的最低值（指水源地生态补偿政策实施最低可能值或最低可接受值）与理想值（指水源地生态补偿政策实施的最高可达到值或理想

值），确定指标标准值。具体见表 6-3。

表 6-3 上海市水源地生态补偿机制实施效益评估指标限值

评估标准	评估内容	序号	评估指标	单位	理想值	最低值
政策实施的效益	社会效益	1	水源地居民环保关注度	%	100	0
	生态效益	2	水源地来水水质改善率	%	20	0（负数以 0 计）
	经济效益	3	补偿资金占当地 GDP 比重	%	0.1	0
政策实施的效率	政府工作效率	4	区县考核成绩平均得分	—	100	0
	资金使用效率	5	补偿资金有效使用比例	%	100	0
	政策执行效率	6	区县政府政策有效执行率	%	100	0
政策实施的公平性	补偿额度的公平性	7	补偿资金与水源地保护总投入资金比	%	100（超过按 100 计）	0
	补偿资金分配的公平性	8	补偿给水源地所在乡镇 / 村 / 居民 / 生产单位的资金比例	%	100	0
政策实施的影响力	社会影响力	9	水源地生态补偿政策群众知晓率	%	100	0
	政府影响力	10	区县政府生态补偿资金配套比例	%	100（超过按 100 计）	0

（4）权重确定

各级指标的权重采用层次分析法和 Delphi 法（专家调查法）相结合的办法确定。通过邀请多名专家会同项目组成员对指标各级结构的相关性矩阵进行审核和评分，再对矩阵赋值进行统计，通过层次分析法分别计算各级指标的权重。权重结果见表 6-4。

表 6-4 评估指标体系权重

综合指数	分级指数		评估内容和评估指标	
	指数	权重 U_l	内容	权重 $V_{i,k}$
政策综合效益指数（PBI）	效益指数	0.34	社会效益	0.33
			生态效益	0.36
			经济效益	0.31
	效率指数	0.34	政府工作效率	0.39
			资金使用效率	0.32
			政策执行效率	0.29

续表

综合指数	分级指数		评估内容和评估指标	
	指数	权重 U_l	内容	权重 $V_{i,k}$
政策综合效益指数（PBI）	公平性指数	0.17	补偿额度的公平性	0.58
			资金分配的公平性	0.42
	影响力指数	0.15	社会影响力	0.58
			政府影响力	0.42

（5）评估结果分级

根据综合评估指数得分，将最终评估结果进行定性分级，得到相应的评估结论。具体见表 6-5。

表 6-5　综合指数分级评估结果

综合指数值	效益评估分级	表征描述
0～0.4	一般	该政策实施具有一定的效益，但是总体效益一般，尚未有效发挥应有的作用
0.4～0.6	有效	该政策各方面得到正常运作，政策实施初步发挥应有效益
0.6～0.8	良好	该政策各方面得到运作良好，各方面效益明显
0.8～1.00	高效	该政策各方面得到运作高效，各个方面均体现十分显著的效益

6.3.2　各区县水源地生态补偿工作考核方法体系构建

6.3.2.1　考核指标体系

根据水源地地区水源地水质情况、水源地保护工作情况和水源地生态补偿资金的使用与管理情况等主要考核内容，通过梳理和筛选考核指标，提出针对各区水源地生态补偿工作的考核指标。

本研究所提指标体系主要体现在以下特点：一是体现指标体系的系统性和全面性，指标体系由基本考核指标和动态奖惩指标组成。基本考核指标总体分为工作措施、工作效果、工作机制 3 个方面，动态奖惩指标根据政策具体推进情况灵活设置。二是针对各类考核内容重新对指标进行梳理筛选，挑选最具有代表性、简易可行的指标进行考核。具体见表 6-6。

表 6-6 上海市各区县水源地生态补偿工作考核指标体系构建与指标筛选

考核内容	序号	考核指标	具体考核内容	筛选理由
基本考核指标	工作措施	1	污水处理设施运行情况	区域污水处理率、水源地保护区内污水处理设施出水达标率	水源地水环境保护基本措施
		2	水源地水质监测情况	水源地水质监测频次完成率	水源地水环境的水质监控
		3	主要水污染物总量减排指标完成情况	水污染物总量减排指标完成情况	从源头防治水源地水环境污染的措施
		4	水源地风险源监管措施落实情况	水源地风险企业结构调整、监管措施、风险应急体系等情况	水源地环境污染风险防范措施
		5	水源保护重点工作完成情况	污染源整治、水源地违章设施清拆、取水口保护等水源地建设与保护年度重点工作完成率	水源地水环境保护的重点工作
	机制效率	6	补偿资金预算制度	区县补偿资金预算制度建立及执行情况	确保补偿资金通过合理预算、高效管理、有效监督机制，促进资金的健康运转和监管；体现区县政府使用补偿资金的效率和合理性
		7	补偿资金使用管理制度	区县补偿资金使用管理制度建立及执行情况	
		8	补偿资金监督核查制度	区县补偿资金监督核查制度建立及执行情况	
		9	补偿资金使用效率	水源地补偿资金中用于水源地地区环境保护及当地居民补偿的资金比例	
	成果效益	10	水源地水质改善	水源地总体水质、区域内水质改善率、比上年改善情况等	直接体现水源地生态环境保护成果；体现水源地生态环境保护的社会效益、环境效益
		11	群众环境意识提升	水源地居民环保关注度、环境状况满意率	
动态奖惩指标	近期动态奖惩指标	12	区县补偿资金配套	区县政府同步配套水源地配套资金，且配套比例不低于 50%	体现区县政府对该政策的重视及配合程度
		13	政策后评估机制	区县政府建立生态补偿资金使用效果后评估机制	体现区县政府对该政策的重视及配合程度
		14	水源地环境污染事故	水源地环境污染事故发生情况	直接体现区域水源地保护工作成效

6.3.2.2 考核方法

基于考核指标体系，按照公平性、客观性、可操作性、长效性的原则，针对上海水源地生态补偿机制涉及区县研究提出具体的考核办法。考核采用百分制打分法，并附加动态奖惩分。

具体打分考核方法见表 6-7。

表 6-7 上海市各区县水源地生态补偿工作考核办法优化方案

考核内容	序号	考核指标	权重分值	标准分值		
				2分	1分	0分
工作措施	1	污水处理设施运行情况	4	全区生活污水处理率达85%以上，且污水处理设施出水达标率达90%以上	全区生活污水处理率达75%以上，污水处理设施出水达标率达80%以上	未达以上目标，或执法检查中出现重大违法问题
	2	水源地水质监测情况	3	水源地水质监测完成率达100%	水源地水质监测完成率达90%以上	水源地水质监测完成率不到90%
	3	主要水污染物总量减排指标完成情况	4	区县完成年度减排指标	—	区县未能完成年度减排指标
	4	水源地风险源监管措施落实情况	5	按要求关闭风险企业；落实风险防范措施；对风险企业监管措施到位	基本达到上述要求，但仍有其中任何一项未到达要求	风险企业出现污染事故，或者未达到上述要求2项或以上
	5	水源保护重点工作完成情况	7	市环保下达的水源地年度重点工作完成率达90%以上（含）	市环保下达的水源地年度重点工作完成率达70%～90%	市环保下达的水源地年度重点工作完成率未达到70%
机制效率	6	补偿资金预算制度情况	3	生态补偿资金全额列入本级政府预算	—	未能将生态补偿资金全额列入本级政府预算

续表

考核内容	序号	考核指标	权重分值	标准分值		
				2分	1分	0分
机制效率	7	补偿资金使用管理制度情况	4	区县财政部门将补偿资金分配方案告知市级主管部门，并接受市级主管部门指导性意见；区县财政部门根据主管部门提出的生态项目需求提出年度资金安排及分配方案，并经报区政府批准后实行；区县相关部门在补偿资金使用过程中建立协商制度	达到以上要求中的两项，但是仍有其中任何一项未能做到	以上要求有2项或以上未能做到
	8	补偿资金监督核查制度情况	4	区县财政部门统计年度补偿资金使用情况，并将结果报送同级人大和市财政局、抄送对应市级主管部门，并主动接受各部门监督检查	区县财政部门统计完成年度使用情况结果，但是未能按要求及时上报和抄送结果给相关部门	未能开展以上相关工作
	9	补偿资金使用效率情况	6	水源地补偿资金中用于水源地地区环境保护及当地居民补偿的资金比例大于75%	水源地补偿资金中用于水源地地区环境保护及当地居民补偿的资金比例不低于50%	水源地补偿资金中用于水源地地区环境保护及当地居民补偿的资金比例低于50%
成果效益	10	水源地水质改善情况	6	水源地保护区水质达到功能区水质要求，且下游出水水质不劣于上游来水水质	水源地保护区水质未达功能区水质要求，但下游出水水质优于上游来水水质	水源地保护区水质未达功能区水质要求，且下游出水水质未能有所改善
	11	群众环境意识提升情况	4	水源地居民环保关注度达80以上；环境满意率达95%以上	以上条件只达到一项	以上条件均未能达到
基本指标满分得分			100分			

续表

考核内容	序号	考核指标	权重分值	标准分值		
				2分	1分	0分
动态奖惩指标	12	区县水源地生态补偿配套政策及资金	总分加10分	区县政府同步推出水源地生态补偿配套政策并配套不低于50%的区级水源地补偿资金		
	13	政策后评估机制	总分加10分	区县政府建立生态补偿资金使用效果后评估机制		
	14	水源地环境污染事故	总分扣30分	若区内水源地发生环境污染事故，并直接导致供水中断		

6.4 试点应用与模拟评估

6.4.1 上海市水源地生态补偿机制实施效益模拟评估

基于上述方法，针对上海市政府2009年和2010年下拨的水源地补偿资金和生态补偿政策实施情况进行试点模拟评估。通过收集相关数据，评估结果见表6-8、表6-9。

表6-8 上海市2009年、2010年水源地生态补偿实施效益评估指标情况

评估标准	评估内容	序号	评估指标	单位	2009年	2010年
政策实施的效益	社会效益	1	水源地居民环保关注度	%	65.00	68.00
	生态效益	2	水源地来水水质改善率	%	8.00	10.00
	经济效益	3	补偿资金占当地GDP比重	%	0.02	0.03
政策实施的效率	政府工作效率	4	区县考核成绩平均得分	—	90.00	90.00
	资金使用效率	5	补偿资金有效使用比例	%	25.00	65.00
	政策执行效率	6	区县政府政策有效执行率	%	14.30	55.56

续表

评估标准	评估内容	序号	评估指标	单位	2009 年	2010 年
政策实施的公平性	补偿额度的公平性	7	补偿资金与水源地保护总投入资金比	%	30.00	45.00
	补偿资金分配的公平性	8	发放到水源地镇 / 村 / 居民的补偿资金比例	%	24.00	43.00
政策实施的影响力	社会影响力	9	水源地生态补偿政策群众知晓率	%	35.00	46.00
	政府影响力	10	区县政府生态补偿资金配套比例	%	14.30	44.44

注：以上指标值主要为课题组调查评估获取，仅作为试点模拟评估测试。

表 6-9　上海市 2009 年、2010 年水源地生态补偿实施效益试评估结果

指数	2009 年			2010 年		
	一级指数	综合指数	评估结果	一级指数	综合指数	评估结果
效益指数	0.27	0.39	一般	0.30	0.56	有效
效率指数	0.51			0.59		
公平性指数	0.22			0.34		
影响力指数	0.26			0.37		

根据评估结果，2010 年，上海市水源地生态补偿机制实施后，由于各区县的重视和补偿资金额的显著提升，政策实施效益发挥较 2009 年有明显进步，但是距离该政策的良性运作，还需继续完善，尤其是应注重政策实施的公平性和影响力发挥，从而提升政策实施的社会环境效益和经济效益。

总体上，通过本评估方法，对上海市实施水源地生态补偿制度从政策实施和产生效益等不同维度进行了量化评价，得到了较为客观、科学、可信的评估结果，为后续制度的优化设计与管理决策提供了很好的借鉴。

6.4.2　区级水源地生态补偿工作试点模拟考核

为验证该考核办法的可行性和有效性，选择 2009 年上海市某区为案例试点，进行该年度的水源地生态补偿工作情况试点考核。基于大量的数据与资料调查，考核结果见表 6-10。

表 6-10　2009 年某区生态补偿工作情况试点考核结果

考核内容	序号	考核指标	权重分值	标准分值			某区情况	
				2 分	1 分	0 分	基本情况	得分
工作措施	1	污水处理设施运行情况	4	全区生活污水处理率达 85% 以上，且污水处理设施出水达标率达 90% 以上	全区生活污水处理率达 75% 以上，污水处理设施出水达标率达 80% 以上	未达以上目标，或执法检查中出现重大违法问题	2009 年 4 座污水处理厂主要因子达标率平均为 88.25%	4 分
	2	水源地水质监测情况	3	水源地水质监测完成率达 100%	水源地水质监测完成率达 90% 以上	水源地水质监测完成率未达到 90%	2009 年 7 月起监测完成率达 100%	3 分
	3	主要水污染物总量减排指标完成情况	4	区县完成年度减排指标	—	区县未能完成年度减排指标	完成	8 分
	4	水源地风险源监管措施落实情况	5	按要求关闭风险企业；落实风险防范措施；对风险企业监管措施到位	基本达到上述要求，但仍有其中任何一项未到达要求	风险企业出现污染事故，或者未达到上述要求两项或以上	完成风险企业梳理工作，制订关闭 17 家计划，加强了 34 家企业的监管	5 分
	5	水源保护重点工作完成情况	7	市环保下达的水源地年度重点工作完成率达 90% 以上（含）	市环保下达的水源地年度重点工作完成率达到 70%～90%	市环保下达的水源地年度重点工作完成率未达到 70%	完成	14 分

续表

考核内容	序号	考核指标	权重分值	标准分值			某区情况	
				2分	1分	0分	基本情况	得分
机制效率	6	补偿资金预算制度情况	3	生态补偿资金全额列入本级政府预算	—	未能将生态补偿资金全额列入本级政府预算	列入	6分
	7	补偿资金使用管理制度情况	4	区县财政部门将补偿资金分配方案告知市级主管部门，并接受市级主管部门指导性意见；区县财政部门根据主管部门提出的生态项目需求提出年度资金安排及分配方案，并经报区政府批准后实行；区县相关部门在补偿资金使用过程中建立协商制度	达到以上要求中的两项，但是仍有其中任何一项未能做到	以上要求有两项或以上未能做到	制定了《××区2009年度实施生态补偿等专项转移支付的意见的通知》，并配套制定《××2009年生态补偿机制考核意见》但未建立协商制度	4分
	8	补偿资金监督核查制度情况	4	区县财政部门统计年度补偿资金使用情况，并将结果报送同级人大和市财政局、抄送对应市级主管部门，并主动接受各部门监督检查	区县财政部门统计完成年度使用情况结果，但是未能按要求及时上报和抄送结果给相关部门	未能开展以上相关工作	制定了区级考核制度，并要求进行专项审计和督查	8分
	9	补偿资金使用效率情况	6	水源地补偿资金中用于水源地地区环境保护及当地居民补偿的资金比例大于75%	水源地补偿资金中用于水源地地区环境保护及当地居民补偿的资金比例大于50%（含）	水源地补偿资金中用于水源地地区环境保护及当地居民补偿的资金比例未能达到50%	2009年，水源地三镇投入8 600万元用于水源地保护相关建设，其中市级财政4 300万元，占市级生态补偿资金的99.4%	12分

续表

考核内容	序号	考核指标	权重分值	标准分值			某区情况	
				2分	1分	0分	基本情况	得分
成果效益	10	水源地水质改善情况	6	水源地保护区水质达到功能区水质要求，且下游出水水质不劣于上游来水水质	水源地保护区水质未达到功能区水质要求，但下游出水水质优于上游来水水质	水源地保护区水质未达到功能区水质要求，且下游出水水质未能有所改善	根据2009年某断面监测结果，超标因子一项，比2008年污染程度上升2.6%。	6分
	11	群众环境意识提升情况	4	水源地居民环保关注度达80以上；环境满意率达到95%以上	以上条件只达到一项	以上条件均未能达到	估计	4分
基本指标得分			74分					
动态奖惩指标	12	区县水源地生态补偿配套政策及资金	总分加10分	区县政府同步推出水源地生态补偿配套政策并配套不低于50%的区级水源地补偿资金			区政府推出了1∶1的补偿资金配套政策	10分
	13	政策后评估机制	总分加10分	区县政府建立生态补偿资金使用效果后评估机制			无	0分
	14	水源地环境污染事故	总分扣30分	若区内水源地发生环境污染事故，并直接导致供水中断			无	0分
考核最终得分			84分					

由上海市某区2009年考核表可知，2009年该区生态补偿工作，基本指标得分74分，最终得分84分。在工作措施方面，今后该区在水源地风险企业关停和监管工作还需继续深入；在机制效率方面，应继续加强对补偿资金的使用管理，特别是建立不同部门之间的协商机制。

从考核过程和结果来看，本研究提出的工作考核方案较好地实现了考核方案设计的初衷，不仅优化了考核内容，而且强化了考核工作与水环境保护管理工作的衔接，从而强化了各区县对水源地生态补偿资金的使用管理和水源地环境保护工作的投入与重视。

7 建议与展望

7.1 工作实践建议

7.1.1 深入探索流域生态保护补偿多元方式

目前，我国流域生态保护补偿资金的主要方式为资金补偿和项目补偿，基本属于“输血型”补偿，补偿资金主要用于生态环境保护的工程建设，属于公共基础设施的补偿。这种“输血型”流域生态保护补偿资金机制无法解决发展权补偿的问题，而对于异地开发、流域经济协调发展整体帮扶等问题，也需要进一步研究。目前，补偿资金主要用于环境污染治理项目和生态建设项目等保护与改善水源水质的项目，补偿对象还停留在政府对政府的层面上，补偿受益对象主要是县级政府和个人，乡镇、村集体作为保护区非常重要的组成部分，受益较少。关于发展机会损失的补偿还未能开展，政策补偿、实物补偿、技术补偿和智力补偿等方面开展得还比较少，产业扶持、技术援助、人才支持、就业培训等补偿方式未得到应有的重视，这将直接影响流域生态保护补偿资金对象对生态保护的积极性。

7.1.2 积极培育流域生态保护补偿市场机制

在我国的流域生态保护补偿资金中，政府的转移支付、财政补贴等政策措施是主要手段，尽管流域上下游之间辅助性的市场补偿有了一定范围的应用，但市场化机制总体比较薄弱，其作用还很有限。过度依赖政府开展流域生态保护补偿资金行政色彩较浓厚，往往会受制于政府财力和管理方式的制约，不利于上下游形成共同利益和责任机制。此外，如何有效地增加流域生态保护补偿资金中的政府财政资金来源，例如，从新增土地出让金、排污权交易收益等提取资金增加流域生态保护补偿资金专项资金，地方政府和企事业单位投入、优惠贷款、社会捐赠等其他渠道还比较缺失。就市场补偿而言，对于水资源使用权和排污权的初始分配方式、交易程序、原则等问题尚未达成一致意见，其设立、运行所需的条件过高，目前很难在我国短时间内推广实施，只有市场经济较为发达、法制和公共管理较为健全、环境监测力量较强的局部区域才有条件实施。综上所述，应该充分应用经济手段和法律手段，积极运用碳汇交易、排污权交易、水权交易等补偿方式，探索市场化补偿模式，拓宽资金渠道。

7.1.3 不断规范补偿资金监督管理机制

流域生态保护补偿资金的使用分配主要以项目补助的形式下拨给各级政府，因此流域各级政府将关注点主要放在如何申请生态保护补偿资金，补偿资金的分配、使用和管理都成了薄弱环节，造成项目资金在实际使用中未能达到预期效果。虽然建立了流域主要支流交界断面水质考核制度和专项资金的跟踪问效反馈制度，但目前流域生态保护补偿资金在改善水源地生态环境、维护水源地生态服务功能的监督机制和工作考核机制方面仍有待进一步完善。因此，需将流域生态保护补偿经费列入各级政府预算，切实履行支付义务，确保补偿资金及时足额支付与发放。引导企业、社会团体、非政府组织等各类受益主体履行流域生态保护补偿资金义务，督促生态损害者切实履行治理修复责任，督促受偿者切实履行生态保护建设责任，保证生态产品的供给和质量，加强对流域生态保护补偿资金使用和权责落实的监督管理。

7.1.4 有效建立央地联动协调推动机制

研究建立国家指导、省级主导、央地联动的跨省流域生态保护补偿协调推动机制，重点协调推进跨界流域生态保护补偿机制。对上下游矛盾较大、涉及省份较多、沟通困难的流域强化指导、协助沟通，缩短省（市）间磋商磨合过程，加速机制建立。就上海市而言，要加强与中央与国家相关部门对接，积极推进长三角流域生态保护补偿机制的完善和实施。

7.2 深化研究展望

7.2.1 加强多目标协同的流域补偿运行机制和实践模式研究

流域生态保护补偿在改善流域生态、促进区域协调发展、提高居民福利水平、降碳减排等方面具有积极作用。现有流域生态保护补偿研究多以单一的改善水生态环境目标为分析视角，与新时代背景衔接不够深入。党的二十大报告提出，要实现“人与自然和谐共生的现代化”“协同推进降碳、减污、扩绿、增长”“扎实推进共同富裕”“建设美丽中国”。当前中国经济社会环境正处于变革期，对流域生态保护补偿机制构建与运行提出了新要求。未来流域生态保护补偿机制研究中应积极响应国家发展战略要求，强化中国特色与时代发展需求，把流域生态保护补偿的研究与实践充分融入我国绿色发展、“双碳”目标、共同富裕和美丽中国大背景中，积极探索新时期多目标协同的流域生态保护补偿科学运行机制和创新实践模式，为推动和实现我国新时代发展战略目标发挥积极的作用。

7.2.2 加强科学化、差异化补偿标准体系的构建研究

补偿标准是流域生态保护补偿开展的关键，也是该领域未来研究的重点和难点。当前，生态保护补偿标准体系、生态服务价值评估核算体系、生态环境监测评估体系建设滞后，对生态系统服务价值测算、生态保护补偿标准等问题尚未达成共识，缺乏统一、科学的指标体系和测算方法。在实践中，目前对补偿标准的确定主要通过部门和地方政府的讨论直接确定，缺少科学的测算结果作为依据。今后，需通过国内比较成熟的方法，结合流域水生态服务功能价值评估研究进展，进一步加大对流域生态保护补偿标准制定方法进行全面性和科学性的研究，为流域生态保护补偿提供量化的科学依据，避免上游的政府需求与下游的供给能力不匹配。

从具体路径来看，今后应加强对补偿标准测算方法和计量模型的创新研究，融合环境经济、空间地理、区域管理等多领域的研究方法，探索通过项目、政策等方式强化国内各机构间的合作与交流，借鉴国外相关研究经验，

制定更加科学合理的补偿标准。同时，借助数字化技术创建生态数据库，结合流域空间禀赋的异质性和发展需求的动态性，考察各主体的投入贡献与补偿意愿，根据不同领域、不同类型地区的特点，制定流域差异化生态保护补偿标准体系。

7.2.3 深化流域生态保护补偿政策实施成效评价方法研究

经过 30 多年的发展，我国流域生态保护补偿研究已建立起基本框架，但多偏重于机制的前期构建研究，对补偿效果的后期评价研究较少。补偿成效评价是调整优化补偿机制的重要依据。目前全国多个跨省流域及省内流域已开展生态保护补偿，随着实践的不断深入，对流域生态保护补偿的成效评价将成为未来研究领域的热点话题。但是，作为一项环境政策实施后评估，针对流域生态保护补偿的成效评价方法研究相对较少，关于评价对象、范围、内容、流程及定量评估技术方法等尚未形成规范或体系。

后续，要针对流域生态保护补偿政策成效评价的对象、范围、内容、流程及定量评估技术方法开展深入研究，建立流域生态保护补偿政策的绩效评估技术方法体系，促进流域生态保护补偿政策在实践过程中能够与时俱进、持续优化、不断完善，提高不同阶段的流域生态保护补偿政策实践的可操作性、持续性和科学性。补偿成效评价过程中还应结合流域实际，构建科学的评价指标体系，凸显对生态效益、经济效益、社会效益的综合考量，客观真实反映生态保护补偿的作用效果，促进流域均衡、可持续发展。

参考文献

[1] 李文华，2007. 我国生态补偿机制与政策建议 [J]. 高科技与产业化，（9）.

[2] 任勇，俞海，冯东方，等，2006. 建立生态补偿机制的战略与政策框架 [J]. 环境保护，（10A）：18-28.

[3] 宗建树，2003. 亟待建立生态环境补偿机制 [N]. 中国环境报，2003-03-08.

[4] 黄宇驰，王敏，黄沈发，等，2011. 长三角地区开展流域生态补偿机制的策略选择与前景展望 [J]. 生态经济，（6）：172-174.

[5] 毛显强，钟瑜，张胜，2002. 生态补偿理论探讨 [J]. 中国人口·资源与环境，12（4）：38-41.

[6] 张慧远，刘桂环，2006. 我国流域生态补偿机制设计 [J]. 环境保护，（10A）：49-54.

[7] 李磊，杨道波，2006. 流域生态补偿若干问题研究 [J]. 山东科技大学学报（社会科学版），8（1）：50-53.

[8] 常抄，邬亮，2005. 流域生态补偿机制研究 [J]. 环境保护，（12）：59-62.

[9] 孙翔，王玢，董战峰，2021. 流域生态补偿：理论基础与模式创新 [J]. 改革，（8）：145-155.

[10] 陈瑞莲，胡熠，2005. 我国流域区际生态补偿：依据、模式与机制 [J]. 学术研究，（9）：71-74.

[11] 张媛，2021. 生态资本对云南省绿色发展的影响：线性还是非线性？[J]. 中国林业经济，（2）：66-68，82.

[12] 中国生态补偿机制与政策研究课题组，2007. 中国生态补偿机制与政策研究 [M]. 北京：科学出版社 .

[13] 黄宇驰，鄢忠纯，王敏，等，2013. 上海市饮用水水源地生态补偿政策实施情况分析与优化建议 [J]. 中国人口·资源与环境，23（S2）：171-173.

[14] 沈满洪，杨天，2004. 生态补偿机制的三大理论基石 [N]. 中国环境报，2004-03-02.

[15] Cuperus R，Canters K J，Piepers A G，1996. Ecological compensation of the impacts of a road[J].Ecological Engineering，（7）：327-349.

[16] 李建建，黎元生，胡熠，2006. 论流域生态区际补偿的主导模式与运行机制 [J]. 生态经济，(2)：319-326.

[17] 宗臻铃，欧名豪，董元华，等，2001. 长江上游地区生态重建的经济补偿机制探析 [J]. 长江流域资源与环境，(1)：22-27.

[18] 孙新章，谢高地，张其仔，等，2006. 中国生态补偿的实践及其政策取向 [J]. 资源科学，28(4)：25-30.

[19] 刘玉龙，2007. 生态补偿与流域生态共建共享 [M]. 北京：生态补偿与流域生态共建共享 .

[20] 丛澜，徐威，2006. 福建建立流域生态补偿机制的实践与思考 [J]. 环境保护，(10A)：29-33.

[21] 李宗植，吕立志，2004. 资源环境对长三角地区社会经济发展的约束 [J]. 经济经纬，(4)：59-62.

[22] 曾文慧，2007. 越界水污染规则——对中国跨行政区流域污染的考察 [M]. 上海：复旦大学出版社 .

[23] 赵来军，2007. 我国流域跨界水污染纠纷协调机制研究——以淮河为例 [M]. 上海：复旦大学出版社 .

[24] 周刚炎 . 中美流域水资源管理机制的比较 [OL]. 宁波水利局网站：http：//slj.ningbo.gov.cn/slxw_view.aspx?CategoryId=100&ContentId=1994.

[25] 王金南，庄国泰，2006. 生态补偿机制与政策设计——国际研讨会论文集 [M]. 北京：中国环境科学出版社 .

[26] 阮本清，许凤冉，张春玲，2008. 流域生态补偿研究进展与实践 [J]. 水利学报，(10)：1220-1225.

[27] Simon Z B，David R L，2005. Paying for environmental services：an analysis of participationin Costarica's PSA program[J].World Development，33(2)：255-272.

[28] Wunder S，2015. Revisiting the concept of payments for environmental services[J].Ecological Economics，117：234-243.

[29] 钱水苗，王怀章，2005. 论流域生态补偿的制度构建——从社会公正的视角 [J]. 中国地质大学学报(社会科学版)，(5)：80-84.

[30] 黄锡生，焦念念，2013. 试论流域生态补偿基金制度的构建 [J]. 时代法学，

11（5）：9–16.
[31] 王金南，万军，张慧远，2006. 关于我国生态补偿机制与政策的几点认识 [J]. 环境保护，19：24–28.
[32] 刘洋，毕军，2018. 流域生态补偿理论及其标准研究综述 [J]. 水利经济，36（3）：10–15，77.
[33] 郑艺群，王璐，2019. 论流域生态补偿法律关系主体的完善——从政府管理到多元化治理 [J]. 哈尔滨师范大学（社会科学学报），10（2）：18–21.
[34] 余谦，2015. 跨区域调水工程生态补偿机制研究 [D]. 武汉：湖北工业大学 .
[35] 朱建华，张惠远，郝海广，等，2018. 市场化流域生态补偿机制探索——以贵州省赤水河为例 [J]. 环境保护，46（24）：26–31.
[36] 郑云辰，葛颜祥，接玉梅，等，2019. 流域多元化生态补偿分析框架：补偿主体视角 [J]. 中国人口・资源与环境，（7）：131–139.
[37] 赵晶晶，葛颜祥，2019. 流域生态补偿模式实践、比较与选择 [J]. 山东农业大学学报（社会科学版），21（2）：79–85，158.
[38] 葛颜祥，吴菲菲，王蓓蓓，等，2007. 流域生态补偿：政府补偿与市场补偿比较与选择 [J]. 山东农业大学学报（社会科学版），（4）：48–53，125–126.
[39] 夏勇，张彩云，寇冬雪，2023. 跨界流域污染治理政策的效果——关于流域生态补偿政策的环境效益分析 [J]. 南开经济研究，（4）：181–198. DOI：10.14116/j.nkes. 2023. 04. 010.
[40] 陈燕玉，2018. 新时代生态补偿机制市场化路径与对策 [J]. 长沙理工大学学报（社会科学版），33（3）：110–115.
[41] 周新军，卢笛，2019. 我国水源保护区划定中生态补偿主体的地方立法研究 [J]. 当代经济，（7）：98–101.
[42] 赵晶晶，葛颜祥，2019. 流域生态补偿模式实践、比较与选择 [J]. 山东农业大学学报（社会科学版），21（2）：79–85，158.
[43] 赵玉山，朱桂香，2008. 国外流域生态补偿的实践模式及对中国的借鉴意义 [J]. 世界农业，（4）：14–17.
[44] 张明波，2013. 跨省流域生态补偿机制研究 [D]. 咸阳：西北农林科技大学 .
[45] 郑文，胡元林，2018. 我国流域生态补偿的实践、问题及对策 [J]. 经济研究导刊，（14）：55–57.

[46] 广西财政厅课题组，2019. 推进西江跨省流域上下游横向生态补偿机制的政策研究 [J]. 经济研究与思考，(2).

[47] 朱建华，张惠远，郝海广，等，2018. 市场化流域生态补偿机制探索——以贵州省赤水河为例 [J]. 环境保护，46(24)：26-31.

[48] 邱志荣，2003. 东阳义乌水权交易的剖析与水市场规范运作之思考 [N]. 中国水利 .

[49] 范西莹，2007. 黄河宁蒙段水权转换与交易模式研究 [D]. 西安：陕西师范大学 .

[50] 郑海霞，2010. 关于流域生态补偿机制与模式研究 [J]. 云南师范大学学报（哲学社会科学版），42(5)：54-60.

[51] 张燕，2012. 论水权交易制度的建立——以张掖黑河流域为例 [J]. 河西学院学报，28(6)：40-43.

[52] 杨光明，时岩钧，杨航，等，2019. 长江经济带背景下三峡流域政府间生态补偿行为博弈分析及对策研究 [J]. 生态经济，35(4)：202-209，224.

[53] 李超显，2018. 国外流域生态补偿实践：比较、特点和启示 [J]. 资源节约与环保，(10)：114-115.

[54] 郑文，胡元林，2018. 我国流域生态补偿的实践、问题及对策 [J]. 经济研究导刊，(14)：55-57.

[55] 黄涛珍，李爱萍，2014. 国外生态补偿机制对我国流域生态补偿的启示 [J]. 水利经济，32(6)：35-38，70-71.

[56] 陈微，2014. 国外流域生态补偿的法律实践及启示 [A]. 中国环境资源法学研究会、中山大学 . 生态文明法制建设——2014 年全国环境资源法学研讨会（年会）论文集（第二册）[C]. 中国环境资源法学研究会、中山大学：中国法学会环境资源法学研究会 .

[57] 樊万选，方珺，2013. 国外流域生态补偿对我国区域经济平衡协调发展的启示与借鉴 [J]. 创新科技，(10)：8-10.

[58] 陈琳，2018. 浙江省流域生态补偿机制的实践与经验研究 [J]. 现代经济信息，(17)：494.

[59] 卢志文，2018. 省际流域横向生态保护补偿机制研究 [J]. 发展研究，(7)：73-78.

[60] 徐大伟，郑海霞，刘民权，2008. 基于跨区域水质水量指标的流域生态补偿量测算方法研究 [J]. 中国人口·资源与环境，(4)：189-194.
[61] 郭志建，葛颜祥，范芳玉，2013. 基于水质和水量的流域逐级补偿制度研究——以大汶河流域为例 [J]. 中国农业资源与区划，34(1)：96-102.
[62] Herzog F，Dreier S，Hofer G，et al.，2005. Effect of ecological compensation are a sonfloristic and breeding bird diversity in Swiss agricultural landscapes[J]. Agriculture，Ecosystems and Environment，108(3).
[63] 李怀恩，尚小英，王媛，2009. 流域生态补偿标准计算方法研究进展 [J]. 西北大学学报(自然科学版)，39(4)：667-672.
[64] 毛占锋，王亚平，2008. 跨流域调水水源地生态补偿定量标准研究 [J]. 湖南工程学院学报(社会科学版)，(2)：15-18.
[65] 环境保护部环境规划院，财政部财政科学研究所，环境保护部环境与经济政策研究中心，2009. 流域生态补偿和污染赔偿试点方案设计指南 [R]. 北京：环境保护部环境规划院，财政部财政科学研究所，环境保护部环境与经济政策研 .
[66] 李雪松，吴萍，曹婉吟，2016. 我国流域生态补偿标准的实践、问题及对策 [J]. 水利经济，34(6)：34-37，42，80.
[67] 杨光明，时岩钧，杨航，等，2019. 长江经济带背景下三峡流域政府间生态补偿行为博弈分析及对策研究 [J]. 生态经济，35(4)：202-209，224.
[68] 孙凯，2018. 我国流域生态补偿法律制度研究 [D]. 桂林：广西师范大学 .
[69] 刘小廷，任英欣，2020. 我国跨省流域生态补偿实践与反思 [J]. 产业与科技论坛，19(06)：75-76.
[70] 谭旭光，2018. 我国流域生态补偿主体制度研究 [D]. 南宁：广西大学 .
[71] 马莹，2010. 基于利益相关者视角的政府主导型流域生态补偿制度研究 [J]. 经济体制改革，(5)：52-56.
[72] 周宏伟，黄佳聪，高俊峰，等，2019. 太湖流域太浦河周边区域突发水污染潜在风险评估 [J]. 湖泊科学，31(3)：646-655.
[73] 王祥荣，陈秉钊，诸大建，等，2019. 我国特大型城市生态化转型发展战略与实证研究 [J]. 城乡规划，(4)：109-120.
[74] 杨梦杰，杨凯，李根，等，2019. 博弈视角下跨界河流水资源保护协作机

制——以太湖流域太浦河为例 [J]. 自然资源学报，34（6）：1232-1244.
[75] 刘艺，2021. 我国财政转移支付制度问题研究 [J]. 行政事业资产与财务，（13）：41-42.
[76] 郑雪梅，赵颖，2009. 辽宁、福建、浙江三省的水源地生态补偿政策及其比较 [J]. 大连干部学刊，25（11）：17-19.
[77] 朱崇实，陈振明，1999. 公共政策 [M]. 北京：中国人民大学出版社 .
[78] 宋国君，马中，姜妮，2003. 环境政策评估及对中国环境保护的意义 [J]. 环境保护，（12）：34-57.
[79] 王金南，2007. 为什么要对环境政策进行评估？——关于环境政策评估九大问题解答 [N]. 中国环境报 .
[80] 宋国君，金书秦，冯时，2011. 论环境政策评估的一般模式 [J]. 环境污染与防治，33（5）：100-106.
[81] Artsbjm，Goverdehjm，2006. The governance capacity of（new）policy arrangement：a reflexive approach[M]//Artsbjm Leroyp. Institutional dynamics in environmental governance. Dordrecht，Netherlands：Springer.
[82] 耿翔燕，李文轩，2022. 中国流域生态补偿研究热点及趋势展望 [J]. 资源科学，44（10）：2153-2163.